U0246493

建筑与美

Jianzhu Yu Mei

王益 著

合肥工业大学出版社
HEFEI UNIVERSITY OF TECHNOLOGY PRESS

内容提要

在生活、学习和工作中,我们总在不经意间接触两个概念:建筑、美。

建筑是一个物质实体。

美则是一个精神话题。

建筑中会有美吗?如果有,会有哪些美呢?美的建筑会是怎样的?

人们对想了解的这些东西总显得模棱两可。因为人们对建筑熟悉,对美却很陌生;建筑实在,美却很深奥;建筑是理性的,美则是感性的。

然而,建筑与美有着千丝万缕的联系。建筑赋予美以外在、物质、具体的形态,而美则给予建筑更为内在、精神、深层的韵味。人类对建筑的美和美的建筑已存在着一些共同性认识,建筑的美和美的建筑也有着一定的规律可循。

我们可以从丰富多彩的建筑实例中找寻这些共同的东西。

本书以美的分析为主线,以建筑实例为支点,将深奥的美学知识融入实例建筑的欣赏和分析中,从建筑与美的关系谈起,以建筑美与美的形态、建筑审美范畴、建筑形式美的规律、建筑审美心理结构及当代建筑审美意象为对象来阐述建筑的美学表达和意蕴,以此期望读者能在生动的实例中了解建筑的美和美的建筑。

本书图文并茂、内容丰富,对建筑实例分析通俗、详细、独特。本书可供从事建筑设计、城市规划、美学研究的人员和高等院校相关专业的师生参考,同时也是美学爱好者值得珍藏的一本关于建筑美赏析的优秀读物。

图书在版编目(CIP)数据

建筑与美/王益著. —合肥:合肥工业大学出版社,2014.8
ISBN 978 - 7 - 5650 - 1882 - 4

Ⅰ.①建… Ⅱ.①王… Ⅲ.①建筑美学 Ⅳ.①TU - 80

中国版本图书馆 CIP 数据核字(2014)第 162074 号

建 筑 与 美

王 益 著 责任编辑 汤礼广

出　版	合肥工业大学出版社	版　次	2014 年 8 月第 1 版
地　址	合肥市屯溪路 193 号	印　次	2014 年 10 月第 1 次印刷
邮　编	230009	开　本	787 毫米×1092 毫米　1/16
电　话	理工编辑部:0551 - 62903087	印　张	29
	市场营销部:0551 - 62903198	字　数	348 千字
网　址	www.hfutpress.com.cn	印　刷	安徽联众印刷有限公司
E-mail	hfutpress@163.com	发　行	全国新华书店

ISBN 978 - 7 - 5650 - 1882 - 4　　　　　　　　　　定价:98.00 元

美，是一个既熟悉又陌生的话题。说它熟悉，因为我们在生活、学习和工作中无时无刻不在接触着它，总是在不经意间感受着它、体会着它。说它陌生，是因为它以哲学、心理学等相关学科的理论为基础，而又与其他学科相互交叉和融合，因此让我们不容易真正了解它和读懂它。

建筑与美有着千丝万缕的联系。在美的形态中，建筑是一种以实体、空间为主导的特殊形态；而在建筑形态中，美则有着具体而又潜含的体现。建筑赋予美以外在、物质、具体的形态，而美则给予建筑更内在、精神、深层的韵味。美与建筑的交叉，则衍生出建筑美。建筑美兼有美与建筑的特点。一方面它是美的一种特殊形态，它是以人的感觉和思维为体验支点，不同的人对于建筑，可能会有不同体会和不同解读，这种体会和解读，无论是积极还是消极的，部分还是全局的，总之，建筑对于人的情感影响确总是有的，这就是建筑美的精神性作用，它是形而上的。另一方面它又是建筑的价值组成部分，是主体（人）对于客体（建筑）的认识、评价和创造。建筑作为人类生存、生产、生活的一种固有形式和空间，其最终是为人类特定的功能和目的服务的，不管是住宅、教堂，还是桥梁、水坝等，人们总是要使用它（提供通道、场所和空间等），这是人们对它价值评价的一个基本影响要素；从建筑创造的角度说，建筑既是由物质要素和人类的思维要素结合而产生的，建筑的建设和发展又离不开物质基础（结构、材料、技术等）的支撑，这是建筑美的物质性要求，也使建筑美与其他美学形态有着根本的区别。从以上所述可以看出，建筑美具有物质性和精神性两个特点。建筑美由此表现出多元、丰富的特点。

就建筑美的评价来说，它由评价主体（人）和被评价客体（建筑）组成。由于地理、气候、习俗文化等复杂因素的影响，因此建筑客体会呈现多元、丰富的风貌；而主体也由于不同文化、不同信仰等因素的影响，因此对客体感知的程度、角度也不相同，从而带来不同的感性认识和理性思考。建筑美的评价主体、客体的复杂多样性虽然给我们研究建筑美带来了很大的困难，但是人类对于建筑美的共同性认识却是客观存在的，建筑美也有着一定的规律可循，让我们从丰富多彩的建筑实例中尽量找寻建筑美的一些共同的东西，这就是写作本书的目的。

本书以美的分析为主线，以实例建筑为支点，将深奥的美学知识融入实例建筑的欣赏和分析中，从建筑与美的关系谈起，以建筑美与美的形态、建筑审美范畴、建筑形式美的规律、建筑审美心理结构及当代建筑审美意象为对象来阐述建筑的美学表达和意蕴，以此期望读者在生动的实例中了解建筑美的原理和知识。由于本书是本人在学习和工作过程中的一些体会，因此其结构体系并不完整和系统，甚至是以点带面，很多观点也只是一家之言，可能有值得商榷的地方，欢迎前辈、同行及读者批评指正。

王　益

目录

CONTENTS

第一章 建筑与美的概说

建筑，从人类的庇护所到文化的符号，从物质到精神，其发展过程与美的历程相似。不同的是，建筑有着自己特殊的美学特质，老子说：「凿户牖以为室，当其无，有室之用。故有之以为利，无之以为用。」对于建筑来说，实体只是建筑的手段，空间才是主角，实体的「有」成全空间的「无」之美，这是建筑与其他艺术形式的典型区别，这种区别使建筑在「有」「无」之间呈现出实体与空间的交叉美。

本章从美与美学谈起，通过建筑与美的关系、建筑的三要素以及建筑审美的特殊性的论述，探讨建筑、美这两个基本概念的耦合关系，为深入探讨建筑美奠定基础。

1.1 心灵之树

——美

世界中从不缺少美，而是缺少发现美的眼睛。

——【法国】奥古斯特·罗丹

1.1.1 美

美是人类永恒的追求，说到美，我们的脑海中也许会出现"枯藤老树昏鸦，小桥流水人家，古道西风瘦马，夕阳西下，断肠人在天涯""月落乌啼霜满天，江枫渔火对愁眠。姑苏城外寒山寺，夜半钟声到客船""黄河之水天上来，奔流到海不复回"这些描写自然事物和社会生活的诗词，它们给我们带来了美的想象，也使我们产生了美的感受。可以说，大到日月星辰，小到花鸟鱼虫，自然界的一切都让我们感觉到美的存在（图1-1）。同样，一些情景、画面、雕塑、音乐等同样也使我们的情绪产生波动、共鸣（图1-2）。"爱美之心，人皆有之。"爱美是人的天性，例如在生活中，我们常常会用与美相关的话语来表达对人或物的感觉和评判："她太美了。""好美的东西啊！"但法国启蒙主义哲学家狄德罗却说："人们谈论得最多的东西，每每注定是人们知道得很少的东西，而美的性质就是其中之

图1-1 美的存在（自然）

（a）唐代周昉的簪花仕女图 （b）米洛的维纳斯

图1-2 美的存在（艺术）

一。"①虽然我们很自觉地感受美、谈论美，可是美究竟是什么，大多数人却说不清楚。温克尔曼说："美是自然的伟大奥秘之一，它的作用，我们所有的人都看到和感觉到，但关于它的本质的清晰的一般概念，依然属于许多未被揭示的真相之列。"②那么美到底是什么呢？让我们先从中国的汉字出发，对"美"作字源学分析，来尝试了解美的一般含义。文字是用来表达思想情感的符号，与世界其他国家和地区的文字不同，中国的汉

① （法）狄德罗.美的根源及性质的哲
 学研究.文艺理论译丛，1958（1）.
② （德）温克尔曼.论古代艺术.北京:中
 国人民大学出版社，1989.

字是音、形、义的结合体，即不仅有读音，而且还象形和表义。象形体现了人们对自然和社会形态的观察、思考和模仿，表义即一般由字形便可推导出其意义。"美"这个字在甲骨文中就已出现，它是"羊"字加上一个"大"字（图1-3）。许慎对"美"的解释是："甘也，从羊从大，羊在六畜主给膳也。美与膳同意。"段玉裁注："甘部曰美也。甘者，五味之一，而五味之美皆曰甘。引申之凡好皆谓之美。羊大则肥美。"[1] 所以"美"的原始语义是"羊大为美"。"羊大为美"提出了美的物质性，原始人认为肥大的羊可以带来味觉的享受，这个解释表明美的产生是建立在人类对物质追求的基础上的，它偏重于美的生理性和自然性。

图1-3 羊大为美

除了"羊大为美"，还有"羊人为美"之说。"美"的基本词是"羊"，《说文》称："羊，祥也。""羊"字加上一个"人"字，是头上戴着羊角或冠以羊首装饰的人（图1-4），这种"人"一般都是扮演图腾羊正在施行巫术的部落祭司或酋长。原始人认为，扮演图腾羊跳着图腾舞的人是美的[2]。人们期盼羊人的巫术能给自己带来安定和吉祥，这里面带有原始崇拜和精神企盼的成分。"羊人为美"提出了美的精神性，即戴有羊角的人是美的，这个解释表明美还是人类对精神世界的追求，它偏重于美的心理性和社会性。

图1-4 羊人为美

在"羊大为美"、"羊人为美"的基本意义基础上，人们又延伸了"美"的许多新的意义："美"指主体愉悦感或客体给主体的愉悦感；"美"依托价值评判，与"坏"相对；"美"指主体的满足感，与"欠"、"缺"相对；"美"指道德评判，与"恶"相对；"美"指审美或审美境界，即对美的欣赏、发现与创造；等等。

"美是什么"，这是一个古老的话题，也是一个古老的难题，古今中外的思想家都对美提出过自己的见解。西方古代美

① 许慎. 段玉裁注. 说文解字注·卷四上. 上海：上海古籍出版社，1981.
② 肖兵. 美·美人·美神. 重庆：重庆出版社，1982.

学偏重于理性认知，如柏拉图提出了"美是理式"说，亚里士多德提出了"美是统一"说。而中国古代美学则偏重于感性认识，如孔子提出了"尽善尽美"说，庄子提出了"道至美至乐"说。关于美的本质的问题，归纳古今中外的思想家的认识，大概可以分为三类："客观美论"、"主观美论"和"主客观关系美论"。"客观美论"认为美是客观的，客观存在是美感的唯一来源，如亚里士多德认为世界的本原即实体由质料加形式构成，美具有"秩序、匀称与明确"的形式特征，艺术"摹仿""应当有的事"。"主观美论"认为美是主观的，美是人的主观感受，与客体属性并无关系。如清代翟灏《能人编·妇女》中"情人眼里出西施，鄙语也"，即认为主观主导着美。"主客观关系美论"认为美既不在主体也不在客体，而是主客观的统一，如立普斯提出的"移情说"就认为美是人的主观情感"移情"、"外射"到物质对象上的结果①。

笔者认为：美的确是建立在客观存在的基础上，如果脱离了客观存在，美就没有立足点，也无从谈起；美又是主体意识形态的反映，客观存在若没有主体积极主动的感知、探索，美的评价、创造就只会停留在原始状态。所以说，美本是客观存在的一部分，或表征，或潜含，或隐藏，只有加入主体意识，美才有了生命力（图1-5）。文徵明曾写过："雨晴山远近，秋高树参差。小桥独钓处，斜阳总是诗。"作为客观存在的自然被诗人（审美者）重新解读，赋予了美的韵味。美不仅是雨后天晴的山形、秋高气爽的树态、小桥流水的钓台或是那一抹斜阳，更是诗人心中那片开阔的心灵天地。奥古斯特·罗丹说过："在艺术者眼中，一切都是美的，因为他锐利的慧眼，注视到一切众生万物之核心；如能掘发其品性，就是透入外形触及其内在的'真'。此'真'，也即是'美'。""生命之泉，是由心中飞涌的；生命之花，是自内而外开放的。同样，在美丽的雕刻中，

① 王殿卿. 人生哲理，北京：北京师范大学出版社，1991.

图 1-5　美的生命力

常潜伏着强烈的内心的颤动。"①由此看来，如果把美比喻为一棵生长的树，那么它应该是一棵用心灵浇灌的树。

1.1.2　美学

美学，顾名思义，是"关于美的学说"。美产生于人类的生产和生活中，人类对美的认识也有一个发展过程。在漫长的进化过程中，人类逐渐学会了装饰、娱乐，最初其稚气、简朴的原始艺术形式，如祈歌、巫舞、涂鸦、器具中都潜藏着朦胧的审美意识。原始艺术的创造活动反过来又进一步推动着人类审美意识向高层次发展。随着人类审美意识的进步，开始出现了作为审美意识集中表现的艺术，如音乐、绘画、歌舞等，并在长期实践的基础上形成了关于艺术形式、艺术本质的思考和总结，即人类审美意识的理论概括。这些逐渐丰富的美学思想或美学理论为美学学科的出现奠定了基础。

虽然审美活动作为最通俗、最具大众基础的活动，与人类生产和生活密切相关，人类在早期就产生了一些关于审美活动的看法和观念，但美学作为一门独立的学科则开始于近代。1750 年，德国哲学家、美学家鲍姆嘉通（Baumgarten，1714—

① 汤俏. 罗丹的激情与苦涩. 北京：东方出版社，2009.

1762) 出版的著作《美学》，标志着美学这门新学科的正式诞生。鲍姆嘉通认为：既然人类的精神心理可划分为理智、情感与意志，哲学中研究理性的有逻辑学，研究意志的有伦理学，那么，谁去研究人类的情感世界呢？因此，就需要这样一门专门研究人类情感世界的学问——美学。美学 (Aesthetics)，德文原意为"感性学"，现指研究人类审美活动的科学。西方美学经过无数哲学家、心理学家的不断完善，最后形成了严谨的美学体系。中国美学学科则是在 20 世纪初期由国学大师王国维从西方引进的，他也最早使用了"美学"这一名称，意为"美的学问"或"美的学说"。

美学作为一门社会科学，是在人类社会的物质生活与精神生活的基础上产生和发展起来的，是物质性与精神性的统一。现代意义的美学是指研究现实中美的规律及其表现和人对美的欣赏与创造的科学，它包括主体对客体的欣赏、解读、创造及对审美规律的总结。如果把美比喻成一棵心灵之树，美学便是这颗树上的果实。

1.1.3 审美

"审"，会意字，从"宀"从"番"。"宀"，房屋；"番"，兽足。"审"的原意是指仔细分辨屋里的兽足印。现指仔细考察、思考，反复分析、研究。"审，谓详观其道也"（《荀子·非相》），"闻而审，则为福矣"（《吕氏春秋·察传》）。因此"审美"意思是欣赏、领会事物或艺术品的美，也就是主体（人）对客体（对象）的主观感受和鉴赏。大千世界中的自然物质和现象以及社会生活中的人和事都可能引起人的主观感想和评价，所以美无处不在，审美活动也如影随形。"眼睛只是普通的柯达胶片；艺术家，这才是头脑"（奥古斯都·罗丹）。美需要用审美行为去认识，那么审美行为与一般生活行为有什么区别呢？

　　举两个例子。比如，看到一个鲜红的苹果，如果你首先想到的是要吃它，这就是一般生活行为。如果你被它的色彩、形状所吸引，并情不自禁地赞叹"真美啊"，这就是审美行为。又如，你与朋友们去风景区（图1-6）游玩，若看到远处的建筑被眼前的一棵树遮住了一半，你可能很恼怒："怎么遮住了我的视线？我要看它后面那些漂亮的建筑！"同行的人则可能感慨："这不是很美吗？前面的树遮住了其后面的部分建筑，使建筑若隐若现，多有层次啊！"其实，你们都在审美，只是审美的角度不同。审美的角度与你们自身的主观因素有关。

　　从以上的两个例子可以看出，审美行为包括审美主体和审美客体两个要素。主体的审美思维是感性的，其对客体的认识则带有自身的精神性要求，随着主体审美思维向客体认识的转变，审美行为也随之发生，这也是审美行为与一般生活行为的区别。一句话，审美是通过主体对客体的感性认识，最终达到精神性愉悦的过程，即由低层次感性到高层次感性的过程。

图 1-6　风景区（凤凰古城）

1.2　真、善、美的统一
——建筑

　　艺术与科学相连的亲属关系能提高两者的地位；科学能够给美提供主要的根据是科学的光荣；美能够把最高的结构建筑在真理之上是美的光荣。

——【法】丹纳（《艺术哲学》）

　　除了显露结构和满足需要外，建筑还有别的意义和别的目的（此处"需要"指的是功能、舒适、合乎实际的安排）。建筑，这是最高的艺术，它达到了柏拉图式的崇高、数学的规律、哲学的思想、由动情的协调产生的和谐之感。这才是建筑的目的。

——【法】勒·柯布西埃（《走向新建筑》）

1.2.1　科学、技术与工程

　　在中国古汉语中，"科学"一词原意为"科举之学"。"科"，有分类、条理、项目之意，"学"则为知识、学问。近代日本人在翻译"science"的时候，引用了中国古汉语的

"科学"一词，意为分科之学——各种不同类型的知识和学问①。1888年，达尔文曾给科学下过一个定义："科学就是整理事实，以便从中得到普遍规律和结论。"②达尔文的定义指出了科学的内涵，即事实与规律。科学是建立在实践基础上，并经过实践检验和严密逻辑论证的，是关于客观世界各种事物的本质及运动规律的知识体系③。

中文"技术"一词出自《史记》，意为"技艺方术"（《辞源》），英文中的"技术"一词"technology"由希腊文"techne"（工艺、技能）和"logos"（词、讲话）构成，意为对工艺、技能的论述。在古代，技术和科学是分开的。从19世纪开始，技术逐渐以科学作为基础，因此技术进入了新的发展时期。现代技术的主要特点包括目的性、社会性等④。技术的产生、发展与人类目的密切相关，技术的价值也正在于此。例如在地上挖一条沟，单就挖沟这个行为则没有技术的意义，如果挖这条沟是为了排水，那么挖沟行为才会带有技术的意义。技术的实现还需要社会协作和支持，并受到社会多种条件的制约。技术是一种主观性的社会产物，而技术的社会性源于实践的客观性。

"工程"在中国古代有多种解释，指土木构筑、功课的日程、各项劳作等⑤。18世纪，欧洲创造了"engineering"一词，其本来含义是基于军事目的的各项劳作（图1-7），后扩展到许多领域，如建筑、机器制造、架桥修路等。

现代工程是将自然科学原理应用到工农业生产部门中去而形成的各学科的总称（《辞海》），如：水利工程、化学工程、土木建筑工程、遗传工程、系统工程、生物工程等。在现代社会中，"工程"一词有广义和狭义之分。就狭义而言，工程定义为"以某组设想的目标为依据，应用有关的科学知识和技术手段，通过一群人的有组织活动将某个（或某些）现有实体（自

① 马来平. 科学的社会性和自主性：以默顿科学社会学为中心. 北京：北京大学出版社，2012.
② （英）贝弗里奇. 科学研究的艺术. 北京：科学出版社，1979.
③ 关西普. 科学纲要. 天津：天津科学技术出版社，1982.
④ 张成岗. 现代技术问题研究：技术、现代性与人类未来. 北京：清华大学出版社，2005.
⑤ 陈平. 工程管理概论. 哈尔滨：哈尔滨工业大学出版社，2012.

图 1-7　瓦伦悌桥

（建于 1308—1350 年，中世纪高直式建筑风格，整体优美，雄伟英武，体现军事工程的防御性、牢固性等特点。）

① 王连成.工程系统论（第一版）.北京：中国宇航出版社，2002.

然的或人造的）转化为具有预期使用价值的人造产品过程"。就广义而言，工程则定义为由一群人为达到某种目的，在一个较长时间周期内进行协作活动的过程（图 1-8）①。

图 1-8　现代工程——一个复杂多样的过程

技术是科学的物化和应用，而技术发展的要求又促进了科学的发展，也为科学研究提供了必要的手段。工程则是对科学、技术的更具体运用，以达到某种特定的目的，这种以某种特定的目的为前提的特性，我们称之为合目的性。工程的合目的性决定了它的实践性。

1.2.2　作为工程的建筑

美是人类永恒的追求，而科学、技术中都包含着美的形式和内容，现代审美领域中，除了自然美、社会美、艺术美以外，还有科学美和技术美，可见科学、技术与美学之间的关系非常紧密，科学、技术、工程为美学提供了认识物质世界本质的理论依据、实践方法和具体样本，促进了美学的发展。美学为科学研究、技术发展和工程实践提供了良好的认识论和方法论，从而也促进了科学、技术和工程的快速发展。

　　建筑是指用建筑材料（砖、瓦、石、钢筋混凝土等）建造成的一种人工物，其目的是为人类提供生活、生产和其他使用功能的空间。狭义的建筑指民用建筑，而广义的建筑还包括桥梁建筑、水工建筑、园林景观等。

　　建筑是工程与美学的结合体，它的产生和发展同样离不开科学和技术。在建筑这个工程系统中，科学、技术赋予美学特殊的角度和更宽广深远的领域（图1-9）。所以建筑美学研究的不仅仅是美学，而是建立在科学、技术上的美学。因此，建筑美具有很强的物质性和价值性。

图 1-9　高压电线巨人设计方案——建立在科学与技术上的美

（该方案获得 2010 年波士顿建筑协会 "未来建筑奖"）

1.2.3 美的建筑是真善美的统一

人类有三种终极关怀：真、善、美。传统美学理论认为："真"涉及哲学、自然科学、社会科学，"善"涉及伦理学、宗教，而"美"则属于美学、艺术的范畴。

真，在西方等同于"正"，即正途、真理，求"真"即求"正"，虽然中国对"真"的认知和西方有所不同，但对其追求的过程却是殊途同归，即都是追求事物的本质和真实性。在建筑中，"真"就是"科学"，即建筑产生和发展的根本依据在于其本质和科学性。建筑求真，建筑求美。真诉诸人的理性，美则诉诸人的感性。不真的建筑不可能美，美则必须以真为前提。建筑求真是为了人类能更好、更合理地改造、征服自然，从而获得人类生存和发展的空间。建筑离不开科学，建筑本质上是具有科学意味的结构形式，其理念意象和物质实体都是建立在科学基础上的（图1-10）。例如，建筑设计牵涉荷载、材料性能等科学性、技术性的问题，当我们想设计更大跨度、更美观的建筑时，就离不开这些科学依据和技术基础。以建于1603年的威尼斯叹息桥和建于2005年的法国米约大桥（图1-11）这两座桥梁建筑为例，可以看出从前者到后者的发展过程，不仅是从窄小的威尼斯运河水道到广袤的塔恩河谷的转变，从长度十几米到2.46千米的转变，从石头到钢材混凝土的转变，从拱桥到斜拉桥的转变，从早期巴洛克风格到21世纪现代风格的转变，更重要的是，几百年来科学、技术的发展，为建筑的发展提供了科学依据和技术基础，否则，从低矮封闭的叹息桥发展到高大开阔的米约大桥，只能是想象之中的事情。

关于真与建筑的关系。西方毕达哥拉斯学派认为数是万物组成的基本元，和谐的数列才是美的，这深深地影响了西方古典建筑的设计建造。西方建筑流派中的古典主义、功能主义、

图1-10 （日）凉亭建筑设计
（建筑层层叠叠的形态和灵活可变的空间是建立在科学的结构架构和合理的传力体系基础上的）

（a）威尼斯的叹息桥　　　　　　　　　　　（b）法国的米约大桥

图1-11　美与真（科学技术的发展拓展了美的内涵，也丰富了美的形式）

理性主义等强调科学性在建筑中的绝对地位，意图将美的效果限定在逻辑地遵循构件的本性上，功能、结构、技术、材料的科学合理性是其第一追求；古希腊柱式的丰富式样是建立在良好的传力体系基础上的，而哥特式教堂的高耸内部空间形式也是建立在合理的结构体系基础上的；此后的结构主义、浪漫主义等则强化对于数学、光学、力学与美学结合的思考，认为美与不美是由通风、采光、视听等诸多技术决定的；有机建筑理论、建筑仿生学等则强调要合理借鉴自然界语言，由此产生的建筑的结构形式、材料都受到了自然有机形态的启发和影响，自然生物的科学、合理系统也被应用到建筑设计中，这些都提高了美轮美奂的建筑的科学性。

　　善，在古汉语中也同"膳"，即人所享用的饭食。古时的人们能吃饱饭就已满足了，可见古人以满足为"善"。后世逐渐用"善"字表示道德的内涵，曰"善良"。例如，孔子认为"尽善尽美"，苏格拉底也认为"善"为美。在建筑中，"善"就是"合目的性"，即建筑需满足人和社会的基本物质需要和精神需求。由于物质需要和精神需求是随着人和社会的发展而发展的，所以建筑的"合目的性"带有很强的现时性，即特定时间、特定人群的目的不同，其对建筑的要求也会有所不同。

　　"善"的根本是真，即"合目的性"是建立在科学性、合理性的基础上。远古时代，人们虽然想建立宏伟巨大的空中楼

（a）哈利法塔

（b）日本拟建的摩天巨塔

图 1-12　善与真
（满足人类需求的高大建筑
离不开科学技术的支撑）

图 1-13　美与真、善
（建筑之美建立在科学合
理的技术上，体现着人类
各种需求的满足）

阁、空中花园，却由于科学、技术的局限，不能建立起来。而今的摩天大楼则随处可见，直冲云霄，例如位于迪拜的哈利法塔的高度达到 828 米（图 1-12a），日本也构想在东京建造摩天巨塔——一座 4000 米高、拥有 800 层楼、可住 100 万人的超级建筑（图 1-12b）。这些宏伟建筑如果没有科学和技术的支持，其建造就只能停留在理念和蓝图上。

"爱美之心，人皆有之"。美的内在动力是从实用需要到愉悦需要的转变，"按照美的规律来建造"是人类的追求，也使美学从一门独立学科转变为多门交叉的学科。美是通过感性认识而获得的，却反映着理性的成分，美是以真为依托，体现着善的要求。因此，美与真、善的关系十分紧密（图 1-13）。

在建筑中，"美"包含了"善"的形式和"真"的内容，这就是区分于艺术中"美"的基本点。建筑中体现的"美"，不仅是社会生产不同发展阶段的表征，而且是揭示社会生产力决定生产关系这一基本规律的依据，是判断社会发展形态的物证。建筑的"美"不仅仅是美观，它与"真"、"善"交叉融合，包含着功能美、技术美、形式美。

（a）加利西亚当代艺术中心　　　　（b）圣卡塔尔多殡仪馆

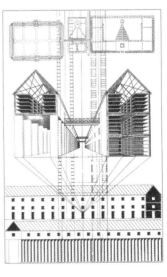

建 筑 与 美

建筑的功能美是"善"、"真"在建筑实践中的具体体现，即主体对客体（建筑）的基本价值要求是通过特定技术方法构建的。"三十辐共一毂，当其无，有车之用。埏埴以为器，当其无，有器之用。凿户牖以为室，当其无，有室之用。故有之以为利，无之以为用。"老子举例这种"有"和"无"之间的互生关系，说明了功能美的重要性。建筑功能"无"之用离不开"有"之利，"善"离不开"真"。例如鸟儿漂亮的翅膀是因为飞翔的需要才进化出来的，这种美是建立在实用、合理基础上的美。建筑功能美是"善"和"美"两者的结合，建筑作为审美价值的承担者，是内容与形式的统一，具有使用目的，依照这个目的有效地发挥它的功能是主体的目的所在。建筑产生之初就是建立在功能基础上的，能不能用、好不好用是其第一要求。世界上第一幢房子是为了遮风避雨而建立的（图1-14），第一座桥梁是为了渡过江河而搭起的（图1-15），这些建筑都是为了人类的基本生存和发展而产生的。

建筑功能美是对功能作为首要目的认可下的精神愉悦。以丹麦"Forfatterhuset幼儿园"的设计方案（图1-16）为例，其设计以基地上的两棵树为元素，并围绕这两棵树来布置建筑空间。一棵树界定了中心庭院，成为放松、互动的空间；另外一

图1-14　古印第安人居住的帐篷

图1-15　独木桥

图 1-16　丹麦 Forfatterhuset 幼儿园设计方案

棵树则界定了朝向操场的庭院，联系学习空间和游戏空间。两个不同性质的庭院（内向的和外向的）是两棵树存在的目的，分别提供了多样交流空间：学习、交流和放松。建筑呈现的丰富空间是对多重功能的尊重，体现了合理、清晰的功能美。

　　建筑功能美依赖于建筑技术而实现，而建筑技术是建立在科学基础之上的。科学和合理的建筑技术（广义的建筑技术包括结构体系、狭义的建筑技术、建造材料等）表现出由内至外的美学特征，我们称之为广义的建筑技术美。建筑技术美的特征在于表现功能的合理性（内在）和形态的力动性（外在）。功能的产生离不开技术的支持，技术不合理，功能就无法实现或者实现起来有难度，这种技术合理性是建筑功能表达和转化的首要制约因素。从历史上看，人类对高大的建筑形态和空间的向往往往都实现在技术发展的特定时期，技术在其中起着关键的作用，由此带来的功能合理才是理性的，技术之美才能随之呈现。形态的力动性同样是建筑技术美表现出来的特征，例如

高耸的教堂和摩天大楼把人的视线引向未知的天空，也把人的精神提升到对未知世界的向往和想象中。大跨度的桥梁不仅延伸和拓展了道路，也延伸和拓展人类的想象力。这些静止的直观建筑形态展示出受技术之力控制、充满动势活力的外观，这就是技术美的力动性。建筑技术美又具体体现在结构美、技术美（狭义）和材料美等方面。

结构美是科学合理的结构体系所体现出来的美。一个完美的结构体系应能表现出合理的功能及形式，例如中国古典建筑中屋顶的遮雨功能以及那种层层叠叠和虚实交错的视觉效果是通过以斗拱为核心的结构架构来达到的。斗拱是中国古典建筑特有的一种结构构件。在立柱和横梁交接处，从柱顶上一层层探出成弓形的承重结构叫拱，拱与拱之间垫的方形木块叫斗，两者合称斗拱。斗拱结构，其功能在于承受上部支出的屋檐，并将其重量或直接或间接地传递到柱上。同时，也使建筑屋檐徐徐展开，形成"如鸟斯革，如翚斯飞"的优美形态（图1-17）。

建筑的发展也离不开建筑建造技术的进步，失去技术支撑的建筑，不仅无美可言，连建造都很困难。这种由科学、合理的建造技术所体现出来的美，我们称之为狭义的建筑技术美。狭义的建筑技术美的核心支撑是适宜的建筑技术，所谓适宜的技术，是指与当时、当地的生产力水平相匹配的技术。在古代，建筑技术活动以手工方式进行。当时的建筑技术是建立在建造的实践经验和人的直观感受基础上的，对于比例、尺度、节奏等的掌握成为提高建造技巧的核心。现代建筑技术是以科学为基础，与科学密切结合是其最根本的特征。现代科学的日新月异也使现代建筑技术表现出丰富的美（图1-18）。不同时空条件下的技术体现出不同的美学特征，所以站在时空背景下审视建筑技术美，是非常有必要的。

图 1-17　由斗拱支撑的屋顶

（a）霍隆设计博物馆
（耐候钢的曲折蜿蜒使建筑动感十足）

（b）圣埃尔布兰市艺术学院
（金属板的交错穿孔体现出信息时代的特征）

（c）Korean Presbyterian Church
（钢结构的机械架构使建筑显得严谨而冰冷）

图1-18 现代技术的美

　　一个美的建筑，必定有着良好的材料表达，良好的材料表达所体现出的美，我们称之为材料美。材料的合理选择与加工使结构合理构建，使材料与结构、技术完美结合，从而使建筑技术美得以完美体现。材料是建筑的物质基础。从早期的天然材料（如木、竹、石等）到半人工材料（如砖、瓦等）再到现代人工材料（如钢铁、玻璃等）乃至各种高科技的新型材料，赋予了建筑丰富的表情，使建筑形象变得丰富多彩，使建筑空间变得灵活多变，更使建筑的愉悦面变得更加宽广、深厚。

　　例如，意大利阿尔贝罗贝洛的圆顶石屋由石灰石石块粗糙堆砌，采用史前无灰泥建筑技术，建筑显得厚实而牢固，独具特色。AART Architects设计的Elsinore"文化中心"采用钢材、玻璃等现代材料，建筑的通透感大大增强，建筑显得开放、轻盈（图1-19）。

（a）阿尔贝罗贝洛的圆顶石屋（公元19世纪）

（b）Elsinore"文化中心"（2010年）

图1-19 材料美

现代建筑中还会对传统材料进行现代加工，赋予传统材料新的视觉效果。彼得·卒姆托设计的瑞士瓦尔斯温泉浴场以当地的传统材料——片麻岩为主要材料，经过切割、打磨、拼接和排列，使建筑与周围环境十分契合，建筑显得现代感十足，却又不失传统韵味（图1–20）。

除了功能美、技术美之外，与人们体验联系最密切的是形式美。建筑形式美指构成建筑物的物质材料的自然属性及其组合规律所呈现出来的审美特性。建筑形式美的构成一般分为两部分：建筑物的各种构成要素；各要素之间的组合规律，即形式美法则。

真、善、美三者应该是统一的，建筑在求真的同时，也在求善、求美。因此美的建筑也应该是真、善、美的统一。科学、技术为主体对客体（建筑）的认识和实践活动提供了工具和方法，而建筑的审美和创造美的活动是在主体的认识和实践活动基础上形成的，是主体对客体认识和实践活动的高级方式。建立在符合规律和一定目的性基础上的建筑审美活动，表现出客体中内容和形式的完善统一，其活动应以科学、技术为依据去审视自然美和人工美，达到真、善、美的统一。建筑美的创造活动同样要以科学、技术为基础，满足使用的需要，表现特定时空的审美趣味，体现出功能美、技术美与形式美的融合和统一（图1–21）。

美的建筑是真、善、美的统一，法国加尔桥（图1–22）就是这样的一个很好例子。加尔桥是古罗马帝国用来运输淡水的，材料采用当地的石灰岩，由于要跨过河流，且建筑较高，必须

图1–20 瑞士瓦尔斯温泉浴场
（传统材料美的重译）

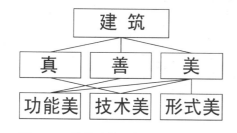

图1–21 美的建筑是真、善、美的统一

第一章 建筑与美的概说

考虑河流冲击和风力的影响。根据位置和目的的不同，建筑从上到下设计成三层：最上一排为 35 个拱，拱顶 1 个拱，拱的分布较密，空洞可大大减少风应力的影响；中间一排为 11 个拱，拱顶 3 个拱，起到过渡和支撑的作用；最下一排为 6 个拱，拱顶 4 个拱。较厚实的桥墩可以抵挡水流冲击，满足坚固的要求。由于采用了相同的建筑元素——拱，因此建筑修复和维护都比较方便，且在视觉上显得既变化又统一。

加尔桥是古罗马建筑艺术中的一件瑰宝，被誉为建筑史上的"最崇高的乐章"，富有美感，而加尔桥的美是建立在合理解决输水用途、确保坚固安全的基础上的。加尔桥从功能美、技术美和形式美三个角度，诠释了美的建筑应该是真、善、美的统一。

图 1-22　加尔桥

建 筑 与 美

1.3 实用、坚固与美观
——从吉萨金字塔到玻璃金字塔

良好的建筑有三个条件：方便、坚固和愉悦。

——【英】亨利·沃顿（《建筑学要素》）

实用、坚固与美观是建筑的三要素（维特鲁威《建筑十书》），现代也有人将建筑的三要素称为功能、技术与美学，其含义比较接近。实用是指建筑需满足一定的功能要求（生理和心理上），坚固是指建筑需满足一定的安全、使用年限的要求，而美观则指建筑需满足一定的愉悦性要求。从建筑的本源来说，实用、坚固是美观的前提，《易经》中说："上古穴居而野处，后世圣人易之以宫室，上栋下宇，以待风雨，盖取诸大壮。"建筑只有满足了防御风雨的基本实用功能要求，才有对其坚固的要求，乃至对其美观的进一步考虑。

林徽因在《论中国建筑之几个特征》中这样论述："在原则上，一种好建筑必含有以下三要点：实用、坚固、美观。实用者：切合于当时当地人民生活习惯，适合于当地地理环境。坚固者：不违背其主要材料之合理的结构原则，在寻常环境之下，含有相当永久性的。美观者：具有合理的权衡

（不是上重下轻巍然欲倾，上大下小势不能支；或孤耸高峙或细长突出等违背自然律的状态），要呈现稳重、舒适、自然的外表，更要诚实的呈露全部及部分的功用，不事掩饰，不矫揉造作，勉强堆砌。美观，也可以说，即是综合实用、坚稳两点之自然结果。"

在建筑中，实用、坚固与美观应该是统一的，即建筑不仅要满足使用要求，也要坚固耐久，而且要美观大方。位于辽宁省抚顺市的"生命之环"（图1-23）采用钢结构环状造型寓意天圆地方，其平均直径高达157米。"生命之环"结构合理、造型美观，但由于没有考虑建筑的实际功能，偏离了实用、坚固、美观相统一的原则，"生命之环"只能称为景观，而不是建筑。位于新西兰惠灵顿海滨广场上的巨型触角卫生间（图1-24）形状奇特，整个建筑看上去就像一对巨型触角。建筑在视觉上能够吸引人的注意力，但从实用角度来看，其使用面积有效率不高，通风和采光不佳，建筑更适合于观赏而非使用。

实用、坚固与美观的统一，不仅是功能、技术与美学的统一，即体现了科学美、技术美与艺术美，同样也是真、善、美的统一，即还体现了自然美和社会美。古今中外的优秀建筑无

图1-23　生命之环

图1-24　巨型触角卫生间

建 筑 与 美

一不是以它为准则，才创造出辉煌灿烂的建筑美，其中有代表性的建筑如古埃及的吉萨金字塔和卢浮宫的玻璃金字塔。

1.3.1　吉萨金字塔

在建筑学中，金字塔为角锥体建筑物。最著名的金字塔是大家熟知的埃及金字塔。埃及金字塔是古埃及文明的代表作，世界七大建筑奇迹之一。埃及金字塔分布在尼罗河两岸。在埃及共发现金字塔 96 座，最大的是位于开罗郊区的吉萨金字塔群（图 1-25），由胡夫金字塔、哈佛拉金字塔、门卡乌拉金字塔和狮身人面像组成。

从建筑功能上说，金字塔一般用来作法老的死后之所；法老们也会把财富埋藏在里面，美国建筑评论家房龙曾经把金字塔形象地称为"埃及法老的保险柜"；金字塔在法老健在时还作为礼仪和祭祀场所。据说当初，在未完工的金字塔前，要建一座小型宫殿，统治者每 3 年一次在那里庆祝自己的生日，以作为生对死的礼赞；另外，金字塔还被证实有吸收和利用宇宙能量的功用。

从建筑形式上说，一般的金字塔的平面形式为正方形，在建筑学中，正方形的平面对于功能布置是最合适的，作为一种最实用的平面形式，现代的建筑也多采用它（图 1-26）。建筑形式也会决定建筑物是否坚固耐久，金字塔采用了简单的几何形体四棱锥体，四棱锥体重心低、左右均衡，从力学上、视觉上和心理上来讲都有着强烈的稳定感。石块层层堆砌的埃及金字塔，质心接近基座，塔体随高度增加而材料减少、重量减轻，这种稳定的结构，可以有效抵御自然灾害和人为损害。金字塔经历几次大地震而不倒塌的事实，有力地证明了其稳固性。金字塔采用上小下大的形式，从视觉上看也是非常牢固的，做到了形式与结构的统一，当然也从心理上构

图 1-25　吉萨金字塔群

（a）保拉·瑞哥历史博物馆　　　　　　　　　　（b）拉斯维加斯卢克索酒店

（c）泛美金字塔大厦　　　　（d）加利福尼亚地球中心　　　　（e）迪拜金字塔

图 1-26　金字塔体

建了美的稳定感。

　　金字塔的美体现在"崇高"上。建筑单纯、巨大的形体造成巨大的视觉和心理震撼力，使站在这些巨大的人工建筑物面前的人感到惊恐，觉得自身的渺小。正如埃菲尔所说："巨大就是有一种吸引力和魅力，且不受制于美学理论。有人假装说金字塔如此强烈地抓住人们的想象力是因为美学上的价值吗？它们只不过是一堆人造的土堆啊！但有人会站在它们面前而不被感觉到吗？"吉萨金字塔群中最大的一座是第四王朝法老胡夫

建筑与美

的坟墓，也称为大金字塔。这座大金字塔原高 146.59 米，经过几千年来的风吹雨打，仍然高 138 米。100 多米高的巨型人工物高高矗立在蓝天白云与满目黄沙之间，巨大的体量加上开阔的自然环境的衬托，人们见到它，会不自觉地用自己的身体或记忆中的体量与其对比，从而产生心理上的冲突与惊叹不已，崇高感油然而生。

　　胡夫金字塔，除了以其巨大的体量和尺度而令人惊叹以外，还以其高超的建筑技巧和宏大的建造过程而闻名，体现了科学美和技术美。根据现代科学家的分析，吉萨金字塔群中的三座金字塔是按照天空中的星座位置来排列的，其中胡夫金字塔正好与太阳对应，并且金字塔群平面投影的构图体现了以 7:11 的三角形为基础的几何关系（图 1-27）。胡夫金字塔的底部周长如果除以其高度的两倍，得到的商为 3.14159，这就是圆周率，它的精确度远远超过希腊人算出的圆周率 3.1428。同时，胡夫金字塔内部的直角三角形厅室，各边之比为 3:4:5，与勾股定理的数值一致。此外，胡夫金字塔的总重量约为 6000 万吨，如果乘以 10 的 15 次方，正好是地球的重量[①]。在胡夫金字塔中，科学与建筑就这样完美地结合在一起。

　　在胡夫金字塔中还体现了技术美。如此巨大的建筑在线条、角度等方面的施工误差竟以几毫米计算。胡夫金字塔是由 250 多万块重约 2.5~5.0 吨的巨石垒砌而成的，且巨石之间，没有黏着物，完全靠石头叠砌而成（图 1-28），其缝隙非常紧密，用一把锋利的刀刃也很难插入。另外，胡夫金字塔北侧离地面 13 米高处有一个用 4 块巨石砌成的三角形出入口，这个三角形出入口科学、合理地将 100 多米高的金字塔的巨大压力均匀地分散开了，这是利用三角形的力学优点而达到的，体现出科学、合理的技术美（图 1-29）。

　　金字塔是科学美和技术美的完美结合。关于胡夫金字塔的

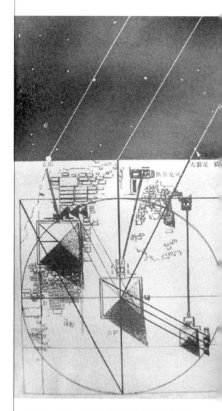

图 1-27　金字塔与天象的关联（科学家根据公元前 2500 年的夏至日 "道特" 区域的印象所画）

①　（美）苏拉米·莫莱. 破译《圣经》. 长春：吉林摄影出版社，1999.

第一章　建筑与美的概说

图1-28 胡夫金字塔

图1-29 胡夫金字塔三角形出入口

① 朱钤.大金字塔建造之谜.大自然探索，2007（10）.

修建，现代学者倾向于三种基本假说①，即外坡道假说、起重机假说和内坡道假说。外坡道假说，即在金字塔外面一侧修建一斜坡，沿斜坡运输施工材料；起重机假说，即使用简易起重机——"沙多夫"（古埃及一种利用杠杆原理的提水机械）来起吊建筑石料；内坡道假说，即建造金字塔底部1/3部分时使用了外斜坡，而建筑其余2/3塔身所需的石料是通过内部建造的斜坡来运送的。无论是哪种假说，不可否认的是，它们都承认金字塔的建造中采用了科学的方法和合理的技术。科学与技术是金字塔得以建成的保障。

金字塔是美的，从形式上分析，首先表现在统一美。A·帕拉迪奥认为："美得之于形式，亦得之于统一，即从整体到局部，从局部到局部，再从局部到整体，彼此相呼应，如此，建筑可成为一个完美的整体。在这个整体之中，每个组成部分彼此呼应，并具备了一切条件来组成你所追求的形式。"无论是古代美学家还是现代的设计师都认为，简单的几何形状可以引起美感，因为任何简单、容易识别的几何形状，都具有必然的统一感。勒·柯布西埃就这样说："……立方体、圆锥体、球体、圆柱体或者棱锥体，都是伟大的基本形式，他们明确地反映了这些形状的优越性。这些形状对于我们是鲜明的、实在的、毫不含糊的。由于这个原因，这些形式是美的，而且是最美的形式。"吉萨金字塔群采用正四棱锥为基本形体，以胡夫金字塔为视觉中心，通过简单几何形体的组合，造成主次分明的层次美感，达

建 筑 与 美

到视觉、心理上的统一美（图1-30）。

形式美还表现在对称美、均衡美。吉萨金字塔群由胡夫金字塔、哈佛拉金字塔、门卡乌拉金字塔和狮身人面像组成。首先，每个建筑单体本身是对称的，即以某一点为轴心，上下、左右都是均衡的。其次，建筑群体也是均衡的，在建筑群的布置中，有高有低，有前有后，无论是平面构图、立面构图还是立体构图都体现了均衡的美学效果。除了对称美、均衡美以外，在比例尺度、体型组合、细部处理上，金字塔都符合形式美的基本规律。

金字塔的美是建立在实用和坚固的基础上的。我们现在看到的金字塔的造型并不是一开始就成型的，而是不断演变的结果，在演变过程中，实用、坚固起着重要的作用。相传，古埃及第三王朝之前，贵族的陵墓被称为"马斯塔巴"（mastaba）（图1-31）。"马斯塔巴"是阿拉伯文的音译，意为石凳，是一种长方形的土制棱台，其来源于上埃及时期的一种住宅形式。

图 1-30　埃及吉萨金字塔群

（a）总平面图

（b）复原意向图

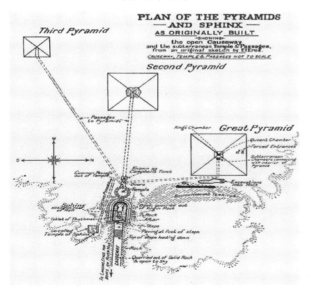

后来，有个聪明的年轻人叫伊姆荷太普，他在给埃及法老左塞王设计坟墓时，发明了一种新的建筑方法。他用山上采下的呈方形的石块来代替泥砖，并不断修改陵墓的设计方案，最终建成一个六级的阶梯形金字塔——这就是我们现在所看到的金字塔的雏形（图1-32）。之后埃及人也设计过正四棱锥形的金字塔，但由于技术不成熟而倒塌，其间又设计过弯曲型金字塔（图1-33）。经过无数次的失败和总结，一直到我们现在见到的成熟的正四棱锥形金字塔，终于达到了实用、坚固与美观的统一。

金字塔的美不仅仅是物质的，而且有其精神上的功能。埃及神话认为，万物之初都是混沌液体，在混沌中最先出现的干土呈金字塔形状，象征着生命。古埃及人选择了象征生命的金字塔形状修建死者的安息之所，正是期盼死后能如生前；角锥体金字塔形式也表示对太阳神的崇拜，古代埃及太阳神"拉"的标志是太阳光芒。在金字塔棱线的角度上向西方看去，可以看到金字塔像洒向大地的太阳光芒（图1-34）。《金字塔铭文》中有这样的话："天空把自己的光芒伸向你，以便你可以去到天上，犹如'拉'的眼睛一样。"后来古代埃及人对方尖碑的崇

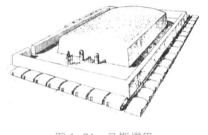

图1-31　马斯塔巴

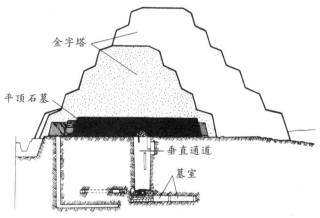

图1-32　阶梯形金字塔

金字塔

平顶石墓

垂直通道

墓室

拜也有这种意义，方尖碑的尖顶实际上是个小金字塔，也表示太阳的光芒。

相对来说，关于实用、坚固、美观三者，金字塔的实用性是放在首位的，没有法老死后栖息之所的用途，坚固无从谈起，也起不了作用，坚固是为特定的功能服务的。而美观，除了建造者之外，更多的是后来人们赋予的他们自身的感觉。

1.3.2　玻璃金字塔

20世纪70年代后，由于建筑技术的进步和建筑材料的轻质化、可塑化，众多建筑师从几何学中选取元素，金字塔式的现代建筑也在世界各地被建造出来，其中最著名的是巴黎卢浮宫玻璃金字塔，其设计者为美籍华裔建筑大师贝聿铭。

20世纪80年代初，时任法国总统的密特朗决定改建和扩建世界著名艺术宝库卢浮宫。为此，法国政府向全球征求设计方案，应征者都是世界著名建筑师。最后由密特朗总统出面，邀请世界上15位声誉卓著的博物馆馆长对应征的设计方案进行遴选和抉择。结果，有13位馆长选择了贝聿铭的设计方案：用现代建筑材料在卢浮宫的拿破仑庭院内建造一座玻璃金字塔（图1-35）。不料此事一经公布，在法国国内引起了轩然大波，民众认为这样会破坏这座具有800年历史的古建筑风格，"既毁了卢浮宫又毁了金字塔"。但是密特朗总统力排众议，还是采用了贝聿铭的设计方案[①]。事实证明，好的作品是经得起历史检验的，法国人认同了这个"为活人建造"的玻璃金字塔，并引以为骄傲。

图1-33　弯曲型金字塔

图1-34　金字塔与太阳光芒

① 路野. 蓝镜头2. 北京：中国社会出版社，1998.

第一章　建筑与美的概说

从实用角度上看，玻璃金字塔很好地利用了正四棱锥的矩形平面特点，在平面使用上达到最合理的布置。同时，为了确保卢浮宫形象的完整，设计师把扩建主体建于地下，避免了与原有古迹的冲突。玻璃良好的透光性满足了地下采光的要求，通透的形体也不影响卢浮宫的视线和采光需要（图1-36）。

从坚固角度看，由于采用了钢和玻璃等现代材料和现代施工技术，巨大的建筑负荷可以安全地由现代结构体系承担，这也是传统建筑技术所不能达到的。玻璃金字塔稳定的体量使力学的传递符合现代科学和技术的要求，也增加了人们对于建筑的自信。

玻璃金字塔的美体现在从古代金字塔向现代金字塔的转变，从"崇高"向"优美"的转变。古埃及金字塔是灵魂的场所，而玻璃金字塔则回归到生命的场所。作为现代设计师，贝聿铭则希望"让人类最杰出的作品给最多的人来欣赏"。他反对将玻璃金字塔与石头金字塔类比，因为后者为死人而建，前者则为活人而造。同时他相信一座透明金字塔可以通过反映卢浮宫褐色的石头而对旧建筑沉重的存在表示足够的敬意①，现代的金字塔有着不同的美学含义。

玻璃金字塔的美体现在科学美和技术美上。高21米、底宽

图1-35 卢浮宫和玻璃金字塔

① 郭可. 巴黎. 西安：三秦出版社，2006.

建 筑 与 美

30米的玻璃金字塔的四个侧面由 673 块菱形玻璃拼组而成。塔身总重量为 200 吨，其中玻璃净重 105 吨，金属支架仅有 95 吨。换言之，支架的负荷超过了它自身的重量。从巨石到钢、玻璃，材料变得更轻，结构却变得更牢固，现代科学技术给予了这座空心金字塔实用、稳固的可能，反映了现代建筑的科学美和技术美。

玻璃金字塔的美还体现在形式美上。玻璃金字塔与卢浮宫、轻巧与厚重、透明与封闭、现代与传统，在这里对比、碰撞，达到了和谐融合；在玻璃金字塔的南、北、东三面还有三座 5 米高的小玻璃金字塔作点缀，与 7 个三角形喷水池汇成平面与立体几何图形的奇特美景，达到主从分明、重点突出的统一，恰如"卢浮宫院内飞来了一颗巨大的宝石"。

玻璃金字塔的美也体现在社会美上。只有进入其中才会消失的埃菲尔铁塔（图 1-37）和只有进入其中方可显现的玻璃金字塔使"过去和现在的时代精神缩到了最小距离"，前者以强制姿态改写历史进程，而后者则隐匿地把历史拽到现代中来。贝聿铭"让人类最杰出的作品给最多的人来欣赏"的愿望一直都被实现着：最有说服力的证明就是它赫然成为 2004 年全球畅销书的《达·芬奇的密码》结尾处豁然而开的密码的文化谜底，在这条逼近迷宫的路径中，贝聿铭的玻璃金字塔承担了从达·芬奇、波提切利到维克多·雨果以及牛顿等各类艺术与科学巨匠身上的全部秘密，那些伟大的文化秘密在《达·芬奇的密码》里，也就在这个晶莹剔透的金字塔里，"在繁星闪烁的天底下终于得到了安息"[1]。

从吉萨金字塔到玻璃金字塔，不同时代背景造就了不同的建筑杰作，而实用、坚固与美观却是其中始终不变的旋律。自古到今，真正优秀的建筑，必定是实用、坚固与美观的统一体。

图 1-36　玻璃金字塔内部

图 1-37　埃菲尔铁塔

① 云牧心. 每天读点历史. 北京：海潮出版社，2010.

1.4 戴着镣铐跳舞
——建筑审美的矛盾性与复杂性

开始，我们塑造建筑。

然后，建筑塑造我们。

——【英】丘吉尔

1.4.1 建筑审美的矛盾性与复杂性

黑格尔说："矛盾是一切运动和生命的源泉，事物只因为本身包含着矛盾，所以它才能运动。"建筑和建筑审美亦然。建筑本身就是矛盾的和复杂的，这种矛盾性和复杂性在于：建筑存于世上，是物质世界的一部分，即建筑是"物"，这种"物"性要求建筑带有生存合理性；而建筑的审美却带有人的主观性，只是这种精神鉴赏是建立在物质实体和由物质实体构成的空间基础上的，是建立在"物"基础上的"心"觉（即建立在视觉、听觉、触觉、嗅觉等基本感觉基础上的高级、复杂、综合的感官体验），这种"心"性则要求建筑带有发展目的性（图1-38）。当代建筑审美的两大流派——人本主义审美和科学主义审美分别代表着"心""物"的不同倾向。在"心""物"之间如何摇摆的问题是建筑审美的永恒辩题，也是建筑审美的矛盾

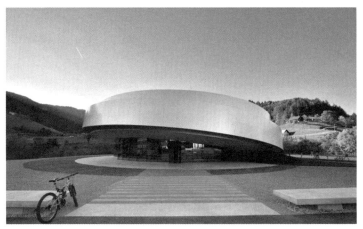

图1-38　欧盟太空科技文化中心与教堂

（静态与动感、垂直与平滑、宗教与科学、"心"与"物"的对话）

性和复杂性的源泉。

　　从建筑的产生与发展来看，建筑审美是建立在人们对物质生活需要的满足基础上的，"食必常饱，然后求美"。只有遮风避雨的基本生存需求满足了，人们才开始审视自身的居住环境质量，才会对居住环境的内在内容和外在形象提出愉悦性要求。但这种愉悦性要求却脱离不了基本生存质量的诉求，建筑之美不是空中楼阁，它建立在人们物质要求的基础上，又通过物质要素来表达，所以说，建筑美是理性与感性的融合，是科学美、技术美与艺术美的结合，它所涵盖的意义并不仅仅是提供精神需求，而是建立在融合物质需求和精神需求两方面的综合要求基础上的愉悦性要求。

　　在人类漫长的进化过程中，人类想象、追求、构筑比当前自身生存形态更高级的生存形态，并把它与自己的日常生活结合，产生了不同地域特色的建筑形态。例如从美国亚利桑那州的地下住居（图1-39）的发展变化，我们可以看出建筑从物质需要到精神需要的演变过程。科罗拉多大峡谷附近的高原，日热夜冷，温差变化大，"前圆后方"的半地下住居，保温效果

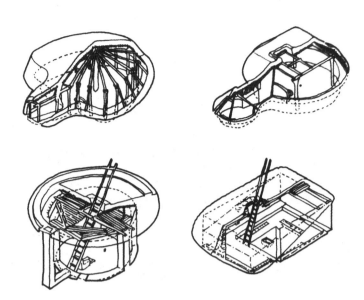

图1-39　美国亚利桑那州的地下住居

好，适合人类生理需求。随着发展，这种地下居住形式逐渐作为通向地下灵界的场所被样式化，后期，则全部作为庆典场所[①]，完成了空间从提供纯粹物质性功能到提供建立在良好物质条件基础上的精神性功能的转变，并逐渐成为该地区居住的地域特色。

　　建筑美的创造和欣赏（审美）都有主体和客体之分。建筑是一种人工物，从建筑美的创造来说，建筑美带有创造主体的自身思维印记，即创造主体由于各自经历、素养的不同从而带来建筑美的不同体现。建筑美的客体也由于受到当时、当地复杂因素的制约而显现出丰富的时代特征和地域特征。例如古代建筑由于采用了所在地的原生建筑材料，建筑的地域特征明显（图1-40），而现代建筑则由于建筑材料、技术、信息的发展，建筑形式变得更加丰富和多样化；寒冷地区的建筑需要抵御寒冷空气，因而所选材料厚实，建筑对外比较封闭，而炎热地区更重视室内的空气对流和通风，因而建筑更显得轻盈、通透；山地建筑与地势结合，参差错落，海滨建筑沿海开敞，晶莹剔透；又例如中国古典建筑的屋顶，南方屋檐较陡，显得浪漫轻巧，北方屋檐较缓，显得庄重大方。遗憾的是这种"优美"或

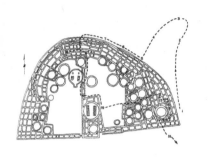

图1-40　普韦布洛·波尼托镇
（位于查科河峡谷里，由阿纳萨基人所建，房屋用本地晒干的泥砖砌筑而成）

① 胡惠琴. 世界住居与居住文化. 北京：中国建筑工业出版社，2008.

"崇高"的不同"撰写"在现代却被"千篇一律"或"千奇百怪"的建筑形象所抹杀，使建筑美的丰富性大大削弱。

现代建筑创作中如何处理时间上的差异性也是个重要的课题。老建筑是特定时代的产物，而新建筑在新时代也必须有着自己时代的特质，如何使不同时代的美在保持各自风格的基础上达到一个制衡点，许多建筑师在这方面已做出了一些有益的探索。例如在 Erskine and American 教堂改造项目中，如图1-41所示，其上图的老教堂以石灰岩混合砂岩建造，它以原始的外貌与拜占庭式拱顶刻写了建筑的历史烙印；而下图为新教堂的组成部分，其外立面采用了当地采石场的白色大理石，并让同样的材料肌理作为设计脉络，让新老建筑之间有了内在的联系纽带，使建筑美在时间性上达到了完美的统一。

从建筑美的欣赏角度来看，建筑也同样受到欣赏主体的多层次因素制约，因而呈现不同角度、不同深度的解读和评价。例如，相同的建筑客体在某些人看来是美的，而在另一些人的眼中却是丑的。就欣赏客体来说，同样也存在这样的问题，例如某个建筑，在某个时间阶段人们认为它是美的，在另外的时间段人们则认为它是丑的；在某个地方人们认为它是美的，在别的地方人们却认为它很丑。这与科技、文化等复杂因素对其造成不同程度的影响有关。

建筑是特定时间、特定地点、特定主体的生成物，建筑美是主体对客体的创造、欣赏，是主动与被动的转换。建筑美的生成结构包括三个部分：数理、符号和行为。数理是建筑美的内在逻辑，是指建筑美的科学性和技术性，是建筑美生成的基础，没有科学、技术的支撑，建筑美只能是空中楼阁；符号是建筑美的外在显现，是指建筑美的艺术性，是建筑美最直接的表达和体现；行为是指建筑美的媒介性，是建筑美的实践机制，数理如何转化为符号，如何被体现和体验，离不开行为的作用。

图1-41 Erskine and American 教堂改造

建筑美通过对自然美的利用、改造和加工，以科学美、技术美来构建艺术美，在此过程中，体现了主体的价值和社会美。所以，建筑美是自然美、社会美、科学美、技术美和艺术美的和谐统一。

建筑美的表达流程是立理、构形和造境。立理，即以科学美为依据，是否科学、是否合理，这是首要问题；构形，即以技术美为依据，在科学的基础上结合适宜的技术，构筑建筑的结构、框架和形象，这是其次问题；而造境则以艺术美为依据，在合理构形的基础上，营造所需的建筑氛围和意境，给人以一定的美的体验，这也是建筑美的最高目标。很多建筑能立理，能构形，却不能造境，所以只能停留在建造和构筑的层次。例如时下流行的胶囊住宅（图1-42）对基地加以合理利用，满足了土地效益的最大化和使用的经济性要求，然而，从使用的舒适性、使用的精神性来说，既局促又压抑，所以，它注定只是一种实验性的建筑。同样的，屋顶住宅也是这样。它们都满足了特定的目的，但都谈不上美。美是建立在合理性和体验性的基础上的，合理性只能解决建筑美的物质基础，体验性才是建筑美的独特魅力。

1.4.2 建筑审美的几个议题

艾伦·卡尔松将建筑的审美特性概括为三项：存在、处所、功能。存在指建筑物巨大的物理体量，处所指特定物理、文化环境对建筑物存在合理性的规定，功能则是指建筑存在的独特意义[①]。从建筑的特点来看，建筑的首要目的是满足实用的要求，功能是建筑存在的基础，建筑审美也必然建立在此基础上；其次，建筑是特定时间维度和空间维度的产物，必须与地域环境相契合，必须与时代精神合拍；再次，建筑不仅以巨大的物质形态示人，而且更重要的是以其独特的空间给人体验，这种

图1-42 胶囊住宅

① 薛富兴. 艾伦·卡尔松论建筑审美特性. 西北师大学报（社会科学版），2011（4）.

体验，当然是建立在四维层面上的，也使建筑呈现出丰富、多元的动态美。

（1）尽善与尽美：实用与审美

"食必常饱，然后求美"。在建筑中，实用与审美既相互依存，又相互对立。建筑审美必须有实用作为支撑，但审美并不能仅仅停留在基本的生理需要的层次。同时，建筑必须解决最基本的人类物质需求，才能上升到更高层次的审美。建筑是实用与审美的统一，那些浮夸、艳丽的建筑只能是供人欣赏的艺术品，却不能称为美的建筑。

中国古典建筑的大屋顶（图1-43）是以遮雨排水为主要功

图 1-43　中国古典建筑的大屋顶

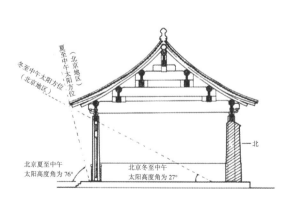

图 1-44　屋檐尺度与纳光遮阳关系

图 1-45　斗拱起翘

（a）因纽特人的冰屋

（b）芬兰雪屋饭店

图 1-46　建筑是特定地域的产物

能，因此挑出大屋檐；又由于采光的需要（图 1-44），通过斗拱，让四角起翘仰翻（图 1-45），"上欲尊而宇欲卑"，"上尊而宇卑，则吐水疾而溜远"，因而屋顶结构显得自然而合理。屋顶的曲线契合如翼飞展的四角屋檐，使原本笨拙的屋顶显得轻盈而飞动，充满活力。立理先，构形后，而造境远，成为中国古典建筑值得品味的一大特点。

（2）标准化与个性化：建筑审美的广性和深度

建筑是特定时代的产物，建筑审美也总是与所处时代背景密切相关。当今社会，建筑师们总是担忧全球化所带来的千篇一律的恶果，因而忽视了当前建筑所处时代的特点。一味地模仿前人的成果而忽视当前建筑所在时代的背景，这样的做法只会让建筑美的创作停滞不前。建筑审美的深度在于契合所处时代的步伐，古老的建筑之所以美，是因为它与所处的时代是契合的。所以当代建筑的创作也应与当代背景相契合。

建筑也是特定地域的产物，建筑的个性美是人们合理选择与所处地域契合的建筑形式的结果。比如因纽特人与芬兰人都处在寒冷地区，室外温度很低，建筑保温和防风是首要需求，他们就地取材，选择了冰来建筑自己的房屋（图 1-46），其建筑形式则采用穹顶式，这是在极地严寒的环境下做出的最佳选择：半圆球的外表面积最小，所需外围结构和材料也最少，可将热损耗和风荷载降到最少。

（3）空间与时间：建筑审美的体验性

建筑的主角是空间，这里的空间并不是静止的空间，是时间维度上的空间，空间随着时间的改变会产生戏剧性的效果，同时，加入时间进程的空间也展现连续性和运动性。Luminaria（图 1-47）是个光影与色彩融合的空间建筑，它介于雕塑与建筑之间。这个巨大的充气装置，就像一个迷宫。只有走进这座迷宫去慢慢体会，才能感受到它内部空间的光彩迷离和变幻万千。从建筑审美角度来说，这种在时间轴上展开的建筑空间变化就是体验性，脱离体验的建筑空间是失败的、不完美的。

中国古典建筑无论是宫殿建筑，还是园林建筑，都以体验性为支点，注重建筑氛围和意境的塑造，达到所需的精神目的。现代建筑师们也注重建筑审美的体验性，日本建筑师安藤忠雄设计的小筱邸，通过室外与室内、空间与空间的转化与对比，塑造了丰富的空间体验（图1-48）。

被称为"女魔头"的建筑师扎哈·哈迪德设计的辛辛那提当

图1-47 Luminaria

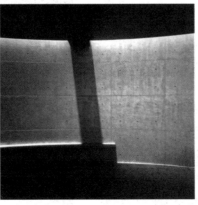

图1-48 小筱邸

代艺术中心（图 1-49）以多维度的空间连续变化而出色。不同体块的变化和穿插，在建筑内部形成丰富的错层，倾斜的楼梯和墙面使空间产生流动性，而空间的一张一弛则使建筑空间产生了强烈的节奏变化。

对于现代建筑，体验的主角不仅仅局限于人，有时还会扩大到更大的领域。体验的时间尺度和速度也不仅仅局限于步行。在 2000 年南京汽车博物馆设计竞赛中，意大利 3GATTI 设计的作品（图 1-50）以汽车这种新时代的主角为体验对象，建筑放弃了以人为主角的阶梯、墙壁等元素，而以汽车载体——坡道为主要元素。坡道被玻璃阻隔并划分为内外区域。内部区域设为人行区域，因此坡度较小；外部区域设为车行区域，坡度较大。该设计保证汽车和人都可以自由到达任一位置，与建筑主题相契合，同时又使空间具有很好的开放性和流动感。建筑的体验也可以有多种选择，在车行和步行之间随意切换，满足体验者的多种需求，增加了体验的乐趣。

图 1-49　辛辛那提当代艺术中心

图 1-50　2000 年南京汽车博物馆设计竞赛作品

第二章 建筑美与美的形态

建筑，取材于自然，与自然联系紧密；建筑，由人类建造构筑，集聚着人类的欲求与思想，象征着人类改造自然力量的强弱。

建筑有自己的美学价值，在纷繁复杂的美的形态中，建筑美是种特殊的形态，它是各种美的形态的交叉、集中和综合，研究建筑美，实际上就是研究各种美的形态的关系。

本章从自然美谈起，以自然美、社会美、科学美、技术美与建筑美的关系为主线，通过建筑实例，探讨了建筑美与自然美、建筑对自然美的模仿、几种美的形态的概念、文化与建筑美、宗教与建筑美、技术与建筑美等话题。从这些论述中，我们可以看到建筑美丰富而多样的形态和内涵。

2.1 醉意自然的建筑美
——流水别墅和有机建筑

若无园林，纵有高墙华屋，总显得粗俗造作。

——【英】弗兰西斯·培根

它希求人间的环境与自然界更进一步的联系，它追求人为的场所自然化，尽可能与自然合为一体。它通过各种巧妙的"借景"、"虚实"的方式和技巧，使建筑群与自然山水的美沟通汇合起来，而形成一个更为自由也更为开阔的有机整体的美。

——李泽厚

2.1.1 自然美

"春有百花秋有月，夏有凉风冬有雪"，"白马秋风塞上，杏花春雨江南"，"寒山转苍翠，秋水日潺湲。倚杖柴门外，临风听暮蝉"，"草长莺飞二月天，拂堤杨柳醉春烟"，这些描写大自然的诗，让我们展开了想象的翅膀，感受到愉悦。这种由自然事物和情境为人们带来的愉悦，就是自然美。

自然美包含自然性、社会性两种属性。它的自然性指自然

（a）三月赏桃

界事物具有的基本属性和特征（如形状、色彩、声音等），是形成自然美的必要条件；它的社会性指自然美的根源在于社会实践。自然美是自然性与社会性的统一，例如清代郎世宁所作12幅《雍正十二月令圆明园行乐图》，按春、夏、秋、冬四季12个月的顺序排列，分别命名为"正月观灯"、"二月踏青"、"三月赏桃"、"四月流觞"、"五月竞舟"、"六月纳凉"、"七月乞巧"、"八月赏月"、"九月赏菊"、"十月画像"、"十一月参禅"和"腊月赏雪"（图2-1）。这12幅行乐图不仅展现了12个月份自然景物的特征，也表现了每个月份的不同节令风俗，将自然景物的美与社会风俗结合起来，较好地显示了自然美的自然性与社会性的统一。

自然美的产生及自然美领域的逐渐扩大是与主体的社会实

（b）六月纳凉

（c）九月赏菊

（d）腊月赏雪

图2-1　雍正十二月令圆明园行乐图

践密切联系的。在社会实践中，一方面主体改造了自然，使自然逐渐成为"人化自然"；另一方面主体自身也得到了锻炼和改造，形成了人（主体）所特有的感觉器官和感觉能力，自然才开始成为审美的对象。

自然美的对象根据与社会实践的关系可分为两种：一种是经过主体改造的对象（如田地、园林等）；另一种是未经主体改造的自然（如天空、海洋等）。前一种自然美凝聚着人的劳动，经常作用于人们的感性和理性，唤起人们的审美愉悦，称为"再生自然美"。高尔基说："打动我的并非山野风景中所形成的一堆堆的东西，而是人类想象力赋予它们的壮观。令我赞赏的是人如何轻易地与如何伟大地改变了自然。"后一种自然美的根源离不开自然和生活的联系，称为"原生自然美"。范仲淹在《岳阳楼记》中表达了对自然美的感叹："若夫霪雨霏霏，连月不开，阴风怒号，浊浪排空；日星隐曜，山岳潜形；商旅不行，樯倾楫摧；薄暮冥冥，虎啸猿啼。……至若春和景明，波澜不惊，上下天光，一碧万顷；沙鸥翔集，锦鳞游泳；岸芷汀兰，郁郁青青。而或长烟一空，皓月千里，浮光跃金，静影沉璧，渔歌互答，此乐何极！"洞庭湖的美与商旅、渔歌相映生辉（图2-2），自然作为人们的生活环境和人类生活资料的来源，给人以更真实的美感。民歌（《敕勒歌》）"天苍苍，野茫茫，风吹草低见牛羊"中展现的不仅仅是天空、草原，还有人们放牧的

图 2-2　岳阳楼与洞庭湖

（a）长臂猿树屋酒店

（酒店架设在巨大的无花果树干上）

（b）土耳其洞穴酒店

（酒店嵌在半山腰，满足旅客体验卡帕多西亚穴居的愿望）

图 2-3　朴素的建筑美

牛羊。自然美的两种对象在这里融为一体，也体现了自然美的自然性与社会性。

2.1.2　建筑美与自然美

建筑作为人类改造自然形成的人工物，其与自然的关系非常密切。人类建造建筑的最初原因是为了应对自然。《韩非子·五蠹》："上古之世，人民少而禽兽众，人民不胜禽兽虫蛇，有圣人作，构木为巢，以避群害。"最初的房屋是依托岩洞或用树木搭建而成的，其目的仅仅是遮风避雨，趋利避害。由于生产力和技术的限制，人类应对自然的建筑物在很长时间内是停留在简单、实用的形态上，这种形态呈现的是朴素的美（图2-3）。

农耕时代，随着人类对自然的不断认识，建筑与自然的关系也日益紧密，《敕勒歌》中写道："天似穹庐，笼盖四野。"天（自然）与穹庐（建筑）的关系非常微妙，到底是天似穹庐还是穹庐似天并不重要，重要的是他们（建筑、自然）和谐地融为一体。所谓"天人合一"，即代表人的建筑与代表天的自然

应该是一体的，"蜀山兀，阿房出"，这种凌驾于自然的建筑只不过带有特定的政治目的，而"人宅相扶，感通天地"的建筑形态才是人类所需的。

从农耕时代到工业时代，随着改造自然能力的增强，人类可以建造更高级的建筑物，但对自然美的思考却从未停止过，如何做到建筑与自然的和谐是人类长久以来的关注点。对于建筑师们来说，他们关注更多的是在为人类提供安全舒适的人工环境的同时，如何将建筑和自然美有机结合起来，他们为之呕心沥血，设计了无数充满自然之趣的作品。

位于泰国湾苏梅沽岛的儿童生态活动及教育中心（图 2-4），采用的是地域材料——竹、藤条，建筑屋顶则形似一把遮阴避雨的大伞，同泰国的佛塔塔尖相似，半开放的设计方便室内外空气流动，因此其建筑形式与湿热气候、地域建筑文化十分匹配。泰国清迈南部的尼德学校（图 2-5）和越南 Hoa Binh 省的社区中心（图 2-6）则是异曲同工的建筑。前者以土坯、硬木、竹子等为材料，类似热带植物鹿角蕨的布局以及自然的采光和

图 2-4　泰国儿童生态活动及教育中心

图 2-5 泰国清迈南部的尼德学校

通风条件使使用者仿佛置身于热带丛林中；后者则倚靠大山，面朝山谷，富含地域特色的建筑材料和结构构架的使用使建筑与当地的自然、气候相融合，从而达到了利用自然之利而又免受恶劣自然因素影响的效果。

美国建筑师理查德·迈耶设计的道格拉斯住宅（图 2-7）犹

图 2-6 越南 Hoa Binh 省的社区中心

如大自然的杰作，建筑造型轻盈，空间通透。整个建筑仿佛自然地生长在坡地的绿树中，而室外平台面对着蓝色湖面，纯白色的建筑与参差的绿树、清澈的湖水及湛蓝的天空呼应，表现出纯净脱俗之美。澳大利亚建筑师格伦·马库特设计的亚瑟和伊冯·博亚德教育中心（图 2–8）与场地周围的群山、河流相互融合。透过各种大小不同的建筑景框，人们可以随意地眺望自然风景。建筑本身的尺度也非常适宜，谦逊地与自然静静对话，好像就是自然的一分子。由于将建筑与所处自然环境有机结合，格伦·马库特赢得了 2002 年度“普利兹克建筑奖”。

意大利建筑师伦佐·皮亚诺在芝贝欧文化中心（图 2–9）的设计中也展示了建筑如何与自然、人文景观融为一体。建筑模

图 2–7　道格拉斯住宅

图 2–8　亚瑟和伊冯·博亚德教育中心

拟土著堪纳克人居住的棚屋形式，人造的植物性的外壳以参差的形态在高大的松树丛中出现，好像从周围的植被中长出一样。而建筑的另一面以倾斜的平台延伸到海湾湖里面，对着开阔的景观，将自然的美景一并纳入，建筑与自然相映生辉，如诗如画，人们由此赋予建筑一个浪漫的名字——"海天之恋"。南非建筑师 Peter Rich 设计的马篷古布韦展览中心（图 2-10）位于南北国家公园内的一座山上。连续起伏的拱形屋顶与马篷古布

图 2-9　芝贝欧文化中心

图 2-10　马篷古布韦展览中心

韦山相呼应，其建筑材料则采用当地的土磁砖瓦、树枝。由于其对地域自然元素、手工技艺和传统文化的尊重，使得建筑与周围环境完美融合，从而赢得了盛誉。

2.1.3 流水别墅

要谈建筑与自然融合的典范，一定会提到建筑大师赖特（1867—1959）设计的流水别墅。

流水别墅，又称考夫曼别墅，位于美国宾夕法尼亚州匹兹堡市东南郊的熊跑溪畔。那里远离都市喧嚣，高崖林立，草木繁盛，溪流潺潺，有着原始而丰富的自然美。设计师赖特曾描述自己设计的这个别墅是"山溪旁的一个峭壁的延伸，生存空间靠着几层平台而凌空在溪水之上——一位珍爱着这个地方的人就在这平台上，他沉浸于瀑布的响声，享受着生活的乐趣"。他为这座别墅取名为"流水"，意为借鉴自然美的形态，将建筑

图 2-11 坐落在岩崖和溪水上的流水别墅

第二章 建筑美与美的形态

与自然完美结合起来（图2-11）。

流水别墅以岩崖的粗野质感、参差形态为原型，别墅共设计三层，以二层的起居室为中心，其余房间沿着中心向四周展开，与岩石的自然形态契合，通过建筑体块的组合，使建筑呈现出明显的雕塑感。两层平台错落有致，一层平台水平延伸，二层平台前后延伸，纵向则是粗糙的片石墙。建筑体块大小、方向各不相同，参差交叉，好像从基地中自然生长出来，悬浮在瀑布之上（图2-12）。

流水别墅的建筑造型及内部空间强调力的相互作用和平衡，通过水平、竖直两个方向的体块穿插（例如水平向的阳台与纵向的厚墙穿插交错），在复杂微妙的变化中达到一种诗意的视觉平衡。建筑也由此与溪水、山石、树木自然地结合在一起，显得沉稳而坚定。

流水别墅以自然光线的美为参照，介入时间的历程形成特殊的视觉空间体验。不同的功能空间有着不同的光线设计：起居室最明亮，旁侧的房间则较暗，从室外反射进来的光线则相对柔美。不同的时间段，自然光线也呈现出不同形态：清晨明

图2-12　流水别墅与岩石的自然形态契合

图 2-13　流水别墅中自然光的美

媚的光、正午耀眼的光、黄昏暧昧的光、夜晚神秘的光以及透过云层、树叶的斑斓而多变的光。建筑空间由于自然光的介入呈现出丰富的自然美（图 2-13）。

　　流水别墅的自然美还体现在对自然要素——流水的借鉴和利用上。赖特对业主考夫曼说："我希望你不仅是看那瀑布，而且要伴着瀑布生活，让它成为你生活中不可分离的一部分。"流水别墅在山林之中，"虽由人作，宛自天开"。流水别墅让居于其中的人从视觉、听觉、触觉等多方面均能感受到流水的节奏（图 2-14）。溪水从平台下自然流出，在起居室内也能听见流水的"叮咚"声，任由听觉对自然进行美的体验。从小溪的下游看，建筑在形状及布局上呼应着两块悬挑石块，建筑作为"悬崖的延伸"悬挑在瀑布上方，建筑与流水浑然一体。从起居室的楼梯逐级而下，不仅可以触摸飞溅的溪水，还可以呼吸夹杂流水湿气的清风。

　　在材料的使用上，粗犷的毛石与素色混凝土使建筑表现出质朴的美，与周边自然相映生辉。室内也保持了自然野趣，一些被保留下来的岩石好像是从地面下破土而出，成为壁炉前的天然装饰，一览无余的带形窗使室内与四周浓密的自然树林相互交融（图 2-15）。自然从每一个角落中不经意地渗透进来。

　　赖特给这所建筑取名"流水别墅"是要定义建筑与自然之间的统一。流水与别墅，建筑与自然，它们本来就是不可分割

图 2-14　流水别墅中的流水

（a）客厅　　　　　　　　　　　　　（b）壁炉

图 2-15　流水别墅的室内

的整体，使用者的体验成为他们之间联系的关键因素。

　　1963 年，埃德加·考夫曼决定将别墅献给当地政府，永远供人参观。交接仪式上，他说："流水别墅的美依然像它所配合的自然那样新鲜，它曾是一所绝妙的栖身之处，但又不仅如此，它是一件艺术品，超越了一般含义，住宅和基地在一起构成了一个人类所希望的与自然结合、对等和融合的形象。这是一件人类为自身所作的作品。"

　　流水别墅浓缩了设计师赖特的"有机建筑"理论，流水别墅作为"溪流音乐"和"石崖的延伸"，将自然和建筑有机地结合起来了。

2.1.4　赖特和"有机建筑"

　　赖特是 20 世纪美国最重要的建筑大师之一。他一生的全部实践和论著都是以"有机建筑"理论为核心的，赖特的"有机建筑"理论在"草原式住宅"、"塔里埃森"、"流水别墅"等作品中都可以读出。布鲁诺·塞维如此评价赖特的"有机建筑"："有机建筑空间充满着动态、方位诱导、透视和生动明朗的创造，他的动态是创造性的，因为其目的不在于追求耀眼的视觉效果，而是寻求表现生活在其中的人的活动本身。"

　　赖特从小就生长在威斯康星峡谷的农场，简朴的生活让他感受到了自然的脉搏，感悟到了自然的奥秘，潜移默化地使赖特形成了崇尚自然的"有机建筑"观，具体又包含以下自然美学观：

　　（1）"有机建筑"是有自然生命力的建筑。赖特将建筑看成是具有自然有机生命的。与一切自然有机生命类似，建筑也处在连续不断地生长之中。赖特善于从自然界生物生长的自然规律中获得启发，创作出契合基地环境，好似自然环境中生长出的建筑形式。赖特设计的"草原式住宅"（图 2-16）在建筑形态、材料使用上，注重与周边自然环境相协调。建筑水平而舒展，挑檐深远，犹如植物覆盖于大地。

　　（2）"有机建筑"是"自然"的建筑。赖特认为：自然的建筑即适应其环境的建筑。特定环境形成特定的建筑，建筑应是基地环境的产物，与环境融为一体，成为环境的一部分。他为自己设计的住所是两个塔里埃森。东塔里埃森位于

图 2-16　草原式住宅（罗比住宅）

① （美）埃兹拉·斯托勒. 西塔里埃森，
　　北京：中国建筑工业出版社.

一座山丘的斜坡上，建筑与山丘相得益彰；西塔里埃森（图2-17）倾斜的混凝土结构则以当地的巨大石头为骨料，加上木屋架和帆布篷，使得该建筑与亚利桑那沙漠融为一体。

（3）"有机建筑"应该合理选用自然材料。赖特主张充分利用材料的特性，根据建筑特定的环境和目的来选择最合适的材料，不同的材料也应有不同的处理方式。他设计的西塔里埃森，大量使用了当地产的红木作为房屋的上部结构，并恰如其分地展现出材料的纹理、色彩和工艺，"在有岩石与仙人掌的地方，这是可以想象到的最华丽的景致"①。

赖特的"有机建筑"理论的形成，是他自然美学观的反映，来源于他对自然界有机生物的观察和对自然界有机生命的深刻理解。今天，人类进入科技时代和信息时代，经济发展的同时也带来了对自然的破坏。我们在对建筑与自然关系的反思基础上所提出的绿色美学，其出发点是和有机建筑理论一致的。建筑是人与自然环境相互作用的产物，我们强调建筑与自然的共生，建造可持续发展的人工环境，这是"可持续发展的建筑观"的核心，也是对有机建筑理论的继承和发展。

图2-17　西塔里埃森

建筑与美

2.2 模仿自然的建筑美
——高迪与仿生建筑

虽由人作，宛自天开。

——【明】计成

长期以来有一种很美妙动人的说法，说哥特式大教堂里的那些高耸入云的尖塔，那些高大的柱子，是仿照欧洲的入侵者条顿人住过多年的森林而建成的。

——【美】房龙

中国传统美学一贯崇尚自然，以自然为美。以"天人合一"、"自然无为"的思想为根基的自然审美观主张顺应自然，并将自身与自然融为一体视为最高境界。西方传统美学不像中国那样重视自然美，他们虽然视自然为人的对立面，但却以自然为神灵，这种神化、拟人化的概念恰恰是建立在对自然的畏惧和崇敬之上。中西传统美学虽然对于自然美的看法不同，但都承认自然的本源是尽善尽美。

2.2.1　自然美的模仿

体现自然的尽善尽美，最聪明的办法就是模仿自然[1]。远古时代的穴居、巢居便是人类模仿自然的结果。中国古典建筑不用多说，从天圆地方的整体布局，到小桥流水的环境氛围，再到步移景异的景观小品，以至建筑细部构件，都以自然为原型，极力模仿自然之质朴、多彩。欧洲著名的汉学家喜仁龙曾经这样描述中国古典建筑造型："中式建筑的木头柱子立在台基上，非常之高，就像岩石上的高大树木。曲线形的屋顶犹如飘动的树枝……"[2]再如中国古典园林，往往通过模仿自然物，并以小见大，力图将自然尺度缩微而保留自然之趣；日本枯山水园林受其影响，将自然进一步抽象化，对自然进行"写意"，这些都是模仿自然的方法（图2-18）。

西方建筑亦然，比如西方古典石构建筑是模仿自然而生成的（图2-19）：希腊古典建筑，有柱无墙平顶，是模仿剪去枝叶的树林；罗马古典建筑，圆顶，那是模仿天空和地平线；中世纪哥特式建筑，尖顶多雕饰，那是模仿连枝带叶的树林[3]，"是为了使人们待在里面，能感到他们祖先当年在森林里的生活气氛"（房龙）。

西方建筑中"模仿自然"最早开始于古希腊人的建筑艺术，体现在古希腊的古典柱式中。古典柱式是西方古典建筑的重要造型手段。形成于小亚细亚的爱奥尼柱式和形成于西西里的多立克柱式，是两种最基本的柱式（图2-20），它们都是从模仿自然的木结构演变而来。多立克柱式用于重要的建筑，由于承载受力的需要，其粗壮的形象可能是由高大粗壮的大树演变而来；而爱奥尼柱式用于次要建筑或主要建筑的次要部位，其模仿的树型相对较细，早期的爱奥尼柱式神庙经常建在靠近水边的地方，它的柱头的涡卷，很明显是从自然界的贝类（如鹦鹉

（a）可居可游的中国古典园林

（b）日本庭院的枯山水

图2-18　模仿自然的东方古典园林

①③ 朱光潜. 文艺心理学. 合肥：安徽教育出版社，2006.
② 王博. 世界十大建筑鬼才. 武汉：华中科技大学出版社，2006.

60

建筑与美

（a）古希腊建筑

（b）古罗马建筑

（c）哥特式建筑

图 2-19　模仿自然的西方建筑

螺）身上得到的灵感。

　　公元前 5 世纪下半叶，古希腊还出现了科林斯柱式（图 2-21）。其来源据说与雅典雕刻家卡利马斯有关。有一天，他无意中发现一个草编的篮子，篮子里面是一个来自科林斯的贫穷女孩仅有的家当，而这个女孩已经悲惨地死去了。这个篮子被一

（a）多立克柱式神庙

（b）爱奥尼柱式神庙

图 2-20　多立克柱式和爱奥尼柱式

图 2-21　科林斯柱式

块石板覆盖着，草叶在篮子周围生长，悬垂部分呈卷曲状。卡利马斯为这种迷人而简单的组合所感动，随即绘成素描，然后刻在石头上，于是成为科林斯柱式的雏形。科林斯柱式实际上是爱奥尼克柱式的一个变体，两者各个部位都很相似，其身形比爱奥尼克柱更为纤细，只是柱头以毛茛叶纹装饰，而不用爱奥尼亚柱式的涡卷纹。毛茛叶层叠交错环绕，并以卷须花蕾夹杂其间，看起来像是一个花枝招展的花篮被置于圆柱顶端。

2.2.2　工艺美术运动和新艺术运动

西方近代的工艺美术运动和新艺术运动也主张从自然中吸取营养。威廉·莫里斯是 19 世纪英国工艺美术运动的奠基人，其设计思想是"向自然学习"，他做出的工艺品大量采用从植物形象得来的素材。由威廉·莫里斯和菲利普·韦伯合作设计的红屋（图 2-22），是

图 2-22 红屋

工艺美术运动时期的代表性建筑。红砖表面没有任何装饰，同时整个建筑的内部结构完全展示出来了，显得自然、简朴，建筑与环境达到完美的统一，颇具田园风情。

开始于 19 世纪 80 年代的新艺术运动，延续和发展了工艺美术运动的自然风格，新艺术运动广泛使用有机形式、曲线，特别是花卉或植物等。1900 年设计师盖勒在《根据自然装饰现代家具》中指出，自然应是设计师的灵感之源。他设计的玻璃花瓶（图 2-23）表面饰以花卉或昆虫，使花瓶具有强烈的有机活力。

在建筑设计方面，自然元素（如贝壳、海草、昆虫、火焰等）也被广泛运用到建筑造型和细部装饰中。比利时建筑师霍尔塔设计的布鲁塞尔都灵路 12 号住宅（图 2-24）是新艺术运动的建筑代表作品。其建筑运用了大量的葡萄蔓般相互缠绕和螺旋扭曲的线条，优美的"植物线条"让建筑显得生机勃勃。

图 2-23 盖勒设计的花瓶

図2-24　都灵路12号住宅

2.2.3　高迪

安东尼·高迪是西班牙新艺术运动的最重要代表。他早期的作品偏向哥特式风格，后期，他将新艺术运动的有机形态与隐喻风格结合，表现出自然有机的特征。1883—1926年间，他设计的巴特罗公寓、米拉公寓、圣家族大教堂和奎尔公园等自然主义作品，极具浪漫的塑性艺术特色，偏向于自然美的模仿与再现，标志着他的个人风格的形成。

（1）巴特罗公寓

高迪曾说："艺术必须出自于大自然，因为大自然已为人们创造出最独特美丽的造型。"位于西班牙巴塞罗那市的巴特罗公寓的外形模仿自然生物的形态。外墙全部是由蓝色和绿色的陶瓷装饰，远望颇像"一片宁静的湖水"，入口和下面两层的墙面模仿熔岩和溶洞，屋脊如带鳞片的兽类脊背，阳台则形似海草和动物外壳。巴特罗公寓的门、窗、屋顶、平台全是柔的波浪形曲线形式，灯饰、家具及建筑的细部也都采用曲线形式。自然有机的形态、鲜艳而丰富的色彩，使建筑充满自然活力（图2-25）。

（2）米拉公寓

米拉公寓又称"石屋"，是为实业家佩德罗·米拉设计建造的，造型奇特，曾被比喻为断崖、蠕虫、蜂窝等。高迪认为其是"用自然主义手法在建筑上体现浪漫主义和反传统精神最有说服力的作品"。

建筑位于街道转角，地面以上共六层（含屋顶层），墙体仿佛是一座被海水侵蚀、风化的岩洞，阳台栏杆如同杂乱的海草，楼梯间如同海螺，通风口如同香菇，烟囱如同洋葱。米拉公寓的屋顶高低错落，墙面凹凸不平，到处可见蜿蜒起伏的曲线，整座大楼宛如波涛汹涌的海面，富于自然肌

图 2-25　巴特罗公寓

第二章　建筑美与美的形态

理和有机动感（图 2-26）。

（3）圣家族大教堂

圣家族大教堂（图 2-27）是一座天主教教堂，1882 年奠基，1883 年由高迪接手设计，目前仍未完工。高迪曾经说："直线属于人类，而曲线归于上帝。"圣家族大教堂的设计没有采用规则的直线和平面，而是以螺旋、锥形、双曲线、抛物线等自然曲线形式及其各种变化和组合来表达，因此建筑显得富有韵律和动感。

设计时以自然元素（诸如洞穴、山脉、植物、动物等）为灵感来源。教堂的墙如同洞穴、植物和怪兽的混合体。教堂的尖塔像是树塔、蚁丘。塔尖上围着球形花冠。教堂内部如森林般挺拔，天花似太阳、似向日葵。整个建筑看上去显得自然有机、栩栩如生。

（4）奎尔公园

奎尔公园同样位于西班牙巴塞罗那。虽然这个项目最终只完成了门卫房、中央公园、高架走廊等"基本设施"部分，但

图 2-26 米拉公寓

图 2-27　圣家族大教堂

高迪自然主义设计理念在这里逐步成熟并得到了充分展现。

　　在公园的入口处，有两座喷泉，它们兼有守护神和排水之用。一个是代表加泰罗尼亚的守护神——变色龙，另一个是加泰罗尼亚的徽章——蜥蜴。喷泉表面采用马赛克瓷片拼贴，艳丽的色泽和生动的造型使其成为公园的象征。在奎尔公园中，自然洞穴似的高架廊、龙形的座椅、椰子树似的尖塔，自然有机的建筑造型和自然元素化的细部及装饰组合在一起，打造出了一个自然梦幻的游乐场（图2-28）。

2.2.4　建筑仿生学和仿生建筑

　　仿生学"Bionics"源于希腊语"bion"（生命的元素），Jack Ellwood Steel 将其定义为："模仿生物系统的原理建造技

图 2-28　奎尔公园

术系统，或者使人造技术系统具有生物系统特征或类似特征的科学。"观察、研究和模拟生物的自然美是仿生学的核心。自然美的合理性在于它是自然生物为适应环境而发展出的最优形态，因此自然美有着强烈的有机性。

借鉴自然美的合理性也是创造建筑的一条有益途径，仿生建筑因此应运而生。仿生建筑即建筑设计师通过观察、研究和模拟自然界某些生物体功能及形象的科学规律，结合建筑的使用特点，生成高效、合理的建筑布局和结构形态，表现出自然美与建筑美的统一。

自然生物的形态、肌理和细部之美，给了设计师们丰富的启示。他们从建筑的平面、形态、结构、肌理和细部等各个角度出发，创造了不同风格的建筑。阿尔托设计的德国不莱梅高层公寓，其平面模仿蝴蝶的翅膀，节奏感十足；迪拜的棕榈岛（图 2-29）平面则是叶脉骨架，与自然水面结合，仿佛是棕榈树在水中的倒影；Manfredi 和 Luca Nicoletti 仿照鹦鹉螺形态设计了台湾疾病控制中心大楼方案（图 2-30）；Santiago Calatrava则仿照笋螺形态设计了芝加哥螺旋塔方案（图 2-31）；纽约环球航空公司航站楼和密尔沃基艺术博物馆分别像两只展翅飞翔

图 2-29　迪拜的棕榈岛

图 2-30　台湾疾病控制中心大楼方案

的大鸟；东京代代木体育馆（图 2-32）则像一只巨大的海螺；印度德里母亲庙（图 2-33）形似荷花；新西兰红树林树屋（图 2-34）外形像是一个豆荚；ALDAR 总部大楼（图 2-35）的灵感源于扇贝；多哈市政事务和农业部办公大楼（图 2-36）的灵感源于沙漠里的仙人球；迈克尔·索金为天津设计的南美风情酒店（图 2-37）外形为一只水母；皮尔卡丹别墅（图 2-38）则以水泡为元素，外形活像水边的神秘生物；南美的水教堂（图 2-

图 2-31　芝加哥螺旋塔方案

图 2-32　东京代代木体育馆

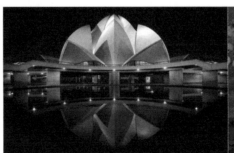

图 2-33　印度德里母亲庙

图 2-34　新西兰红树林树屋

图 2-35　ALDAR 总部大楼

图 2-36　多哈市政事务和农业部办公大楼

39）以水为主要建筑材料，外部以钢筋为主要框架，用布料织物与塑料纸模仿洞穴中的钟乳石和石笋；朗香教堂的屋顶中蕴含着蟹壳轻薄、坚韧的自然美；迦蒂羊毛厂的混凝土肋板结构模仿了叶脉的肌理美。

图 2-37　天津的南美风情酒店

图 2-38　皮尔卡丹别墅

图 2-39　南美的水教堂

建 筑 与 美

生物的合理结构形式不仅为建筑设计提供了多种素材，也衍生了许多新的结构形式：富勒设计的联合油罐车公司屋顶的灵感来源于晶体结构；1967 年加拿大蒙特利尔国际博览会的德国馆采用的网索结构则是受到蜘蛛网的启发；对竹子生长规律的研究，设计者从而获得香港中银大厦和台北 101 大厦（图 2-40）的设计灵感；威斯康星州约翰逊制蜡公司试验楼和里斯本东方火车站，则是树状结构的产物。

建筑仿生是 21 世纪建筑学领域的一项新运动。建筑仿生学理论结合了生物学、美学等众多学科知识，将建筑结构、建筑功能和自然美进行了结合。从初级的形态仿生到高级的功能、结构仿生，建筑仿生也从初期的外在模仿发展到后期的内在合理性的模仿，结构形式和生态作用开始成为建筑仿生的主角。

荷兰鹿特丹"城市仙人掌"住宅楼（图 2-41）的白色外表面可有效反射太阳辐射，错落有致的曲线阳台又使每个单元得

图 2-40　台北 101 大厦

图 2-41　"城市仙人掌"住宅楼

73

第二章　建筑美与美的形态

到足够的阳光，建筑也被形象地称为城市沙漠中的"绿色仙人掌"；威廉·麦克多诺设计的"树纹塔"摩天大楼（图2-42）对植物生长肌理进行了抽象加工，大楼充分利用了太阳能和自然光，使建筑可以像树木一样进行"光合作用"，因此是功能仿生、形态仿生和环境仿生的完美结合。

仿生建筑是建筑模仿自然美的新的发展，是模仿自然美的高级形态，也是自然美与技术美结合的产物。时代在发展，建筑仿生的内容和形式越来越丰富，其发展前景必然越来越广阔，自然美与建筑的联系也会越来越紧密。

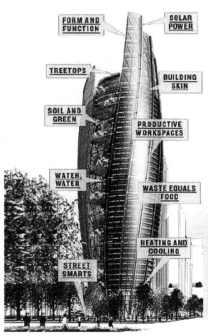

图2-42 "树纹塔"摩天大楼

2.3　天人合一的建筑美
——都江堰

金字塔的艺术构思反映出古埃及的自然状况和社会特色。当时的古埃及人还保留着氏族社会的原始拜物教，他们相信高山、大漠、长河都是神圣的。早期的皇帝利用了原始的拜物教，并将自身宣扬为自然神。于是，就把高山、大漠、长河等形象的典型特征赋予突显皇权的纪念碑。

——陈志华（《外国建筑史》）

就在秦始皇下令修长城的数十年前，四川平原上已经完成了一个了不起的工程。它的规模从表面上看远不如长城宏大，却注定要稳稳当当地造福千年。如果说，长城占据了辽阔的空间，那么，它却实实在在地占据了邈远的时间。长城的社会功用早已废弛，而它至今还在为无数民众输送汩汩清流。有了它，旱涝无常的四川平原成了天府之国，每当我们民族有了重大灾难，天府之国总是沉着地提供庇护和濡养。因此，可以毫不夸张地说，它永久性地灌溉着中华民族。

——余秋雨

2.3.1 美的形态

美的表现形态，包括社会美、自然美、艺术美、科学美、技术美。

自然美是人类最早意识到的美。它是自然性与社会性的统一①。其自然性指自然事物的某些属性和特征（如形状、色彩、声音等），是形成自然美的必要条件；其社会性指自然美的根源在于社会实践。自然美的产生及自然美领域的逐渐扩大是和主体实践密切联系的②。在社会实践中，一方面主体改造自然，使自然逐渐成为"人化自然"；另一方面主体自身也得到了改造，使人形成了特有的感觉器官和感觉能力，自然才开始成为审美的对象。

社会美是现实生活中社会事物和现象呈现的美，与自然美合称现实美。它包括行为美、语言美、心灵美、环境美等。它来源于人的社会实践，因此人的美在社会美中占有中心地位③。马克思说："社会生活在本质上是实践的。"社会美首先体现于人类改造自然和社会的历史过程中，同时也体现在人类社会实践的成果中。在征服自然、改造自然的实践中，人的本质力量不断得到发挥，让人类认识到实践力量的崇高与伟大，这种对自身力量的积极肯定使人类产生一种愉悦的情感，人类的劳动和劳动产品便获得了审美的价值④。

艺术美是自然和社会生活中的审美特征的能动反映，是审美意识的集中物态化形态。艺术美作为美的高级形态来源于客观现实，但并不等于现实，它是艺术家创造性劳动的产物。它包括两方面：艺术形象对现实的再现；艺术家对现实的情感、评价和理想的表现，是客观与主观、再现与表现的有机统一⑤。它的特征在于具有审美价值，能给人以在现实生活中难以获得的美的愉悦和享受。

科学美指科学领域里存在的美。科学美也是美的一种形态，

① 邱明正. 美学讲座. 南昌：江西人民出版社，1986.

② 郭青春. 美学原理学习指导书. 北京：中国广播电视大学出版社，1997.

③ 蒋孔阳. 哲学大辞典. 上海：上海辞书出版社，1991.

④ 王伯恭. 中国百科大辞典. 北京：中国大百科全书出版社，1991.

⑤ 杨辛，甘霖. 美学入门. 武汉：湖北教育出版社，1992.

它同自然美、社会美、艺术美、技术美并列，并与之有着密切的联系。科学美与技术美的关系尤为密切，人们常将它们结合在一起进行研究，称为科技美。科技美属于广义的社会美之列。建筑求真，建筑求美。"真"诉诸人的理性，"美"则诉诸人的感性。不真的建筑不可能有美，建筑美必须以真为前提，这是科学美对于建筑的价值所在。

技术美作为一种与功能相联系的美，是工业时代的产物，本书的技术美主要是指建筑技术美。建筑作为审美价值的承担者，是内容与形式的统一。它依照建筑目的有效地发挥它的功能。建筑功能作为内在的活动，通过相应的技术形态表现出来，内在的内容与技术形态相互交融、统一，就构成了技术美。在技术美中所包含的是善的形式和真的内容，这是区分于艺术美的基本点。

2.3.2　建筑与美的形态

人类在建筑实践过程中，消除了自然对人的生存发展具有的负价值，增大了其正价值。建筑实践活动能够创造人类生存、生活和生产必需的空间环境，能够使人在实践过程中增长知识、提高认识能力、获得精神自由，使人自身得到改造、完善和发展，是发现美、追求美、创造美的活动。所以说，人类的建筑实践是自然美、社会美、艺术美的结合，更是科学美和技术美的体现。

下面以我国古代代表性的水利建筑为例，探讨建筑美与各种美的形态的关系。我国古代优秀的水利建筑在蓄水、灌溉、防洪、排涝、航运等方面都发挥了巨大作用，同时它们稳定坚固、技术合理、造型优美，并与周围环境协调统一，富有美的感染力，让人们得到美的精神享受。我国古代劳动人民在水利建筑实践中，一般都是根据当地的地质、水文情况和周围的自然、人文景观，选择恰当的形式，精心设计，着意安排，做到技术先进、结构合理、施工良好，兼顾实用、坚固和美观，使之达到自然美、社会美与建筑美的统一，其中典型例子就是四川的都江堰。

2.3.3　都江堰

都江堰（图 2-43）坐落于成都平原西部的岷江上，被誉为"世界水利文化的鼻祖"。都江堰是由秦国蜀郡太守李冰及其子率众于公元前 256 年左右修建的，是全世界迄今为止，年代最久、唯一留存、以无坝引水为特征的宏大水利建筑。都江堰由于其历史悠久、规模宏大、布局合理、运行科学，且与环境和谐结合，在历史和科学方面具有突出的价值，因此在 2000 年联合国世界遗产委员会第 24 届大会上被确定为世界文化遗产。

都江堰是美的，美在人工建筑物与自然美的融合。都江堰的右边是险峻的岷山；中间是奔腾着的岷江；左边的离堆后边便是一望无际、河渠纵横交错的成都平原，这里地势平坦、视

图 2-43　都江堰

野开阔。都江堰因地制宜，尊重自然美，与周围自然环境相映成趣，被誉为"虽由人作，宛自天开"。难怪清代诗人何盛新称赞："盈盈一水隔，兀兀二山分。断涧流红叶，空潭起白云。凭空桥架索，薄暮树浮曛。龙女今何在，悬崖问柳君。"

都江堰分合有序，统一和谐，自然美和人工美融合为整体。在分水堤上，听觉感受到的是水的奔流，触觉感受到的是水汽和着凉风，视觉感受到的是水天一色、满目苍翠。正是这优美的意境，吸引了无数诗人在此畅怀。唐代的大诗人杜甫游览都江堰之后，写下了"锦江春色来天地，玉垒浮云变古今"的佳句，真可谓诗情画意。

都江堰的粗犷、大尺度与天然景物的秀丽、细腻尺度形成了强烈对比，而都江堰和周围建筑依托于自然山林之中，或藏或露，若隐若现，有一种虚中有实、实中有虚的层次美，表现了人工美与自然美的巧妙融合。

山是崇高的自然体现，都江堰的山恰如都江堰的肩膀，都江堰水平方向的力度与山体垂直方向的力度、巍峨秀丽的自然美与气势磅礴的人工美形成了强烈的对比，增加了都江堰的整体美。水是优美的自然体现，是自然美中最活泼的因素。都江堰的水是"自然之水"，天赋其自然之趣，静止时是流畅起伏的曲线美，流动时则是气势磅礴的直线美。山是水的肌肤，水是山的血液，在都江堰中，山水相映，山的静与水的动相结合，一静一动，山因水更加妩媚，水因山更加灵动，山与水的结合把自然美的特征展现得淋漓尽致①。

植物是自然景观中不可或缺的部分，在都江堰所在的自然环境中，落叶树与常绿树相间，花时不同的各种花树相间，一年四季各有其趣。春天繁花似锦，生机盎然；夏天绿树浓荫，清凉宜人；秋天硕果累累，五彩缤纷；冬天树枝临风傲寒，引人遐想。不同植物高低、疏密地灵活配置，既可以阻挡视线，

①② 蒲天村. 都江堰景区中的自然美. 安徽农业科学，2010（11）.

① 王岗峰. 美育与美学. 厦门: 厦门大学出版社, 2009.

又可以透漏视线, 加强了景物的层次感和整体性②。

与自然美相比, 社会美更直接依赖于社会历史条件, 社会美具有特定时代的经济、政治、文化和民族、阶级的特色。例如, 封建社会自然经济时代的田园风光, 有别于市场经济条件下的都市化城镇景色。寺庙、教堂的清静、肃穆及人们对生活的淡泊, 不同于现代娱乐场所的喧哗、激情和居民对新时代生活的追求①。具体来说, 都江堰的社会美体现在由历史、社会和人文共同作用下的水文化中。

都江堰的创建, 有其特定的历史根源。战国时期, 经过商鞅变法改革的秦国国势日盛。一些有识之士认识到巴蜀在统一中国中的特殊战略地位, "得蜀则得楚, 楚亡则天下并矣"（司马错）。在这一历史背景下, 秦昭王委任知天文、识地理、隐居岷峨的李冰（图 2-44）为蜀国郡守。现在号称"天府之国"的成都平原, 在战国时期却是一个水旱灾害严重的地方, 这种状况是由岷江和成都平原恶劣的自然条件造成的。为了治理水患, 在李冰的组织和带领下, 人们克服重重困难, 经过八年奋战, 终于建成了都江堰这一伟大建筑。

都江堰的建成使成都平原迅速成为秦国统一六国战争的物质基地, 让秦国"操纵予夺, 无不如意, 于是灭六国而统一天下"; 都江堰的建成, 让原本水旱无常的巴蜀大地成为"沃野千里, 水旱从人, 不知饥馑, 时无荒年"的"天府之国"。直到今天, 建堰已有两千多年, 它仍然发挥着巨大的作用。因此, 著名作家余秋雨先生说: 都江堰是解读中华文明的钥匙, 它永久性地灌溉了中华民族。

都江堰在两千多年的运行中, 形成了内涵丰富的水文化。都江堰水文化的内涵, 反映在建筑修建、维修、管理和发展的全过程中, 是人类社会发展的

图 2-44 李冰父子像

建 筑 与 美

重要遗产之一，也是联合国评定都江堰为世界文化遗产的重要原因。

从秦汉时代开始，都江堰被许多社会精英奉为文化高地与精神家园。数不清的领袖伟人、名流高道、骚人墨客、草莽布衣都怀揣着"拜水都江堰"的情结奔向这片土地，他们在这里留下了无数的文化财富。

除此以外，还产生了诸如"二王庙"、"伏龙观"等人文建筑景观，东汉李冰石像及"饮水思源"石刻，歌颂李冰父子降龙治水的民间传说与祭祀活动以及由此而产生的祭水、祭神和祭人的诗、词、书、画的水文学等，形成独具特色的都江堰水文化。

从建筑美的角度来看，都江堰的美体现在"巧夺天工"的建筑布局（图2-45）和"乘势利导、因时制宜"的治水指导思想与"岁必一修"的管理制度，以及"砌鱼嘴立湃阙，深淘滩、低作堰"的引水、防沙、泄洪之管理经验和治堰准则等方面。

都江堰的美体现在科学美与技术美的结合上。都江堰的设计讲究因地制宜，针对岷江与成都平原的悬江特点与矛盾，充

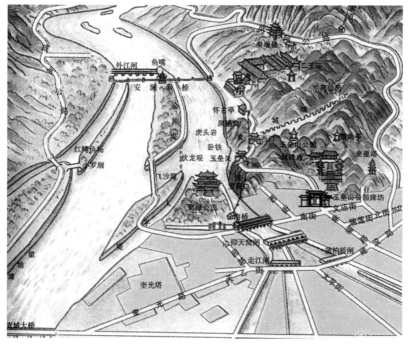

图 2-45 都江堰工程规划图

（a）杩槎

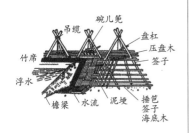

（b）竹笼

（c）羊圈

分考虑了地形、地貌、水源、道路等天然因素，然后就势造形，乘势利导，使得都江堰各部分之间独立分工、合理衔接、完整统一。这种"自然天成"令英国科学家李约瑟不禁赞叹："将超自然、实用、理性和浪漫因素结合起来，在这方面任何民族都不曾超过中国。"这充分体现出都江堰是实用、坚固、美观的完美统一。

都江堰在建设中运用了杩槎截流导流、卵石护岸、竹笼盛石筑堤、卧铁展示淘滩标准，以及"遇弯截角，逢正抽心"和"深淘滩，低作堰"等技术手段。清代山春《灌阳竹枝词》中"都江堰水沃西川，人到开时涌岸边。喜看杩槎频撤处，欢声雷动说耕田"和清代黄俞《都江堰》诗中"劈斧岩前飞瀑雨，伏龙潭底响轻雷。筑堤不敢辞劳苦，竹石经营取次裁"都描述了都江堰在建设过程中的高超治水技术。其中所采用的"杩槎"、"竹笼"、"羊圈"（图2-46）等独特的建筑技术被广泛运用于后来的黄河流域和珠江流域的防洪抢险之中。

毫无疑问，都江堰是美的，美在没有刻意地去征服自然、改造自然，而是遵循顺应自然、师法自然的原则，利用山势、地势与水势，乘势利导，因势制宜，实现了自动分流、自动排沙和自流灌溉的功效，实现了人、地、水三者高度协调统一，体现了"道法自然"的可持续发展理念和"天人合一"的建筑美。

（d）杩槎、竹笼、羊圈的组合

图2-46 都江堰独特的建筑技术

建筑与美

2.4　蛇化为龙的建筑美
——中国木构建筑与西方石构建筑

建筑是用石头写成的史书。

——【法】维克多·雨果

文化因那些表达了世界观及生死观的纪念物而得以不朽。

——【意】马里奥·萨瓦多利

2.4.1　文化形态与建筑形态

　　文化是个宽泛的概念，既抽象又丰富。"文"本指各色交错的纹理，《易经·系辞下》："物相杂，故曰文。""化"本义为改易、生成、造化，《易经·系辞下》："男女构精，万物化生。"文化是与人的发展相联系的，是人从自然中走出和进化的见证，是人与自然的本质区别。从广义来讲，文化包括人类在社会历史发展过程中所创造的物质财富和精神财富的总和。从狭义来讲，文化主要指社会意识形态，包括宗教、信仰、风俗习惯、学术思想、文学艺术、制度等。《易经·贲卦·象传》："刚柔交错，天文也。文明以止，人文也。观乎天文，以察时变；观乎人文，以化成天下。"文化，即以文教化，这种"观乎人文"与"观乎天文"的对比呈现出文化与自然、精神与物质的对比，从这里可以看出，文化形态是建立在物质形态基础上的精神世界的形态。德国著名历史学家奥斯瓦尔德·斯宾格勒认为每种文化都是独特的、等价的、以自我为中心的。这种看法虽然不全面，却反映出文化的存在和发展有着特定的土壤，文化是土壤之上的花朵和果实，土壤不同，文化形态就会不同。人类也在不同的自然和社会土壤中，发展出不同的文化，从而形成丰富多彩的文化形态。

　　建筑作为人类生存、生活和生产的场所，是在一定的自然和社会历史条件下产生和发展的，建筑不仅是一种技术与艺术的产物，而更是一种文化，它强烈地外化着人与社会的种种历史和现实。建筑既表达着自身的文化形态，又比较完整地反射出人类文化史。李允鉌认为："建筑的发展基本上是文化史的一种发展……建筑是人类文化的结晶……要了解一种建筑形式、一个建筑体系，也就首先要了解和研究产生它的历史文化背景。"[1]由于所处地域自然和社会历史条件的不同，建筑表现出不同的内部特征，并呈现出丰富的外部形态，因此与特定文化不可分割的建筑体现了不同的文化形态。同样，不同的文化也在各自的产生和发展进程中，孕育了不同的建筑形态，文化形态的不同是建筑形态不同的根源，也是建筑创作的思考源泉。

　　例如，在意大利阿维热诺文化中心设计方案（图 2-47）中，平面采用了圆形放射式，局部放大的部分为建筑的主入口。外部造型则采用古罗马"圆形剧场"的基本形态，其锯齿形的墙体和层叠变化的形体，使建筑看起来好像是被破坏的古罗马剧场。设计者这样写道："在我的心目中，这个文化中心是一座'现代宗教'的殿堂；一座因地震而坍塌的殿堂；宛如一只绽裂了的成熟的果子。为了设计这个废墟似的建筑物，我屈从了两个不同的力量。一个是，对于这种废墟，我怀有强烈的激情，因为我的家在罗马，有几代人与它们打交道。另一个是，

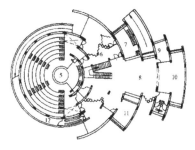

图 2-47　意大利阿维热诺文化中心
（历史残迹般的建筑形态，
关联着罗马城的历史文脉）

① 李允鉌. 华夏意匠. 天津：天津大学出版社，2005.

对一种文化的自觉，并萌生了在废墟中重建的迫切愿望。"①

　　在墨西哥人类博物馆（图2-48）中，设计师在建筑的门口立有一座用整块大石雕成的"雨神"，在院内还立有一根图腾大铜柱，柱上有一个巨大的蘑菇顶，顶上蓄水，向四周喷洒，像一个"雨泉"②，表达了古代墨西哥印第安人渴望水的思想，说明水在推动墨西哥文化发展中有着重要作用。

　　印度尼西亚松巴岛上居民的宗教信仰为泛灵论，人们共同的、独特的宗教观是对称为"马普拉"的祖先灵位的信仰，他们认为马普拉是存在于所有物质中的神。其住居（图2-49）建在可眺望山谷的坡地上。住居的构成空间在垂直方向上分为地下、地上和屋顶三段：地下是牲畜的空间（地下界）；楼地面和天花板之间是人居住的空间（地上界）；屋顶中间伸出的屋架（阁楼）是马普拉空间（天上界）③。这种符号式的建筑形态实际上是人对所在自然环境反映的抽象加工，反映了特定的地域文化形态。

　　正如萧默在《我的建筑艺术观》中所说："必须强调，建筑

图 2-48　墨西哥人类博物馆

（建筑形态与墨西哥的水文化的关联）

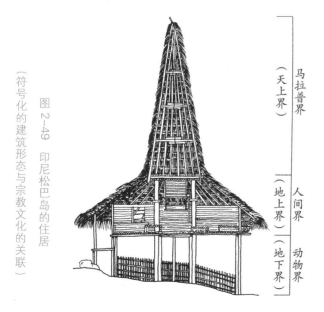

图 2-49　印尼松巴岛的住居

（符号化的建筑形态与宗教文化的关联）

马拉普界（天上界）

人间界（地上界）

动物界（地下界）

① 胡仁禄. 休闲娱乐建筑设计. 北京：中国建筑工业出版社，2011.

② 胡骏. 博物馆纵横. 北京：中国青年出版社，1989.

③ 胡惠琴. 世界住居与居住文化. 北京：中国建筑工业出版社，2008.

第二章　建筑美与美的形态

艺术具有深刻的文化价值。建筑与生活密切而广泛的联系决定了它体现文化的必然性；丰富的建筑艺术语言——面、体形、体量、群体、空间、环境，使建筑拥有巨大的艺术表现力，决定了建筑体现文化的可能性；它的表现性与抽象性，使它具有与人类心灵直接相通的能力，决定了它体现文化的有效性；建筑艺术最重要的价值在于它与文化整体的同构对应关系并不主要在于表现某一位艺术家的独特个性，而在于映射某一文化环境的群体心态，更多地具有整体性、必然性和永恒性的品质。世界上诸多建筑体系莫不是各文化体系的外化，只要文化的性格体系存在，建筑的性格体系也就同样存在"。中西方不同的文化形态决定了不同的思维模式，从而影响了建筑模式和审美思维。

2.4.2 中国木构建筑

中国传统的思维模式是含蓄的、模糊的立体思维，即由宏观到微观，先关系后实体。从建筑概念上看，中国人认为建筑的价值在于"虚空"，即可利用的空间，实体不过是营造空间的物质手段。同时，中国人认为建筑与自然是统一的和谐整体，是"天人合一"的体现，建筑的营造法式规定了"上分"、"中分"、"下分"，也就是屋顶、屋身、台基，与之相对应的便是天、人、地，即建筑是自然与人的关系的反映。从建筑形象上看，中国传统建筑首先注重整体的表达，在此基础上才会考虑个体和细部，建筑整体气势的表达远重于单个实体的构筑。从建筑布局上看，中国传统建筑重视群体空间，强调有序性，即人为规定的秩序（实际上是自然秩序的反映）不能被打乱。从建筑空间上看，中国传统建筑的内部空间和外部空间是相通的，即外部世界可框、可借、可用，但它们都是整体的一部分，不应该机械地被分割。中国人在空间上带有很强的模糊性，"实"并不是绝对的实，"虚"也并不是绝对的虚。很多空间又多介于虚实之间。

这些都与中国文化的模糊性与感悟性密切相关。中国文化脱离不了儒道文化的影响，逃脱不了对精神生活的依赖感。从根本上讲，中国传统建筑文化更多追求的是越生层次的审美价值。

中国传统文化是道家文化与儒家文化的结合，道家文化与儒家文化的根源都在《易经》中。《易经》就是中国古人对人与自然规律的一种整体认识，《易经》的"易"字包含着变易、不易的意义。这种易与不易的概念使中国传统文化呈现模糊、中庸和自然无为的和谐状态以及内心对于"善"的追求目标。

中国人采用木头建造房屋，这种传统可以追溯到架木为巢的有巢氏。考古发掘证明，早在7000年前的浙江余姚河姆渡遗址就已经有了完整的榫卯结构构件。中国人在漫长的历史发展过程中逐渐改进并完善了木构建筑体系。中国古代建筑选用木材来建造，也许与中国五行（金、木、水、火、土）观点相关。在五行中，木代表的是春天，是东方，是象征生命与生长的力量。中国古人希望用这种具有勃勃生机的材料来诠释自己对大自然的热爱和向往。正如弗莱切在《比较法世界建筑史》中所说："……艺术是一种诗意上（感情上）的而不是物质上的，中国人醉心于自然的美而不注重由建筑带来的感受，它们只不过是被当作一种生活上的实际需要而已。"中国古人建造建筑只是为了满足现时的居住。以人的亲切感受为支点，尺度要宜人，并能轻易地与自然沟通，这是建造的出发点。

中国古代建筑（图2-50、图2-51）选用木材建造不仅仅是因其易得、易加工，还因其来源于自然，最终还是要回归于自然，这也是其不易的特质。建筑不是自然的掠夺品，而是自然的一部分，木材柔韧的特点也符合中国人中庸的气质。木构架的独立使其可组合成多种形式，使房屋在不同气候条件下，满足生活和生产所提出的千变万化的功能要求。"中国建筑发展木结构的体系主要原因就是在技术上突破了木结构不足以构成

图 2-50 南禅寺大殿
（中国现存最早的木结构建筑，其舒缓的屋顶，雄伟疏朗的斗拱，简洁明朗的构图，体现出唐代雍容大度、健康爽朗的文化格调）

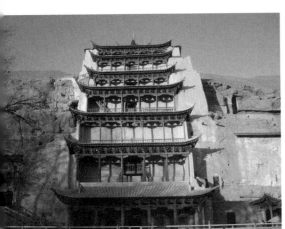

图 2-51 莫高窟（唐宋时代木质结构窟檐，传统木构形式与外来佛教文化的融合）

重大建筑物要求的局限，在设计思想上确认这种建筑结构形式是最合理和最完善的形式"（李允鉌）。中国不同朝代的文化形态造就了不同的建筑审美取向，也形成丰富而又有变化的时代特点。南方的秀气，北方的浑朴，唐宋的气势恢宏，明清的艳丽多彩，这些都是其易的特质造成的。同时，木构架灵活而多变，不仅便于维修和替换，而且既可以围合成实体空间（如房间），也可以围合成虚体空间（如院落），还可以围合成模糊空间（如亭榭、廊下空间）。

中国的传统文化深深影响了周边地区，中国传统建筑的木构体系也不例外。

日本、朝鲜等邻国及东南亚诸国的文化很早就受到中国文化的影响，在建筑上，这些国家将中国传统建筑的木构体系与本国建筑形式相结合，发展出丰富的建筑形态。其中最显著的是日本建筑。中国式木构建筑传到日本以后便和日本的传统木构形式结合起来，形成了日本特有的木构建筑形式。柳肃曾这样论述："日本将唐代建筑形式与本国原始的草棚结合，发展成'合掌造'的陡坡屋面造型。"可见一斑。

2.4.3 西方石构建筑

西方传统的思维模式是直接的、绝对的线性模式，即先微观后宏观，先实体后关系。这一点也深深影响了其建筑模式。从建筑概念上看，西方人认为万物都是由物质构成的，建筑也是由物质实体组成的，他们总想把实体抽象出来，找出固定的模式，建筑的价值也正是在此。（图2-52）。同时，他们把建筑视为自然的对立面，是改造自然的产物，建筑与自然环境的关系是二元的。从建筑形象上看，西方古典建筑更注重的是个体和细部的表现，例如柱式的修饰和刻画以及拱的变形和发展等，而对于整体形象则考虑不多。其建筑表白偏向直接，富有想象力，建筑的段式分割也非常明晰、界限分明。从建筑布局上看，西方古典建筑则更在意单体的建筑，对群体空间则不太注重，即使是群体建筑，其布局也显得规矩和刻板。从建筑空间上看，其外部空间和内部空间是相对隔离的。西方的建筑从古希腊、古罗马时期的神庙、宫殿，到中世纪的教堂，其空间模式都是明确的。实则明显在外，虚则隐蔽在内。这些都与西方文化的直觉性与思辨性密切相关。西方文化再怎么变化，总是脱离不了古希腊、古罗马的影子，逃脱不了对于物质的依赖

图2-52 土耳其卡帕多西亚的
Yunak Evleri 洞穴酒店
（建筑由物质实体构成）

图 2-53　马耳他 Tarxien 庙宇

（新石器时代）

图 2-54　英国索尔兹伯里

巨石阵（史前）

图 2-55　意大利哈德良别墅

（公元 118—125 年）

感和理性、逻辑的思维模式。从根本上讲，西方传统建筑文化更多追求的是乐生层次的审美价值。

从材料体系来说，西方更多采用石头。在他们看来，石头的坚硬和厚实是他们文化的根基。其建筑也被称为石头的史书。"一本西方的建筑史其实就是一本神庙和教堂的建筑史"（李允鉌）。在古希腊神话中，石头是创造人类的物质，因而，用石头建造最重要的建筑（神庙、教堂等），也是合情合理的（图 2-53），对于石头的驾驭也让西方人觉得更有征服感。西方石制建筑不同于中国木构建筑的灵活、迂回，它以严格的柱式逻辑来解决复杂建筑或群体的组合也是迫不得已的，所以，西方建筑的整齐、规则也许与其所用的石材特质有着密切关联（图 2-54）。

与中国文化所崇尚的通透、轻盈之美不同，西方文化更崇尚稳重、厚实和力量感，这种要求与西方世界对宗教神权的崇拜十分契合。无论是塑造"优美"，还是塑造"崇高"，西方建筑都是建立在实体的基础上，因而显得踏实而稳妥。石材的规则排列和分明轮廓让建筑显得更富有体积感，也更容易被识别。而石材永恒不灭的特质被用于神的居所——神庙教堂，也是再恰当不过的了。被神化的君主更想通过这种永恒材料建造的宫殿或住所来证明自身的不朽（图 2-55）。

中国木构建筑的产生、发展和成熟是建立在中国传统文化的丰富土壤之上，而西方石构建筑则根源于西方古典文化。不同的文化塑造了迥异的建筑形态和不同的建筑思想。由蛇化为龙，文化的形成和发展是一个漫长的过程，作为文化之表征的建筑也是这样，并由此形成了不同文化背景下纷彩异呈的建筑美。

2.5 塑造信仰的建筑美
——佛塔和教堂

宗教有一种与世俗截然不同的神圣感。最初，有许多圣地被认为是神祇的居住地。祭司们在那些地点之上建立神龛。苏美尔人在圣地修建神庙。希腊人和罗马人保持着他们对当地神祇的崇拜。在许多印度家庭，专门为家庭神——毗湿奴的塑像保留一个房间，让他监管并保护家庭。雅各在伯埃尔修建了一个神坛以纪念他梦见的通往天堂的梯子，他称那圣地为"天国"。

——【美】威廉·麦克高希（《世界文明史》）

2.5.1 宗教和建筑美

宗教是人类历史上一种古老而又普遍的文化现象。宗教是一种社会意识形态（马克思）。宗教涉及一个社会的价值核心（威廉·麦克高希）。宗教是社会发展到一定阶段的产物，是构成不同地域和民族独特文化形态的重要因素。由于所处自然地理位置的不同，中西方文明形成了各自不同的宗教形态，拥有不同的宗教观念和宗教经验。

建筑美学以如何按照美的规律从事建筑美的创造以及创作的主体、客体、本体、受体之间的关系和交互作用为基本任务①。建筑美是在主体运用物质条件创造人类需求的过程中，表现对美的一种追求，表现出真、善、美的统一。而宗教的核心是人类在精神上对超自然的神灵和偶像的膜拜与信仰，表现的是对精神世界的追求。从这点看，建筑美同宗教有一定程度的趋同和联系。在印度孟买 Namaste Tower（图2-56）的设计中，设计师将印度传统宗教问候方式——"合十礼"运用到建筑布局和外形中，结合印度宗教的花纹装饰，塑造了富有宗教和地域特色的建筑。

宗教和建筑美受到了自然地理环境的影响。例如最早信仰伊斯兰教的阿拉伯人居住

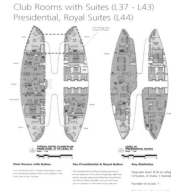

图2-56　孟买Namaste Tower

（其外形来源于印度传统的问候方式：合十礼）

① 李宁. 建筑聚落介入基地环境的适宜性研究. 南京：东南大学出版社，2009.

在沙漠地区，那里烈日炎炎，雨水稀少，植物种类很少。他们希冀的天堂就是花园遍地，白花盛开，绿树成阴。所以伊斯兰宗教建筑无论是内饰还是室外，多采用植物花纹，"阿拉伯花纹主要是些皱缩的植物形状，或者是由植物形状与动物和人的形状交织在一起，或是把植物形状歪曲成为动物形状。如果这类花纹具有象征的意义，它们就可以看作自然界的不同类的东西互相转变"（黑格尔）。同时，植物花纹的运用可以让建筑充满自然生机，让信仰者感受到自然的润泽，更加坚定对真主的信仰（图2-57）。清真寺是伊斯兰教穆斯林礼拜的地方。据说，世界上第一个穆斯林礼拜的地方是麦地那的先知穆罕默德的故居：一个大院子，中间是穆罕默德的住宅，院子一边立有一排枣椰树干做的柱子，在柱子和墙之间，覆盖着用枣椰树叶做的凉棚。穆斯林们可以在凉棚阴影下做礼拜，防止阳光暴晒，这种自然的居所便成为以后清真寺的模板。

自然地理环境也影响着宗教的传播与发展以及建筑美的塑造。中国传统宗教——道教以自然山林为地，因为这些远离尘嚣、风景优美的地方有利于隐居和修炼，因而其建筑多结合自然景观做园林式布置（图2-58），其意在追求一种

图 2-57　阿布扎比大清真寺

（水与植物是主题）

图 2-58 中国道教建筑

"天人合一"、"自然无为"的境界，与道家清静无为的道义达到某种程度的契合。

　　自然界对宗教的这种影响使宗教建筑呈现出与环境一致的意象，建筑形态也被创造成为自然形态的缩小版。俄罗斯莫斯科的圣巴西尔大教堂（图 2-59）借鉴了自然界植物的各种形态和丰富色彩，将建筑塑造得生机勃勃，这种人类对所在地域的自然环境的观察与学习在宗教建筑中被有意或无意地运用着。西方基督教的内部空间"像是一片危机四伏的森林……庄严的中厅，巨大的空间，像大河的河床；柱子恭敬地分列两旁，让信徒组成的洪流通过。它像滔滔大河一样涌出，朝向神龛，散开来就像蒙受上帝恩泽的爱之湖"（奥古斯都·罗丹）。基督教教堂实际上是对宇宙中自然现象的膜拜，只不过这种"天似穹庐，笼盖四野"的概念是建立在人类对精神世界和对宇宙的对比与参照之上的。教堂的外部形式和内部空间不过是教徒理解宇宙的一种途径或方式，好似天堂就在人间，触手可及。

宗教和建筑美同时也受到人文环境的影响。首先是宗教的仪式或功能要求常常对建筑布局或形式产生影响，例如在基督教教堂设计中，一般都将圣坛设在东端，西边为教堂主入口，这样从圣坛后面透出的光线会为圣坛增添神秘绚烂的宗教氛围。

清真寺的平面型制早期也采用了巴西利卡式。巴西利卡是一种广泛用于基督教教堂的平面布局形式。基督教教堂的圣坛在东端，而伊斯兰教仪式要求礼拜时面向位于南方的圣地麦加，因此，现成的巴西利卡平面形式就被横向使用。长期沿袭，成了定制，以致后来新建的清真寺都采用横向的巴西利卡型制。由于《古兰经》要求穆斯林每日要在日出时、正午、下午、日落和夜晚时做五次礼拜，在古代没有时钟的情况下，很难掌握统一的时间，因此在清真寺外建有宣礼塔，是为阿訇们授时并召唤居民礼拜用的。普通清真寺一般有四个宣礼塔，朝向四方，大清真寺四周甚至更多。由于清真寺一般不高，外观十分简朴，所以塔就成了它的外部构图重点，塔的形式因此受到了重视，并且逐渐高大起来[1]，从而形成现在我们所见的清真寺风格（图2-60）。在现代的清真寺设计中，宗教仪式和教义同样对其起决定性作用。伊斯坦布尔建筑事务所 Manco Architects 设计的清真寺建筑方案（图2-61），其建筑布局采用了传统清真寺布局形式，符合宗教仪式的要求。主体建筑则为一个简洁、倾斜的立方体，抽象地表示出匍匐的形态，喻义信徒内心的纯净和虔诚。

此外，宗教教义和心理也对建筑空间提出了要求，由此形成了特殊的宗教建筑空间美。宗教从早期充当人与大自然之间的媒介转变为后期表现对超自然力量的崇拜的过程中，在建筑造型和空间上，通过视觉和听觉强化人们的宗教心理和宗教感情，从而使宗教对信徒有特殊的感染力和魅力，增强了其凝聚力和吸引力。奥古斯都·罗丹曾把巴黎圣母院称为"哥特式的斯芬克斯"，"我虽奋力与之拼搏，但却无济于事……我的灵魂攀

图2-59　莫斯科圣巴西尔大教堂
（1555—1561年）
（生机勃勃的造型和色彩得益于人
类对所在地域的自然环境的观察
与学习）

[1] 陈志华. 外国建筑史. 北京：中国建筑
　　工业出版社，1984.

图 2-60　库巴清真寺

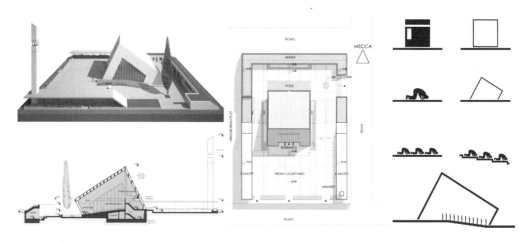

图 2-61　Manco Architects 设计的清真寺建筑方案

登上这座雕塑的高峰……这是一座为了与自然力抗衡而建的教堂——和平、博爱的宫殿，却有着要塞的气氛"。

另一方面，宗教建筑所营造的神圣环境也加深了人们对宗教的信仰和追求。"单调的石块给人以精神上的重压，但高大的建筑和塔楼却把它唤醒，精神向着塔楼飞升，就像飞向一个安全的世界"，"建筑师深知如何动用石头发挥传道者的作用：他创造了信仰"（奥古斯都·罗丹）。同西方基督教建筑（图2-62）类似，东方伊斯兰建筑也是宗教与美学的结合："那巍峨的圆顶高高昂起，统率全城，显示出伊斯兰教的至高无上；那高耸入云的尖塔直刺蓝天，使人联想天国；那宏大华丽不乏神秘色彩的大殿，使人深感自己的渺小和真主的伟大；那长长的翼廊、精巧的拱形和精美绝伦的华饰则体现着时代精神——轻松和自信。"[1]。

下面再以佛教建筑的佛塔和基督教教堂的发展为例，探讨宗教和建筑美的密切关系。

2.5.2 佛塔

佛教建筑中佛塔造型的生成和发展与宗教密切相关。佛塔起源于古印度，古印度将塔称作"窣堵波"（stupa，梵文），意为"高显处"或"高坟"。塔原是一种半球形的坟墓建筑，由古印度北方的竹编抹泥的半球形房舍演变而来。由于其造型为覆钵形，上立长柱形标志"刹"，因此佛陀涅槃后，

（a）路思义教堂

（b）格伦特维教堂室内

（c）格伦特维教堂外立面

图2-62　基督教建筑

① 马丽蓉. 全球化进程中清真寺功能影响研究. 回族研究，2009（2）

佛教徒从窣堵波建筑中得到启示，从而产生了关于佛陀以塔喻己的传说，赋予窣堵波象征佛陀的特殊含义。从建筑外形看，窣堵波的造型颇像佛教的化缘钵和禅杖的组合。

随着古印度佛教的发展，窣堵波完成了从单纯的坟墓建筑到埋葬佛陀舍利和珍藏佛经、佛像、佛画、佛物等佛教珍贵遗物的象征性宗教建筑物——佛塔的过渡。从公元前 2 世纪起，窣堵波的台座逐步增高，相轮加至 3 重。到公元 2 世纪初，犍陀罗贵霜王朝时期的窣堵波下部承以方台，原来覆钵下的台座发展为 3~4 层的塔身，顶端相轮增至 11 个，整座塔的形体呈现瘦而高的态势，表现出高高在上的崇高美（图 2-63）。

窣堵波中最有代表性的是桑奇窣堵波（图 2-64），又称桑奇大塔。桑奇窣堵波大约建于公元前 1250 年（阿育王时期），

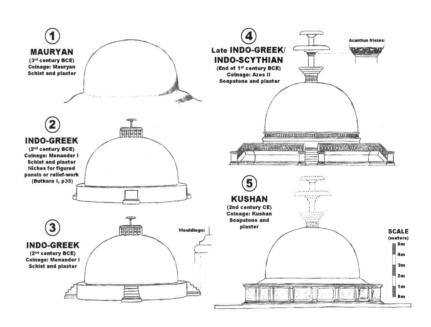

图 2-63　窣堵波的演化

（①孔雀帝国；②③印度 – 希腊王国；④印度 – 塞人王国；⑤贵霜帝国时期）

具有印度佛教特有的象征主义色彩。4 座牌坊门代表四谛，即南门表现佛的降生，西门表现佛的悟道，北门表示说法，东门则表现圆寂，它们分别用圆雕三叉戟、树木、莲花和车轮代表①。石栏杆形成的回廊表现轮回教义。桑奇窣堵波主体由五个部分组成，即台座、覆钵、平台、塔刹和华盖。台座意指大地，半球形的覆钵象征天宇，竖立的塔刹便是天宇的轴，天地万物围绕着中心轴被组织了起来，华盖是各种天界和统治着上天的诸神的象征，平台中的遗物是佛陀的现世显现。佛教认为佛是天宇的体，所以窣堵波就是佛的象征②。佛塔造型呈现为由死（墓）到新生（佛陀涅槃）再到极乐（宇宙）的修行过程，以直观的艺术感染力强调了佛作为整个宇宙的神的意义，这与佛教的教义一致。

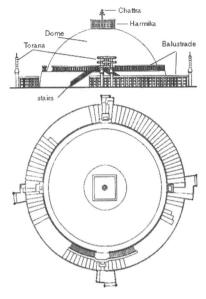

图 2-64　桑奇窣堵波立面图与平面图

①② 陈志华. 外国建筑史. 北京：中国建筑工业出版社，2004.

桑奇窣堵波（图 2-65）以单纯浑朴、完整统一的建筑形式美，塑造了无形的宗教力量，把宗教教义与象征意义融为一体，体现了天与地、建筑与自然之间的密切关系，表现了宗教的崇高美。

塔在东汉时期随佛教传入中国。当梵文的"stupa"与巴利

图 2-65　桑奇窣堵波

第二章　建筑美与美的形态

文的"thupo"传入我国时，曾被音译为"浮图"、"浮屠"等，直到隋唐时才创造出了"塔"字。佛教建筑传入中国后，受到中国本土宗教——道教和儒教的影响，塔的建筑形式也同我国传统建筑中的楼、阁等相结合，形成中国的楼阁式塔，例如建于辽代的释迦塔。后由于木结构易腐易燃，又按照楼阁式塔的形式，演化出了仿木构的密檐式塔，例如建于北魏年间的嵩岳寺塔。随着社会的发展，塔也逐渐脱离了宗教而走向世俗，其功能除了供佛教徒膜拜外，还有观景、堪舆等，于是衍生出了观景塔、风水塔、文昌塔等不同作用和目的的塔（图2-66）。

中国化的佛塔，通常由地宫、塔基、塔身、塔刹组成。印度的窣堵坡传入后，在与中国传统建筑相结合的演化中，塔刹（图2-67）便成为塔顶攒尖收尾的重要部分。中国的塔刹也是佛界的象征。作为佛塔顶部的装饰，塔刹位于塔的最高处，是

（a）释迦塔

（b）嵩岳寺塔

图 2-66　中国塔

塔上最为显著的标记。"刹"来源于梵文，意思为"土田"和"国"，在佛教中，其引申义为"佛国"。各种式样的塔都有塔刹，所谓"无塔不刹"[①]。

从结构上说，塔刹本身就是一座完整的小塔。它由刹座、刹身、刹顶和刹杆组成。这种塔上塔的造型，不仅使塔显得更加高耸和挺拔，而且使人产生循环往复以至无穷之感，使信徒更增添对佛的崇敬。

刹座位于塔身之上，上承塔刹，一般为须弥座形或莲花座形。须弥即指须弥山，在印度古代传说中，须弥山是世界的中心，用须弥山做底，以显示佛的神圣伟大。莲花，同"莲华"。莲花象征佛的宝座，它也是用来供养佛菩萨的常见供物。《法华经》就是以莲花比喻正法的经典，以莲花为座也是为了体现佛的纯洁、崇高。刹身由刹杆和套于杆上的圆环——相轮及华盖等组成。相轮为单数，现最多者为十三级，是作为塔的一种仰望标志，以起到敬佛礼佛的作用。刹顶由仰月、宝珠或火焰宝珠等构件组成，位于塔刹顶部，宝珠是最重要的部分，一般装有佛舍利。

2.5.3 基督教教堂

下面再来看看在基督教教堂的形成与发展中宗教与美学的关系。基督教与佛教、伊斯兰教并称世界三大宗教。基督教主要有三大派别：天主教、东正教、新教。基督教源于犹太教，在教堂出现之前，基督教几乎都在"地下墓窟"中举行宗教活动，目的是躲避罗马帝国和犹太教的迫害。

公元4世纪以后，天主教成为罗马帝国国教后，教堂开始出现。早期基督教教堂的形式常采用巴西利卡式（图2-68），"巴西利卡"这个词来源于希腊语，原意是"王者之厅"。巴西利卡是古罗马的一种公共建筑形式，市场、法庭、会堂多采用

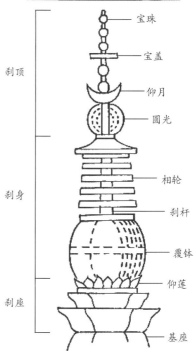

图2-67　塔刹及结构示意图

① 安徽省文物考古研究所. 安徽省考古学会. 文物研究（第18辑）. 北京：科学出版社，2011.

图 2-68　巴西利卡

这种形式。其特点是平面呈长方形，内有两排柱子分隔的长廊，中廊较宽称中厅，两侧较窄称侧廊。主入口在长边，屋顶作平直的斜坡形。基督教沿用了巴西利卡的建筑布局来建造教堂，作为"王者之厅"的巴西利卡形式被用于教堂，也反映了人们对宗教的崇拜。同时，巴西利卡的室内空间也满足了宗教活动的要求。其平面呈"T"形，中厅尺度高，可作为正式宗教活动区；"T"形顶部可以设置祭坛，是神职人员的活动场所；两侧侧廊稍矮，可作为陈列圣物或其他活动的场所。室内的光线主要来自高差形成的侧廊上方的窗子，昏暗朦胧的室内效果为宗教活动提供了神秘的氛围。

巴西利卡大厅呈东西走向，西端有一半圆形拱顶，下有半圆形圣坛，前为祭坛。后来，将拱顶建在东端，教堂门则开在西端。高耸的圣坛代表耶稣被钉十字架的骷髅地的山丘，放在东边是以免每次祈祷时要重新改换方向。随着宗教仪式日趋复杂，在祭坛前扩大了南北的横向空间，其高度与宽度都与正厅对应，因此，就形成一个十字形平面，横向短，纵向长，交点靠近东端，称为拉丁式十字架，以象征耶稣被钉死的十字架。

自公元 476 年西罗马帝国被日耳曼人所灭之后，日耳曼人的不少部族，也开始皈依基督教。由于日耳曼人的文化水平比罗马人低，于是教会便成了这一时期西欧唯一的学术权威。从此西欧便开始完全陷入一片黑暗的迷信时代，这一时期被称为中世纪。

公元 1096 年开始的十字军东征，使欧洲兴起宗教的热潮，封建领主对宗教的狂热使他们兴建了规模壮观的教堂，建筑史上称这种新型制为"罗马式"教堂。罗马式教堂采用典型的罗马式拱券结构，平面型制则是由巴西利卡式演变而来。山形墙、坡屋顶和圆拱使它的外形像封建领主的城堡，以坚固、牢不可破的形象显示了教会的权威。教堂的一侧或中间往往建有钟塔，屋顶上设一采光的高楼，这是唯一能够射进光线的地方。教堂内光线幽暗，弥漫着肃穆感和神秘感。教堂内部装饰主要使用壁画和雕塑，教堂的正面墙和内部柱头多用浮雕装饰。雕塑多运用变形夸张手法，产生一种阴郁感和怪异感。代表性罗马式教堂有：意大利比萨主教堂（图 2-69）、德国沃尔姆斯主教堂

图 2-69　比萨主教堂室内

图 2-70　沃尔姆斯主教堂

① 肖瑶. 世界古代建筑全集. 北京：西苑
出版社，2010.

建筑与美

（图 2-70）等。

从公元 12 世纪到 15 世纪，城市逐渐成为各个封建王国的政治、宗教、经济和文化中心，这一时期兴起了封建社会大发展的产物——哥特式建筑。哥特式建筑是以法国为中心发展起来。罗马式教堂中厚实的墙体在哥特式教堂中被众多的尖拱所代替，它不仅使教堂的采光、通风更好，高度的增加也使教堂显得更加森严和令人敬畏。著名的哥特式教堂有法国巴黎圣母院、意大利米兰教堂、德国科隆教堂、英国威斯敏斯特教堂（图 2-71）等。

巴黎圣母院是早期哥特式教堂的最伟大杰作之一，始建于 1163 年，直到 1320 年才建成。巴黎圣母院的平面呈横翼较短的拉丁十字形，东西长 125 米，南北宽 47 米（图 2-72）。东端是圣坛，后面是半圆形的外墙。西端是一对高 60 米的方塔楼，构成教堂的正面（图 2-73）。粗壮的墩子把立面分为纵向三段，每段的下部各有一透视门（图 2-74）。两条水平的雕饰把三个门联系起来，下层的装饰是 28 个尺度很大的雕像，正门的上方是一个直径 10 米的圆形玫瑰窗（图 2-75）。两侧的尖券、垂直线条及小尖塔装饰，都带着哥特式建筑的特色：高耸而轻巧，庄严而匀称。

巴黎圣母院的造型既空灵轻巧，又符合变化与统一、比例与尺度、节奏与韵律等形式美法则，具有很强的美感。在巴黎圣母院之前，教堂大多数显笨重粗俗，沉重的拱顶、粗矮的柱子、厚实的墙壁、阴暗的空间，使人感到压抑。巴黎圣母院创造一种全新的轻巧骨架券结构，这种结构使拱顶变轻了，空间升高了，光线充足了①（图 2-76），难怪奥古斯都·罗丹这样说："它似乎令人惊骇，它确是以其威力使人惊骇。它好像在恐吓我，但这一切又合情合理。它散布着力量，所以又是仁慈的。柱子撑住了高高的拱顶，在我头上的石头，那惊人的重量悬在空中，竟如帐篷的帆布一般。平衡的奇迹，精妙的计算，怎能

图 2-72 巴黎圣母院鸟瞰

图 2-73 巴黎圣母院正立面

图 2-71 哥特式教堂

图 2-74 透视门

图 2-75 玫瑰窗

图 2-76　骨架券使巴黎圣母院变得空灵轻巧

不让人崇拜？正是因为这样，人们才到此对上帝礼拜。"

　　巴黎圣母院通过室外形式和室内空间的高直化和向心化，使人的视线不自觉地导向神圣的天穹，"人只有靠眼睛才能升到天上，因此理论是从注视天空开始的"（费尔巴哈），天空是容易使人产生幻想的对象，而在基督教中，人的灵魂是归属上帝的，上帝是宇宙间起统一作用的基质，是一切事物努力趋赴的中心，是说明宇宙间一切秩序、美和生命的本原①。巴黎圣母院以线条轻快的尖拱取代罗马式教堂中厚重的半圆拱，在教堂外部立有许多高耸的尖塔，通过轻盈通透的飞扶壁、修长灵捷的立柱或簇柱（图 2-77）来增强教堂的高度感；内部则并排着两列柱子，柱子高达 24 米，直通屋顶。两列柱子距离不到 16 米，而屋顶却高

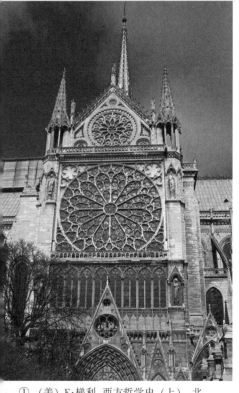

① （美）F·梯利. 西方哲学史（上）. 北京：商务印书馆，1975.

35米，从而形成狭窄而高耸的空间（图 2-78），"他们的高楼在向云中飞去，狭窄的长窗、石柱、穹顶无限制地向上伸展，玲珑剔透的花边似的尖顶如同云雾一般笼罩着它们。庄严肃穆的教堂像庞然大物屹立在普通民居面前，仿佛我们心中那崇高的愿望与肉体上渺小的需求相对比一样"（尼·果戈理）。教徒们身在这样的空间氛围中，内心也飞向那美好的天之国度，天国是如此的接近又如此的遥不可及，崇高感油然而生。

巴黎圣母院还通过室内光线来塑造崇高感。尼采认为，日神崇拜所体现出的宗教观念就是人们借助于阿波罗光明和华美的外观而产生的幻觉和一种自我肯定的冲动来达到解脱和升华。在西方，宗教观念的流变表现为一个从多神信仰向一神崇拜发展的过程。上帝作为"三位一体"的"创造者"和"救世主"，

图 2-77　室外形式的高直化和向心化

（飞扶壁、立柱和簇柱）

图2-78　狭窄而高耸的内部空间

其形象是虚无的。在巴黎圣母院中，从高空中投射下的自然光线弥漫着空灵的氛围，"太阳到这座教堂里来睡觉，睡在这些石板上，这些线脚上，这些石柱上，召唤生命并将生命留在目光所及的整体上"，"上面，是条条曲线，是昏暗天顶上石头的准则、石头的搏动；那昏暗的天顶，正是想象力上下求索、似见不见的处所"，"我投进了黑夜，有生命的黑夜"，"它逐渐亮堂，以便让精神慢慢地接近完美的喜悦"（奥古斯都·罗丹）。昏暗与闪烁光线的对比，眼睛透过朦胧看到密织的结构，仿佛天堂与人间只有一步之遥，信徒们通过这缥缈、无形的形象来感受宇宙、感知上帝，使内在灵魂受到洗礼，从而获得精神上的超升（图2-79）。

在教堂的内部布置了大量的宣传基督教教义的壁画、窗玻璃画、浮雕和圆雕。从其形式来看，人物形象是超现实的，作为解释教义的精神符号，其表情静穆、神秘，乃至夸张、恐怖，表现出一种远离尘世的圣者气息（图2-80）。彩色镶嵌画和窗玻璃画在白天的阳光和夜晚的烛光下闪耀不定，画上的圣像和五彩装饰图案，在光的照射下令人目眩神迷（图2-81）。"在如此精美亮丽的礼拜堂里，人沐浴在染色玻璃透过来的千万条神秘的光束之中，立时感到进入童话世界。那是如此迷人，如此美丽，使那个时代的人们所受的人世上的多少痛苦都得到了补偿"（房龙）。"教堂里抵御风雨的玻璃窗，象征着驱逐一切有害之物的《圣经》，玻璃窗让真实的阳光射入，意味着让上帝的圣光照亮虔诚的心田"（威廉·杜兰德）。璀璨、绚丽、朦胧

建 筑 与 美

图 2-79　室内光线塑造崇高感

图 2-80　静穆神秘的人物形象

图 2-81　彩色玻璃画

的彩色氛围增加了教堂内部的光怪陆离、神秘恐怖和非尘世的特殊效果，达到了基督教征服人心的目的。

如果说罗马式教堂以其坚厚、敦实的形体来显示教会的权威，那么哥特式教堂则以奔放、灵巧、上升的力量体现教会的神圣精神。它以直升的线条、崇高的空间、斑斓的光线和玲珑的装饰，塑造了一个"非人间"的境界（图 2-82）。如果说罗马建筑是地上的宫殿，那么哥特式建筑则是天堂里的神宫①。

公元 395 年，以基督教为国教的罗马帝国分裂成东西两个帝国。史称东罗马帝国为拜占庭帝国，其统治延续到 15 世纪，1453 年被土耳其人灭亡。公元 1054 年，经过色路拉里乌斯分裂，基督教分化为天主教和东正教。天主教以罗马教廷为中心，权力集中于教皇身上；东正教以君士坦丁堡为中心，权力集中于东罗马帝国皇帝身上。拜占庭式教堂是指在东罗马帝国发展起来的建筑风格，因东罗马帝国首都"拜占庭"而得名。

拜占庭式教堂融合了东西方建筑特点，形成独特的拜占庭风格。其型制最初也是沿袭巴西利卡式，但到公元 5 世纪时，他们创立了一种新的建筑型制，即集中式型制。这种型制的特点是把穹顶支撑在四个或更多的独立支柱上，并以帆拱作为中介连接，可以使成组的圆顶集合在一起，形成广阔而有变化的新型空间形象。在内部装饰上也极具特点，墙面往往铺贴彩色

① 朱伯雄. 世界美术史（第5卷）. 济南：
　山东美术出版社，1989.

图 2-82　"非人间"的境界

① 沈百禄. 建筑装饰1000问. 北京：机械
　　工业出版社, 2008.

大理石，拱券和穹顶面等不便贴大理石的地方，就用马赛克或粉画。马赛克是用半透明的小块彩色玻璃镶成的。为保持大面积色调的统一，在玻璃马赛克的后面先铺一层底色，最初为蓝色，后来多用金箔做底①。玻璃块往往有意略作不同方向的倾斜，造成璀璨、迷幻的宗教效果。最具代表性的拜占庭式教堂是位于土耳其伊斯坦布尔的圣索菲亚大教堂（图2-83）。

　　圣索菲亚大教堂东西长 77 米，南北长 71 米，采用以穹隆覆盖的集中式布局，反映了帝国皇帝的集权统治。中央大穹隆，直径 32.6 米，穹顶离地 54.8 米，通过帆拱（图2-84）支承在四个大柱敦上，其横推力由东西两个半穹顶及南北各两个大柱

图 2-83　圣索菲亚大教堂

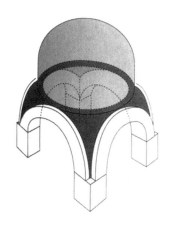

图 2-84　帆拱

墩来平衡。

　　教堂的内部空间丰富多变，穹隆之下、柱子之间，大小空间相互渗透。穹隆底部密排着一圈 40 个窗洞，光线射入时形成的幻影，使穹隆显得轻巧凌空。勒柯布西埃曾经这样评价圣索菲亚大教堂："在大厅里，眼睛观察墙和拱顶的多变的表面。穹顶决定了空间；拱顶展示它们的表面；壁柱和墙按照可以理解的道理互相配合。整个结构从基础升起，并按照画在地上的平面图中的规律发展：美丽的形式、形式的变化、几何原则的统一性。于是极有深度地播送出和谐之感来：这就是建筑艺术。"彩色玻璃镶嵌画和各种装饰使内部显得富丽堂皇。高不可攀的穹顶和气势恢宏的大理石柱子带给人一种强烈的震撼，从四周窗户透进来的自然光线给幽暗的教堂营造了迷幻的宗教气氛[①]（图 2-85），空旷的空间使教徒产生一种自身渺小感。这些

① 月善书堂文化. 世界最美的人类奇观. 北京：中国画报出版社，2011.

图 2-85　圣索菲亚大教堂内部

都使教堂有着强烈的宗教建筑美。

宗教，一种独特的文化现象，对信仰的依赖是其核心价值。在宗教的产生和发展过程中，从建筑的平面型制、立面造型、内部空间、细部装饰等方面入手，设计师们塑造了符合宗教教义和内涵的信仰形象和空间，从而满足了宗教传播和膜拜的目的，也使宗教建筑呈现出独特的美学特质。

2.6 技艺合一的建筑美
——赵州桥和隅田川的桥

意大利建筑师奈尔维用由他所完善的钢丝网水泥制作用于浇注被曲线形肋梁所加固的平板的模板，曲线形肋梁取向于将荷载从平板传递到柱的最合理的方向，同时它的造型也使平板的底面更美观。

——【意】马里奥·萨瓦多利

不言而喻，如果屋顶倒塌，如果暖气不能作用，如果墙壁裂缝，建筑的愉悦感将会大大地受到挫折；就跟一位先生坐在针毡上或者坐在从门缝吹来的风里听音乐一样。

——【法】勒·柯布西埃

2.6.1 桥梁与美

从谚语"车到山前必有路，船到桥头自然直"，"逢山开道，遇水造桥"，"你走你的阳关道，我过我的独木桥"到诗句"桥形通汉上，峰势接云危"，"二十四桥明月夜，玉人何处教吹箫"，"今日云骈渡鹊桥，应非脉脉与迢迢"，我们都能看到桥的身影。"桥"同"桥梁",从《说文》"桥,水梁也。从木,乔声。骈木为之者。独木者曰杠"和《史记·河渠书》"陆行载车,水行载舟,泥行蹈毳,山行即桥"中,我们可以看出:桥是架在水上或空中以便通行的建筑物。今天广义的桥则是指利用交通路线(如道路、铁路、水道等)或者其他设施(如管道、电缆等)跨越天然障碍(如河流、海峡、峡谷等)或人工障碍(高速公路、铁路线)的构造物,桥的基本功能是交通。

桥的历史悠久,人类在原始社会,跨越水道和峡谷,是利用自然倒下来的树木、溪涧突出的石块、谷岸生长的藤萝等。人类有目的地伐木为桥或架石为桥始于何时,已难以考证。据史料记载,中国在周代(公元前11世纪至公元前256年)已建有梁桥和浮桥,如公元前1134年左右,西周在渭水架有浮桥。古巴比伦王国在公元前1800年建造了多跨的木桥,桥长达183米。古罗马在公元前621年建造了跨越台伯河的木桥,在公元前481年架起了跨越赫勒斯滂海峡的浮船桥。古代美索不达米亚地区,在公元前4世纪时建起石拱桥(拱腹为台阶式)。

桥不仅与人类生存、生活等物质需要密切相关,而且对于精神生活也具有特殊意义。桥,作为历史文化、经济和科技文明的见证,集技术和艺术于一身,展现了其独特的建筑美。现代桥梁的美具有多重性:作为交通的功能美、作为美化环境的自然美、作为促进经济文化发展的社会美和作为艺术与技术结合的建筑美。

德国桥梁专家莱翁哈特(F.Leonhardt)在其专著《桥——美学与设计》中提出了桥梁美学的经典观点:桥梁美必须以功能为前提;桥梁美在于结构自身;桥梁美应重视环境因素;桥梁美应能影响人。作为技术的桥梁,在满足功能的前提下,要

建 筑 与 美

选用最佳的结构形式：纯正、清爽、稳定。结构统一于美，美从属于结构。作为艺术的桥梁，主要表现在结构形式、材料和色彩的和谐统一以及与环境的协调，要达到能让使用者与观赏者愉悦的目的。

下面以中国的赵州桥和日本的隅田川上的桥为例，看看桥梁美学的一些规律。

2.6.2 赵州桥

赵州桥（图 2-86）坐落在河北省赵县洨河上，由隋代著名匠师李春设计和建造，距今已有约 1400 年的历史，是当今世界上现存最早、保存最完整的敞肩石拱桥。赵州桥是一座空腹式的圆弧形石拱桥，净跨 37 米，宽 9 米，拱矢高度 7.23 米，在拱圈两肩各设有两个跨度不等的腹拱，这样既能减轻桥身自重，节省材料，又便于排洪，且更加美观。

赵州桥设计细致、工艺精巧，不仅在我国古桥中首屈一指，

图 2-86　赵州桥

而且据考证，像这样的敞肩拱桥，欧洲到19世纪中期才出现，比我国晚了1200多年，所以赵州桥在世界桥梁建筑史上占有重要地位。赵州桥是一座美丽的桥梁，赵州桥的美主要体现在以下几个方面：

一是静态的动势。赵州桥是一座拱桥，拱桥的基本心理引诱力线是由拱肋和梁组成，但力感最强的还是由拱肋产生的。赵州桥下部采用曲线拱，其形如弓，使人感到它扩张的力量。赵州桥中孕育着力的紧张感的弧形心理引诱力线，以很大跨径一跃而过，具有极优美的力动感。唐朝的张鷟说，远望这座桥就像"初月出云，长虹饮涧"。赵州桥由力动感而产生的美，其带来的视觉上的冲击力，引人入胜。

静态的稳定是桥梁安全的基本保证。赵州桥采用大拱加小拱的敞肩拱式结构，不仅可以增加泄洪能力，节省大量土石材料，而且采用"收分"的敞肩拱式结构还可减少主拱圈的变形，提高了桥梁的承载力和稳定性，这也是赵州桥经历了10次水灾、8次战乱和多次地震而没有被破坏的原因。

赵州桥采用表面粗糙、无光泽、具有量感的石材，加强了视觉的稳定感。它的上部采用接近水平的直线，使上部显得稳定、平静。赵州桥的4个小拱均衡对称，轮廓分明的线条，以及通过重心下降、扩大支撑面的方法，使整体结构显得安静、自信，这些都给人以一种坚定、牢靠和不可撼动的视觉稳定感。

二是变化和统一。赵州桥在主拱券的上边两端各加设了两个小拱，为多点排列，形成严谨有序的韵律感，4个小拱衬托中心的主拱券，小中有大，使单点主拱券重点突出，成为视觉焦点，强化了整体效果，引人注目。同时，由外观弧形的轮廓线形成的圆形有"满"的感觉，形成圆润、柔和和明确的统一感。

三是细部与整体。赵州桥桥面材料选用青灰色砂石。赵州桥的细部，包括栏板、望柱、锁口石等上面的狮象和龙兽形态逼真、雕琢精致，这些都增强了其细部质感。9.6米宽的大券用28道独立小券并列而成。每一拱券采用了下宽上窄、略有"收分"的方法，使每个拱券向里倾斜，相互挤靠，28道拱组成一个有机整体，同时，通过设置铁拉杆、护拱石、勾石等措施，使整座桥连成一个紧密整体。赵州桥细部的刻画和整体的把握使人们在远、中、近处都能感受到赵州桥的精美（图2-87）。

　　桥梁专家福格·迈耶这样说："罗马拱桥属于巨大的砖石结构建筑……独特的中国拱桥是一种薄石壳体……中国拱桥建筑，最省材料，是理想的工程作品，满足了技术和工程双方面的要求。"从赵州桥上人们可以看到技术与艺术完美结合的桥梁美学神韵。

图2-87　赵州桥的细部

2.6.3　隅田川上的桥

我们再去日本的隅田川，看看那里的桥梁美。

看樱花要去日本，日本最有名的樱花观赏地是隅田川。郁华在《东京杂事诗》中记载："万家井甃绿杨烟，樱笋春开四月天。十里隅田川上路，春风细雨看花船。"隅田川是从日本东京都北区新岩渊水门开始的荒川分支，汇合新河岸川、石神井川、神田川等支流河川，最后流进东京湾，它是全长23.5千米的一级河川。江户时代由于防备上的考量，因此对在河川上架桥有所限制，明治时期大多使用隅田川渡船。其后随着交通量的增加而设置了不少木桥。据统计，隅田川和附近的荒川以及就近支流上的大小桥梁总共有52座，如果再加上11座电车桥的话，隅田川流域的桥梁总共有63座。由于隅田川上的桥梁所采用的类型相当多元，也在相当程度上反映了东京的城市变化，使得隅田川有"桥梁博物馆"之称号。

目前，人们所见到的桥梁类型很多，它们都是通过长期实践和不断总结经验而逐步创造和发展起来的。结构工程上的受力构件，总离不开拉、压、剪、弯、扭等基本受力方式。由基本构件所组成的各种结构物在力学上可归结为梁式、拱式、悬吊式三种基本体系以及它们之间的各种组合体系。现代的桥梁结构也一样，不过其内容更丰富，形式更多样，材料更坚固，技术更进步。

隅田川上的桥梁有以下特点：①结构形式多。隅田川上的桥梁基本囊括了现代桥梁的所有类型，如梁桥、拱桥、悬索桥、斜拉桥及各种组合桥等；②造型多变，性格分明。由各种不同结构形式建造成的桥有着不同的性格特征：有的粗犷，有的轻巧，有的挺拔，有的柔美；③材料多样，色彩丰富。由于建造年代的不同，隅田川上的桥梁的材料有木头、钢筋混凝土、钢材及各种复合材料，颜色也有白、灰、红、蓝、绿、黄等多种色调，显得丰富多彩。隅田川上的桥梁最有代表性的有：永代桥、清洲桥、樱桥、彩虹大桥、中央大桥。

（1）永代桥

永代桥（图2-88）是一座钢结构的拱桥，始建于1688年，是隅田川十三桥中建造最早的。当时永代桥是木结构的桥，明治三十年（1897年）改建成钢结构，1923年关东大地震时被毁坏。1926年建成现在的永代桥，桥长184.7米，宽22.0米。

图2-88　永代桥

永代桥造型美观，它淡蓝色的外观和隅田川的河流天然一色，赋予了这座桥梁独特的风采。其桥梁美学特征主要体现在以下几个方面：

一是静态的动势。与赵州桥不同，永代桥采用的材料是钢材。同样尺寸的钢材与石材相比，其力度更强，尺度却略小。永代桥虽然也采用了拱结构，但由于是上部采用曲线，力的紧张感和弧形心理引诱力线是向上的，所以显得比赵州桥更奔放，力动感更强。永代桥由于跨度达到180多米，淡蓝色、大跨径拱肋产生的视觉效果让人感受到一种男性美，因此被称为"日本最具男性感"的桥梁。

二是稳定感的塑造。从力与美的角度看，稳定包括结构上的稳定和视觉上的稳定。永代桥采用的弧拱，两边大，中间小，桥架均衡支撑，使支撑力分布更合理；同时通过在它的下部桥跨采用水平直线、扩大支撑面的方法以及采用曲线在上、直线在下的结构使视觉中心下移，造成一种强烈的视觉稳定感。

三是变化和统一。永代桥的弧形桥跨由一列立杆支撑，形成连续的韵律感，竖直线的立杆挺拔向上，与弧形主跨相对比，更增强了整体力量感。另外，通过大尺寸的主跨与小尺寸的立杆以及曲线与直线的对比，使弧形主跨成为视觉焦点，同时，外观弧形的轮廓线形成的圆形有"满"的感觉，形成潜隐的力度感和统一感。

四是细部与整体。永代桥的弧形主跨和立杆都保留了钢材的原始质感，栏板划分细致。精致的细部与整体清晰的结构、轮廓分明的线条和谐统一，形成视觉上的多层次，可满足观赏者远、中、近多距离和多方位的观赏需要。

（2）清洲桥

清洲桥（图 2–89）于昭和三年（1928 年）建成，是东京大地震后建设起来的桥梁，是一座钢结构的自锚式悬索桥。这种桥的建造方式比一般桥的建造方式复杂许多，最大特点就是建造时受地形限制小，特别适用于地质条件很差的地区，清洲桥桥长 186.2 米，宽 22.0 米。由于它深蓝色的色调和具有曲线美

图 2-89 清洲桥

122
建筑与美

的外观设计，被誉为"隅田川最美丽的桥梁"。

与永代桥不同，清洲桥是一种悬索桥，悬索桥属于缆索承重桥梁，其向上伸展的主塔的动势和水平伸展的加劲梁的动势，在保持令人满意的视觉平衡的同时，产生了桥梁整体上十分优美的力动感。清洲桥的上部虽然采用曲线，但竖向直线主塔的力的紧张感被水平伸展的加劲梁限制，表现出一种优雅平缓的美。如果说永代桥表现了一种力动强烈的男性美，清州桥则充满了女性的柔美。而曲线结构的三分段式、桥跨和拉索的两边小中间大、支杆的均衡支撑等因素使得清洲桥的结构十分稳定，其桥梁形式加上深蓝色的色彩，也使其视觉稳定感大大加强。

与永代桥相同，清洲桥弧形桥跨的一列立杆也形成连续的韵律，而加上竖向直线的主塔，使节奏感更强了。在大尺寸竖向直线的主塔与小尺寸的立杆直线的对比下，人们的视线自然受引导并停留在它优美的三分段式曲线上，桥梁也因此展现出优雅的动态美。

（3）樱桥

樱桥因每年樱花季节有很多人在此驻足观看樱花而著名，又称樱花桥，是一种钢箱桁人行专用桥，也是隅田川唯一的步行专用桥，起着联系隅田公园两岸的作用（图2-90）。桥长

（a）樱桥

（b）隅田公园的樱花

图2-90　樱桥和樱花

169.45 米，中部主跨宽 20 米，两侧边跨宽 6 米。樱桥于 1980 年开工建设，1985 年启用。

樱桥是一种梁式桥。梁式桥以受弯为主，在樱桥的主梁中潜藏着沿水平方向左右伸展的力，并由此给桥梁带来了紧张感和动势。由于樱桥平面是"X"形连续曲线，使它的水平方向的力沿着四个方向而扩展，整体力动感更增强了。曲线平面两个方向都是对称的，使桥梁显得均衡而稳定，同时曲线形式也使平面显得活泼。"X"形的平面使其与分隔的水面更亲近，使桥梁显得轻盈简洁，好像驻留在水面上的一只水鸟。这些都使樱桥成为力与美的完美结合体。

淡黄色的桥身同水面及周围景观相互协调，每当春天樱花季节更显得璀璨多姿。樱桥由于形式优美，经常被用来作为电影、电视剧、娱乐节目等的拍摄外景地。

（4）彩虹大桥

同清洲桥一样，彩虹大桥（图 2-91）也是一座悬索桥，横越东京湾北部，连接港区芝浦及台场，外形就像日本明石海峡大桥的缩小版。它于 1987 年动工修建，1993 年建成通车，人们寄希望于它能够缓解东京的交通阻塞状况，成为进入东京沿海中心的干线。彩虹大桥全长 798 米，桥跨 570 米，桥上分为上下两层构造，上层为首都高速道路 11 号台场线，下层的中间

图 2-91　彩虹大桥

部分为新交通百合鸥号的路轨，两侧为一般道路，包括国道357号行车道及行人道。行人道又称"彩虹散步道"，可以眺望东京港美景，很多日本偶像剧都在此处取景。

彩虹大桥的结构是悬索式。悬索桥，又名吊桥，指的是以通过索塔悬挂并锚固于两岸（或桥两端）的缆索（或钢链）作为上部结构主要承重构件的桥梁。其缆索几何形状由力的平衡条件决定，一般接近抛物线。从缆索垂下许多吊杆，把桥面吊住，在桥面和吊杆之间常设置加劲梁，同缆索形成组合体系，以减小活载所引起的挠度变形。

和清洲桥相比，彩虹大桥的跨度更大，两座向上伸展的索塔在连续的缆索和平缓变化的梁的衬托下，更加雄伟。连续的缆索、平缓变化的梁水平线和开阔的海面形成静态与动态的对比，表现出一种静态的力动美。从富士电视台23层楼的球形观望台往下望去，彩虹大桥犹如一条美丽的彩练横卧在蔚蓝色的海面上。

彩虹大桥两座索塔向上的心理引诱力与水平稳定的梁线相互协调，造成一种富有韵律、紧张有力、完整连贯的视觉效果。同时，彩虹大桥承弯的梁体由一列桁架组成，沿着平缓变化的梁体，形成连续的韵律感。大尺度索塔、中尺度桁架以及小尺度缆索和栏杆，形成细部和整体结合、层次分明的视觉效果。

两座支撑大桥的索塔使用白色设计，令彩虹大桥与附近的景色和谐共融。在悬索桥面的缆上置有红、白、绿三色灯泡，采用日间收集得来的太阳能作能源，在晚上点缀彩虹大桥。每到黄昏，桥梁上的444盏灯同时点亮，并随季节、日期和时间的不同作相应变化，创造出了丰富的视觉景观。

（5）中央大桥

中央大桥（图2-92）是一座斜拉式结构桥，大桥长210.7米，宽25米，1993年启用，是隅田川十三桥之中建造时间最晚的一座桥。其西岸是中央区新川二段，东岸是中央区佃一段。

中央大桥的桥梁夜景照明设计简洁——采用四个大功率射灯照射在桥梁的水泥支柱上，简单而不失大方，恰到好处。

中央大桥的结构是斜拉式。斜拉桥又称斜张桥，是将主梁用许多拉索直接拉在桥塔上的一种桥梁，是由承压的塔、受拉的索和承弯的梁体组合起来的一种结构体系。斜拉桥作为一种拉索体系，其可看作是拉索代替支墩的多跨弹性支承连续梁。它比梁式桥的跨越能力更大，是大跨度桥梁的最主要桥型。

斜拉式也属于缆索承重桥梁。由于中央大桥采用了斜拉索，使梁体内弯矩减小，降低了建筑高度，减轻了结构重量，节省了材料。主塔采用"X"形的竖向造型，三角形造成一种力的紧张感。斜拉索不仅可以分散主梁的力，也产生了优美的韵律。主塔在两边细长的斜拉索的衬托下，向上、提拔的心理引诱力十足，连续的拉索则富有韵律变化，从而使力动感进一步加强。主塔、拉索、梁相互协调，造成一种富有韵律、紧张有力、完整连贯的视觉效果。

在桥梁设计中，将美建立在合理的科学技术基础上，使桥梁成为技术与美学的统一体，是塑造桥梁美的关键。隅田川上的桥梁结构形式多样、造型多变、材料适宜且色彩丰富，又与环境完美融合，显得丰富而多彩，呈现出力与美的结合，表现出桥梁的技术美与艺术美的完美统一。

图 2-92 中央大桥

建 筑 与 美

第二章 建筑审美范畴

审美范畴，又称审美形态，在美学中指用来概括审美对象各种审美属性的基本概念，西方美学将其分为崇高、优美、悲剧性、喜剧性和丑等五类基本审美范畴。

本章以实例建筑为例，试图探讨建筑审美中的各种不同范畴，即建筑审美是通过审美者对建筑实体和空间的认知以及审美者的精神体验，达到对建筑审美范畴的认知。

在建筑中，各种审美范畴所概括反映的客观对象往往是错综复杂的，它们互相联系，在特定的历史条件下又不断相互渗透和转化，因此，建筑审美范畴也不是绝对和单一的。

3.1 赏心悦目之优美
——结构主义和高技派

结构是光的制造者，数根圆柱将光引到它们中间。这是一束黯淡的光，通过这黯淡的光，我们在圆柱中发现一种简捷的、漂亮的、有韵律的美，这种美是由最初的墙和它的缝隙发展而来的。

——【美】L.I.凯恩

3.1.1 优美与结构

"优美"即人们通常所说的"美"，作为一种审美范畴，是指秀丽柔和的美，是审美主体在观赏具有审美价值的客体时，主客体之间所呈现出来的和谐统一的美，即"人用他的感觉器官和运动器官去应付审美对象时，如果对象所表现的节奏符合生理的自然节奏，人就感到和谐和愉快"[1]。被公认为"爱美民族"的希腊人曾经这样夸耀自己的城市："我们的公共建筑之华美足以使我们的每一天都赏心悦目。"[2]歌德曾经把艺术中"优美"的三个基本要素归为：艺术真实、美、完整化。这意味着优美是从内到外的特质，不仅要有内在的真实，而且还要有

---

① 朱光潜. 谈美书简. 北京：人民文学出版社，2001.
② 瓦勒钦斯基. 史海逸闻录. 北京：商务印书馆，1987.

外在的完整化和更高层次的美。建筑中的"优美"指在建筑审美实践中，由客体（建筑）引起的单纯的快感，它可以使主体精神愉悦，且具有一些可以确切描述的特征，即由线条、图形和体块构成的完整、和谐、鲜明的形态限制，而且这种外在的形态有着严谨、合理的内在逻辑（图3-1）。建筑中的优美与人们的日常体验关系十分密切，正如优美的花园可以提供散步或休息之所，这是华丽、雄伟的宫殿所不能提供的。所以相对来说，"优美"比"崇高"更贴近生活。

　　建筑流派中的现代主义（图3-2）是优美范畴的主导力量，其强调功能与技术的特点决定了外在形态的稳定性和规矩性，而建筑逻辑性思维则决定了其表里如一的特征。现代主义与时代良好的契合性使建筑审美状态建立在调和的愉悦的基础上，而本节后面所讲的高技派中则夹杂了崇高美、滑稽美的范畴，只是这种崇高感、滑稽感转化为优美的过程很短暂，本书在这

（a）鹿特丹 BP 炼油厂总部办公楼

（b）贝鲁特 USJ 校园

图 3-1　建筑中的"优美"

建筑与美

（a）Crown Hall　　　　　　　　　（b）毕勒菲尔德美术馆

（c）Glass House（美国现代主义起源的标志性作品）

（d）纽约西格拉姆大厦（现代主义建筑美学的杰作）

图3-2　现代主义与优美

里把它归纳到优美的范畴里。从某种意义上讲，高技派的崇高是一种特定时期的优美。

功能、技术与审美是建筑的三个主要要素。建筑的物质属性决定：建筑是艺术与技术相结合的产物，是受技术因素制约的。建筑美建立在技术的基础上，也只有在技术的基础上才能体现艺术，技术是建筑形体和空间构想转变为现实的重要手段，其涵盖的范围很广，包括结构、设备、施工等诸多方面，其中结构与建筑的关系最为密切。著名建筑大师赖特认为："建筑是用结构来表达思想科学性的艺术。"而密斯·凡德罗则说："当清晰的结构得到精确的表现时，它就升华为建筑艺术。"可以毋庸置疑地说：结构在建筑美的塑造中占有重要地位（图3-3）。

结是结合，构是构造。结构在哲学中指不同类别或相同类别的不同层次按程度多少的顺序进行有机排列。在建筑中，结构指建筑不同组成部分的合理结合与构造关系（图3-4），我国晋代葛洪在《抱朴子·勖学》中写道："文梓干云而不可名台榭者，未加班输之结构也。"人们建造建筑使用各种材料，并巧妙地将这些材料组合在一起，充分发挥材料的力学性能，使之具有合理的荷载传递方式，使整体与各个部分都具有一定的刚性并符合静力平衡条件[1]，这就形成了建筑的结构。

人类初期的建筑结构只是建立在满足基本功能的安全要求的基础上，其结构形式简单、直接、质朴。随着人类的发展和进步，结构形式也由古代的木、砖石等简单材料构成的结构类型逐渐发展到由钢、玻璃、钢筋混凝土等现代材料构成的结构类型以及空间结构类型（网架、悬索、壳体、膜等），其构成体系变得更复杂，形式变得更丰富（图3-5）。不同的结构形式反映了不同时代的美学特征，例如古代的埃及金字塔和现代的卢浮宫玻璃金字塔，就有着不同的美学感染力。

[1] 彭一刚. 建筑空间组合论. 北京：中国建筑工业出版社，1983.

（a）福冈大学学生中心

（屋顶的碰撞使结构张力十足）

（b）鹿特丹老人公寓　　　　　　（c）鹿特丹步行桥

（斜向柱子支撑主体，　　　　（枝丫似的支撑结构，使建筑产生流动感，

也打破了直线的呆板）　　　　　　也符合步行桥的定义）

（d）1967年蒙特利尔世界博览会美国馆

（从"自然本身的构造"开始，以最少结构提供最大强度）

（e）荷兰鹿特丹大市场

（立面灵活的悬挂玻璃幕墙，获得最大的透明度和最小的结构支撑）

（f）荷兰鹿特丹别墅

（现代结构的运用不仅满足了功能需求，也使旧建筑焕发出新时代的光芒）

图3-3　结构与建筑美

（a）瑞士乡村小教堂

（b）朗香教堂

图 3-4　结构

（a）巴黎拉德芳斯 CNIT

（b）斯图加特机场候机楼

图 3-5　现代结构形式

3.1.2　结构技术美学

相对来说，古代的结构形式粗笨、厚重，而现代的结构形式则更轻盈、优雅，现代的结构工程体现了一种新的艺术形式，即结构技术美学，"一个优美的结构就是自然法则的具体展示"

（马里奥·萨瓦多利）。结构技术美学注重的是如何合理地利用技术手段来对建筑进行艺术的表达。在结构技术美学中，结构的表现是基于力与安全来表现功能、技术与美学的合理性（图3-6）。

（a）远藤秀平设计的幼儿园

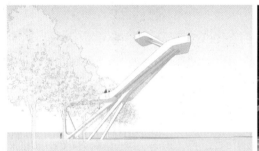

（b）荷兰格罗宁根观测塔设计方案

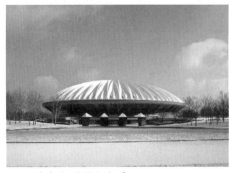

（c）伊利诺伊大学 Assembly Hall　　　　（d）美国丹佛机场候机楼

图 3-6　结构技术美学

在结构技术美学的发展史上，有两位标志性的人物，即奈尔维和卡拉特拉瓦。他们的共同点是用合理的结构技术表现建筑内在逻辑与形式美的统一；他们的不同点是各自反映了不同时代结构技术的优美特质。

（1）奈尔维

意大利建筑师奈尔维被称作"钢筋混凝土诗人"，他把钢筋混凝土的性能和结构潜力发挥到极致，将结构技术和形式美学有机结合，创造出了一系列形式优美、个性鲜明的建筑作品。奈尔维的代表作品有佛罗伦萨市体育场、意大利空军飞机库、罗马小体育宫和大体育宫、米兰皮瑞里大厦、都灵展览馆 B 厅、巴黎联合国教科文组织总部大厦会议厅、意大利都灵劳动宫、St. Louis Abbey 等（图 3-7）。

（a）St. Louis Abbey　　　（b）都灵劳动宫

（c）Saint Mary's Cathedral，旧金山

图 3-7　奈尔维作品

图 3-8　佛罗伦萨市体育场

图 3-9　意大利空军飞机库

图 3-10　罗马小体育宫屋顶

奈尔维在建筑中灵活运用钢筋混凝土，并创造了新的材料和新的结构形式，把结构技术的美很好地发挥出来。在佛罗伦萨市体育场（图 3-8）中，他将雨篷悬挑，并将看台结构暴露在外；在意大利空军飞机库（图 3-9）中，他采用了钢筋混凝土网状落地筒拱和现浇、预制装配等施工技术；在都灵展览馆 B 厅中，奈尔维发明并运用了钢丝网水泥壳体，其结构合理、造型美观；在巴黎联合国教科文组织总部大厦会议厅中，他采用了波浪状折板结构；在意大利蒙图瓦造纸厂车间中，奈尔维采用了悬索结构。奈尔维最著名的作品是为 1960 年的罗马奥运会设计的罗马小体育宫。

罗马小体育宫平面为圆形，直径 60 米，其主要特点首先是顶部采用钢筋混凝土穹顶，这是在都灵展览馆 B 厅的筒拱基础上发展的。在大的球形穹顶的上部开一小圆洞，洞上再覆盖一小圆盖，一大一小，形成了穹顶的层次美。球顶用钢丝网水泥预制菱形槽板拼装，板间布置钢筋并现浇成"肋"，上再浇一层混凝土。菱形槽板和拱肋交错形成精美的图案，使屋顶形成连续而优美的整体效果（图 3-10）。

其次，罗马小体育宫的穹顶由沿圆周均匀分布的 36 个"丫"形斜撑承托，把荷载传到地梁上。斜撑中部有一圈白色的钢筋混凝土"腰带"，是附属用房的屋顶，兼作联系梁。从上到下，圆盖、圆洞、穹顶、梁带、斜撑、地梁，形成合理的结构体系，同时也表现了形式美的基本规律：穹顶和斜撑的比例匀称、尺度良好，小圆盖、球顶、"丫"形支撑、"腰带"等各部分比例划分适宜，穹顶中心的尺度最小，越往边缘，尺度越大，与支架相接处的构件尺度最大，"丫"形斜撑由下到上逐渐收细而颜色变浅，整体结构在视觉上形成合理的层次；"丫"形斜撑形成连续的韵律美和均衡的稳定感；"丫"形斜撑的形式恰似伸开双臂的人，连续地沿圆周托起穹顶，表现出连续的韵律美，同时，人形的斜撑也展示了力动感，恰当地表现了其建筑性质。"丫"形斜撑上部形成的菱形与预制槽板的菱形呼应，小圆盖下的玻璃窗与球顶下的带形窗呼应，菱形、玻璃窗的虚与穹顶、墙面的实形成虚实对比，更衬托出整体结构的轻盈和谐，表现了优美的特征。作为主体的穹顶鲜明突出，所有的变化统一在穹顶下，形成变化而统一的整体。2008 年北京奥运会的老山自行车馆与罗马小体育宫（图 3-11）外部造型相像，相比较而言，虽然前者的结构技术更成熟，但是却没有表现出结构的力动性和优美特质。

（a）罗马小体育宫

（b）老山自行车馆

图 3-11　罗马小体育宫与老山自行车馆

（2）卡拉特拉瓦

西班牙的圣地亚哥·卡拉特拉瓦同样拥有建筑师和工程师的双重身份。设计桥梁出身的卡拉特拉瓦认为优美的形态能够由建筑的力学设计表达出来，他将结构的力学特点与建筑形式美很好地结合起来，表现了结构的技术活力与理性、逻辑的优美，大自然中那些美丽、合理的形态给予他很多启发和灵感，其作品轻盈而舒展，秀美而飘逸。

圣地亚哥·卡拉特拉瓦曾经说过，在其设计中，有三个要考虑的因素：一是材料与建造过程，二是力学与形式，三是运动与形式。对力和力的趋势的深刻理解以及对其优雅的形式表达，使卡拉特拉瓦的建筑作品（图3-12）充满了动人心魄的诗意。

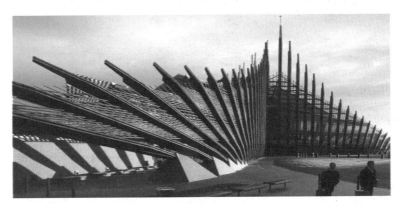

（a）艾伦兰伯特广场（优美的线条塑造出建筑的节奏与律动）

（b）毕尔巴鄂机场航楼

（大量使用平行或朝一个方向有收束趋势的直线和曲线的杆件，加强了建筑的节奏感）

图3-12　圣地亚哥·卡拉特拉瓦的作品

建筑与美

卡拉特拉瓦的代表作品有：巴克·德·罗达桥、阿拉密洛大桥、毕尔巴鄂步行桥、威尼斯宪法桥、阿根廷女人桥、里昂机场高铁车站、巴伦西亚科学城、里斯本车站、威斯康星美术馆、2004年雅典奥运会主场馆等。下面从他的几个代表作品中分析建筑结构中的优美表达。

阿拉密洛大桥位于西班牙瓜达尔基维尔河上，桥主跨200米，桥宽32米。作为世界上第一座大跨度无背索斜塔斜拉桥，桥梁仿照飞翔的天鹅。其主塔为天鹅的尾部和翅膀，主塔往后斜向拉引，展示了结构的力动，桥跨则为天鹅的身体和头部，由于尾部的加大，头部形成发射状；同时，拉索呈线状排列牵引这后拉的主塔，既将头部与尾部相连，又达到整体的力动平衡，显示了整体结构的和谐与优美（图3-13）。这种设计构思在他的另外一个作品——阿根廷女人桥中也体现出来了，所不同的是，在女人桥中，主塔与拉索相向，呈锐角，桥的力动感有所减弱，表现了更柔美的感觉（图3-14）。

卡拉特拉瓦除了设计大量有名的桥梁外，还设计了很多公共建筑，最著名的有里昂机场高铁车站、巴伦西亚科学城、里斯本车站、密尔沃基的美术博物馆和2004年雅典奥运会主场馆。

图3-13　阿拉密洛大桥

图3-14　阿根廷女人桥

1994年完工的里昂机场高铁车站（图 3-15）由中间钢结构车站大厅和自大厅下方横穿的混凝土结构站台组成，并在大厅尾部用一条长 180 米的走廊与里昂机场相连。车站大厅高 40 米，长 120 米，两侧的站台总长 450 米，宽 56 米。不同于阿拉密洛大桥"飞翔的天鹅"造型的轻盈飘逸，被称为"大鸟"的里昂机场高铁车站的造型显得更浑厚。卡拉特拉瓦曾强调："我从没试图把它做成一只鸟，灵感只是来源于平时做的雕塑。"源于雕塑的灵感让建筑整体造型显得厚重而稳定。中间巨大的混凝土与两侧的钢结构形成对比：一厚重，一轻盈；一做韵律变化，一使重点突出，既表现了材料、结构的特点，又表达了整体形式的优美。

图 3-15　里昂机场高铁车站

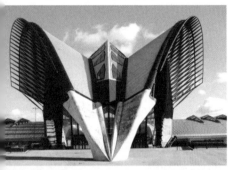

在巴伦西亚科学城的天文馆（图 3-16）中，卡拉特拉瓦同样采用了这种对比手法，球形的天文馆被覆盖在一个透明的拱形罩下，罩长 110 米，宽 55.5 米，拱形罩的一侧，有一个巨大的门上下开启与闭合，露出里面的球形天文馆，整体造型像是一张一合的眼帘，又像一个爬行的昆虫。混凝土结构与钢结构产生对比，混凝土结构使建筑拱形造型更稳定，而钢结构形成的不同节奏和韵律使造型活跃生动，因此整个建筑呈现出结构的力动美。在巴伦西亚科学城的科学馆（图 3-17）的设计中，

图 3-16　巴伦西亚科学城天文馆

图 3-17　巴伦西亚科学城科学馆

结构同样是主角，结构连续而有序的排列表现出建筑的律动美。

在里斯本车站（图3-18）中，卡拉特拉瓦采用了钢和玻璃的组合，力图表现结构、材料的轻盈。车站站台建在距地面11米高的桥梁结构上，钢和玻璃营造的棕榈树结构依靠17米的柱网紧密排列，覆盖着8条铁道，斑斓的阳光透过均匀的支撑构件洒下来，使整个站台弥漫着原始森林般的宁静美。

2001年，卡拉特拉瓦在美国设计了密尔沃基美术馆的扩建工程。同年由美国《时代》杂志评选的年度设计榜上，密尔沃基美术馆（图3-19）被推举为头名。密尔沃基美术馆位于密执安湖畔，美术馆前设计了一条拉索引桥，其形态似阿拉密洛大桥，引桥中脊与引桥相背，构成了空间关系上的平衡，拉索则将人的视线引向上部。这条拉索引桥把人们的视线直接引导到了美术馆的主要入口，用拉索支撑的桥在桥头构成了传统的垂直塔门，给入口划出了一个醒目的画框。

密尔沃基美术馆主体采用一组遮阳的百叶窗，张开的百叶窗与拉索桥的动感一致，恰似一对张开的翅膀。百叶窗下面是

图3-18　里斯本车站

图3-19　密尔沃基美术馆

（力的平衡）

玻璃屋顶，玻璃屋顶下面为中庭空间，张开的百页窗与下面的
玻璃框呼应，并牵引着整个玻璃体。作为玻璃屋顶的序曲和前
奏的百叶窗又同时是拉索桥的终结点。斜拉的直线拉索、张开
的曲线百叶窗及玻璃屋顶的平行直线分割框有序排列，直线、
斜线与曲线产生对比，斜向反向的力、弧形对称的力也产生对比，
形成了紧张、稳定的节奏序列，表现了力动的优美（图3-20）。密
尔沃基美术馆最简单、最朴实的结构形式，造就了极其雅致而

壮丽的美（图 3-21）。站在密尔沃基的林肯大道上，你就会看到这座白色、飘逸的建筑，像一只海鸟，准备飞向密执安湖的另一端。

2004 年雅典奥运会主场馆也是由卡拉特拉瓦设计的，新场馆是在原场馆上加上两条长 304 米、高 80 米的大型拱梁，再用钢缆拉起纤维板屋顶。两只钢穹顶横跨球场上方，半透明玻璃悬于座位区之上。单纯有力的拱梁与波浪式的围护构件形成对比，拱梁、屋脊的曲面与屋顶结构曲线形式相同，力的方向却相反，建筑形态显得优美动人（图 3-22）。由于卡拉特拉瓦曾说这个建筑设计的灵感来自拜占庭建筑，穹顶、蓝白基调源于爱琴海及其诸岛，因此建筑也被人们誉为有着"欧洲式的优雅"。

同马尔默的旋转大厦一样，在卡拉特拉瓦的新作芝加哥螺旋塔中，他同样表现了结构的优美，螺旋式的高塔高耸入云，富于动态而优美。在卡拉特拉瓦的作品中，通过建立结构理性的逻辑、塑造结构构件（曲线和直线）的形式美、结构形体（静态和动势）的对比等手法，表达了结构形态的合理与优美。正如国际著名的建筑理论评论家 Alexander Tzonis 对他的评论：

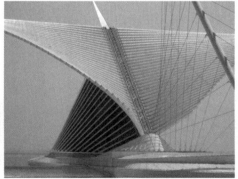

图 3-20　密尔沃基美术馆的结构美

（各种线条有序排列、交叉，以天空为背景，形成美丽的结构图案）

建筑与美

图 3-21　密尔沃基美术馆室内

（内部节奏的变化和不同的韵律美）

"他的作品在解决工程问题的同时也塑造了形态特征，这就是自由曲线的流动、组织构成的形式及结构自身的逻辑。运动贯穿了这样的结构形态，它不仅体现在整个结构构成上，也潜移默化于每个细节中。"

3.1.3　高技派

20世纪50年代兴起的高技派，其建筑造型和风格强调技术美学的绝对主导地位，采用新材料、新结构、新技术，注重表现时代感。高技派的出发点是把传统审美和当代技术相结合，塑造出新时代背景下的"优美"（图3-23）。

高技派以体现现代生活急速变化的特点为目的，并以适应变化、展现丰富和体现技术应有的美学内涵为主旨。高技派的"优美"是技术发展带来的，是技术美学领域拓展的结果，早期大众对高技派建筑带有"崇高美"和"滑稽美"的不全面的解读，随着时间的推移，这种解读更多地慢慢转化并重新定义为理性的"优美"。

（a）鸟瞰

（b）细部

图 3-22　2004年雅典奥运主场馆

147

第三章　建筑审美范畴

下面分别介绍在高技派中不得不提的两个重要人物——理查德·罗杰斯和诺曼·福斯特，他们的作品中闪耀着技术的"优美"特质。

（1）理查德·罗杰斯

理查德·罗杰斯是高技派的标杆人物，虽然曾受现代主义大师路易斯·康的影响，但不同的是，罗杰斯运用了更符合时代背景的材料、结构形式和技术手法，其处理的方法更大胆、夸张，技术的主导地位和其中孕育的"技术精美"的美学特质在其作品中凸显。虽然材料、结构和手法不同于传统建筑，但理性的处理使其设计的建筑逻辑性十足，建筑从内到外都表现出"优

图 3-23　高技派的"优美"
（梅尼尔收藏博物馆，休斯敦）

美"的性格，这也是为什么普利兹克奖评委会称赞他的作品"表现了当代建筑历史的片断"的缘故。

罗杰斯最著名的作品是他和伦佐·皮亚诺在1977年设计的巴黎乔治·蓬皮杜文化艺术中心（图3-24）。当时由于其"未来主义风格"的奇特外形，使它曾被公众讥笑为丑陋的、畸形的建筑。然而随着时间的推移，人们在惊叹其结构合理和空间舒适的同时，也同样被高技术带来的"优美"所折服。立面暴露的钢结构、玻璃和管道打破了传统立面的构成规律，丰富的颜色可以展现不同的功

（a）外立面

（b）局部

图3-24 巴黎乔治·蓬皮杜文化艺术中心

图 3-25 英国伦敦 Lloyd 办公楼

能元素，而结构骨架、交通空间的透明化使建筑更容易被人们读出，人们更愿意选择一个这样的场所去了解文化和艺术的丰富内容。独特的结构、技术和材料营造了独特的技术美学特质，独特的技术美学特质将蓬皮杜文化艺术中心从"纪念碑式的精华"形象转变为社会和文化交流的流行地点。

罗杰斯颠覆了传统现代主义建筑的正统性结构形式和元素，在结构透明化的基础上，他更强调的是如何使这些外露的结构、材料变得更有趣，对细部的刻画使建筑的技术角色变得丰富而唯美。在英国伦敦 Lloyd 办公楼（图 3-25）中，"内外翻转"的形象、楼梯的金属质感、电梯的功能外露、故意放置的起重机，是罗杰斯标志性的结构表现主义风格的完美表现。而波尔多法院（图 3-26）的酒瓶式的法庭、透明的玻璃通道，威尔士国会大厦（图 3-27）流动的屋顶、透明缥缈的玻璃墙，格林威治千年穹顶（图 3-28）标志性的钢桅杆、独特的膜结构屋顶，都使建筑技术和材料的张力凸显。

而在马德里 Brajas 机场第四航站楼和欧洲人权法院中，罗杰斯展现了对技术的发展的思考。"技术条件是第二位的"，当今的时代背景下，技术应该更多地关注环境、关注历史、关注地域。技术美并不是单纯的展现结构、技术和材料，而是将技术的合理性建立在尊重地域和环境的基础上。

马德里 Brajas 机场第四航站楼（图 3-29）的长方形条状结构的模块化设计便于低成本、短时间的扩建。"波浪形的屋顶"漂浮、轻盈，极富韵律，流动感十足的造型则使视线延伸，使建筑显得平静而舒缓。"树"型暖色调的支撑结构、透过玻璃幕墙和天窗的充足柔和的自然光，使光和色彩的流动成为建筑主要的美学元素，也使建筑显得安静而从容。位于法国的欧洲人权法院（图 3-30）是罗杰斯设计生涯中的一个重要建筑，作为代表欧盟在人权上的态度的建筑，建筑主体采用混凝土结构，

图 3-26　波尔多法院

图 3-27　威尔士国会大厦

（a）远望

（b）鸟瞰

（c）结构

（d）细部

图 3-28　格林威治千年穹顶

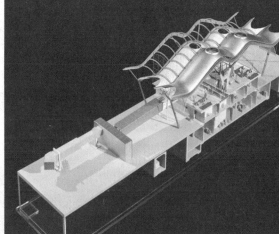

（a）模块化设计

（b）外观 （c）内部

图 3-29 马德里 Brajas 机场第四航站楼

建筑与美

（a）外观

（b）内部

图 3-30　欧洲人权法院

对内封闭，建筑安全感十足。建筑采用环保材料，鲜艳的结构、材料以及大面玻璃使建筑显得开放而自信，钢和玻璃塑造出建筑现代而优美的一面。

（2）诺曼·福斯特

同样被视为"高技派"代表人物的还有罗杰斯在耶鲁大学的同学诺曼·福斯特。福斯特认为，运用高技术并不是其本身的

目的，而是实现社会目标和更广泛意义的一种手段①。这也正是
高技派的主旨——技术只是手段，适合人类生活形态的审美才
是最终目的。

　　强调建筑技术与自然的适应及对文化的尊重是诺曼·福斯特
对技术美学的态度。在香港汇丰总部大楼（图 3-31）中，外露
的钢柱、钢桁架以及新颖的结构和现代技术使建筑外观丰富多
变，而对称的体型和精致的细部则使建筑显得庄重典雅、古典
优美。在德国议会大厦改建工程（图 3-32）中，他将高技术手
法与传统建筑风格巧妙结合：保持建筑外墙不变，而将室内全
部掏空，以钢结构重做内部结构体系。古老庄严的外壳包裹着
现代化的新建筑，满足了新的功能要求，又赋予了这一古老建
筑以新的形象。钢骨架、玻璃幕墙的穹顶造型简洁有力，与古
典主义风格的国会大厦相得益彰，体现了当代技术特征。阳光

① 张建涛，刘韶军. 建筑设计与外部
　　环境. 天津：天津大学出版社，2002.

图 3-31　香港汇丰总部大楼

通过"漏斗"镜面折射到议会大厅，既节能又舒适，表现出技术进步带来的优美。

在卡里美术馆的设计中，福斯特更多关注的是技术对历史、地域的思考。卡里美术馆的基地是尼姆市一座古城市剧场的旧址，它的一侧是建于公元前1世纪奥古斯特大帝时代的梅松卡里神庙（图3-33）。神庙四周是大面积的铺地广场，城市的许多集会都在此举行。

福斯特把传统的庭院空间、山地城市的室外踏步与平台、建筑对地方气候的适应性等内容都按照技术进步的处理方式包容在卡里美术馆（图3-34）的设计中。面向梅松卡里神庙的一侧布置了一个简洁的具有高技术特点的灰空间[1]。尺度的照应、技术的对比使广场的两侧产生统一而丰富的视觉效果。

结构技术美学和高技派，以建立在内在逻辑基础上的结构技术手法来塑造建筑的形态，必然使建筑呈现出表里如一的特征，建筑也因此呈现出赏心悦目的优美特征。

① 张建涛，刘韶军.建筑设计与外部环境.天津：天津大学出版社，2002.

（a）外观

（b）玻璃穹顶

图3-32　德国议会大厦改建工程

图 3-33　优美典雅的梅松卡里神庙

图 3-34　简洁现代的卡里美术馆

3.2 骇心动目之崇高
——万神庙和光之教堂

他们的高楼在向云中飞去，狭窄的长窗、石柱、穹顶无限制地向上伸展，玲珑剔透的花边似的尖顶如同云雾一般笼罩着它们，庄严肃穆的寺院像庞然大物屹立在普通民居面前，仿佛我们心中那崇高的愿望与肉体上渺小的需求相对比一样。

——【俄】尼·果戈理

在小亚细亚的布鲁莎的绿色清真寺，人们从一个合乎人体尺度的小门进去；一个很小的门厅起尺度的过渡作用，这是很必要的——在经历了你所经过的地点和街道的规模之后，在欣赏给你强烈印象的巨大规模之前。你的眼睛会去度量清真寺的庞大——一个充满阳光、白色大理石砌筑的巨大空间……从充足的光线之下到阴影之中，这是一个韵律。门很小而窗很大。你被震撼了，你失去了正常的尺度感。你被一个感觉的韵律（光线和体量）和一些巧妙的尺度征服，到了一个自在的世界。

——【法】勒·柯布西埃（《走向新建筑》）

3.2.1 崇高与建筑

崇高，又称壮美，是审美范畴的一种。西方传统美学认为：在审美活动中，客体以其大尺度的姿态、力量、气势、节奏的起伏变化带来心理预期的巨大反差，引起主体的震撼、鼓舞而产生敬畏、赞叹的特殊情感，由此生成"崇高"的境界。

人类物质性的实践是崇高感的真正根源，从这个角度看，崇高可分为主体、客体两个方面。在主体方面，崇高表现为实践中体现出的人格魅力和社会价值。例如，审美主体面对波涛汹涌的大江——"滚滚长江东逝水"，不禁感慨万千——"浪花淘尽英雄"，从而带来对自身的思考——"是非成败转头空"。这就是主体对自身的观照和思考。在客体方面，崇高则表现为客体基本状态及改造状态的震撼力。客体具有"庞大"、"宏伟"、"激烈"的形态特征，从而引起主体的情感变化。中国古代也有"大"这一审美形态范畴。孔子曰："大哉！尧之为君也。巍巍乎！唯天唯大，唯尧则之。"（《论语·泰伯》）孟子继承和发展了孔子学说，提出"充实之谓美，充实而有光辉之谓大"。"大"，即"壮美"。庄子也说："天地有大美而不言……"（《庄子·知北游》）

在建筑中，这种"大"所形成的形态特征和对比有着巨大的震撼力和威慑力，从而引起审美主体的惊叹、畏惧。康德把这种"大"具体区分为数学的（数量的、体积的、空间的、静态的）与力学的（力量的、能量的、动力的、动态的）两类。在建筑审美中，数学与力学的形态特征和对比同样适用（图3-35）。

丰子恺在评述西方建筑时曾说：埃及金字塔是"极大极高极厚"的，"这种建筑物的伟大，令人惊叹"；希腊帕提农神庙是"各部力学的均衡与视觉的协调两方并顾，做有机的结合"[1]。

① 丰子恺. 丰子恺谈建筑. 北京：东方出版社，2005.

（a）里亚里杰斯瓦拉神庙　　　　　　（b）埃菲尔铁塔

（c）卡纳克的阿蒙神庙

图 3-35　建筑与崇高

这两种看法便是对"崇高"与"优美"的阐述。侯幼彬在《中国建筑美学》中曾将中国建筑分为"正式建筑"与"杂式建筑"。规整、庄严、大方的"正式建筑"以气势塑造为主，形态以整体"大"和"多"为特征，可以"崇高"描述。而灵活、自由、精细的"杂式建筑"则以适宜、耐看为主，形态以个体"小"和"适"为特征，可以"优美"描述。

对于建筑来说，形态特征、色彩等的强烈对比会带来崇高的美感。形态特征的对比包括静态的对比和动态的对比，具体又可分为实体与实体的对比、实体和空间的对比、空间与空间的对比。静态的对比不仅仅是建筑部件与部件、建筑整体与细部的对比，而且还包括建筑与人自身、建筑印象与此前的其他建筑印象等的对比。

建筑的空间是由实体构成的，实体与空间之间相辅相成，建筑开口是实体与空间对比的途径。建筑空间本是静态的，然而引入时间因素后，它成了四维动态的空间。建筑通过空间的对比处理，可以让审美主体体会到不同寻常的氛围和效果，由"消极"到"惊叹"再到"愉悦"，提高了我们的精神力量，产生了崇高美感。尼·果戈理曾这样描述哥特式建筑："当你进入这座寺院令人肃然起敬的幽暗之中，透过朦胧的光线，如同在幻想的世界里现出了五彩缤纷的窗户；抬眼向上望去，那里交叉重叠的尖拱一个接着一个，一个挎着一个，绵延不绝，消融在黯淡的远处，心中极其自然地涌出置身在圣地的不由自主的敬畏之感，一个人那无所畏惧的理性是不敢去冒犯圣地的。"在这种平常与不俗、已知与未知的对比中，我们的审美心理便产生了距离感，这种距离感使我们产生了对这种建筑空间的崇高之情。让我们循着历史的轨迹，去看看两个著名建筑的例子，感受崇高美的塑造。

3.2.2　万神庙

第一个例子是万神庙（Pantheon），它位于意大利首都罗马圆形广场的北部，是罗马最古老的建筑之一，也是古罗马建筑的代表作。万神庙"Pantheon"的"pan"是指全部，"theon"是神的意思，意为献给"所有的神"，因而叫作"万神庙"，又称"万神殿"。

万神庙是至今完整保存的唯一一座罗马帝国时期建筑，始建于公元前27~公元前25年，由罗马帝国首任皇帝屋大维的女婿阿格里帕建造。公元80年的火灾，使万神庙的大部分被毁，仅余一长方形的柱廊，其中有16根花岗岩石柱。这一部分被作为后来重建的万神庙的门廊，门廊顶上刻有初建时期的纪念性文字，从门廊正面的8根巨大圆柱仍可看出万神庙最初的建筑规模。现今所见的万神庙主体建筑是亚德里亚诺大帝于公元120~124年所建，其内仍供奉罗马的所有神祇。公元609年万神庙被赠予教皇，随即改为天主教堂，将多尊圣骸保存于内，更名为圣玛丽亚教堂，后拉特朗协约将其定为意大利国立教堂[①]，到了近代，它又成为意大利的名人灵堂、国家圣地。

万神庙的美体现在建筑形式、结构技术、内部装饰等多个方面，其中最重要的是体现在对"万神之殿"的建筑"崇高"美的塑造上。

首先是万神庙的建筑入口给审美主体带来的震撼效果。作为"神的尺度"的万神庙门廊高大雄壮，而且华丽浮艳。它面阔33米，正面有长方形柱廊，柱廊宽34米、深15.5米；有科林斯式石柱16根，分3排，前排8根，中排、后排各4根。柱身高14.18米，底径1.43米，用整块埃及灰色花岗岩加工而成。柱头和柱基则是白色大理石。柱头的山花和檐头的雕像以及大门扇、瓦、廊子里的天花梁和板，都是铜做的，包着金箔。神庙入口处的两扇青铜大门为至今犹存的原物，门高7米，宽而厚，是当时世界上最大的青铜门。当人们看到高大华丽的门廊（图3-36），跨过尺度巨大的门的时候，主体和客体的尺度对比让人不禁惊叹，"巨大"的效果开始"征服"主体，主体由此产生对自身力量的思索，同时周围建筑的小尺度使这种崇高感进一步加深。

① 晏立农. 图说古罗马文明. 长春：吉林人民出版社，2009.

图 3-36 万神庙尺度巨大的门廊

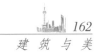
建筑与美

万神庙的建造技术也让审美主体产生"崇高"感，人们见惯了普通房屋的处理，其心理是平常的，而看到万神庙的建造技术后，主体开始惊叹其技术，视其为不可及的技术从而产生"崇高"感。这种对技术的"惊叹"是由以下几个方面带来的：

一是建筑的稳定感带来的。万神庙的墙体下半部为空心圆柱形，上半部为半球形穹顶（图3-37）。万神庙的基础、墙和穹顶都是用火山灰制成的混凝土浇筑而成，非常牢固。为了减轻半球形穹顶的重量，其墙面厚度逐渐减小，其下方墙厚6米，到顶部则递减为1.5米。此外，建筑师还巧妙地在穹顶内表面作了28个凹格，分成5排，减轻了穹顶重量。这些技术上的合理处理通过视觉进行传达，从而使主体的心理产生稳定感。

二是技术的合理性带来的。万神庙的券技术（图3-38）非常合理，先用砖沿球面砌几个大发券，然后浇筑混凝土，这样可以使混凝土分段浇筑，也能防止混凝土在凝结前下滑，并避免混凝土收缩时出现裂缝。每浇筑1米左右，就砌1层大块的砖。墙体内沿圆周发8个大券，其中7个是壁龛，1个是大门，龛和大门可以减轻基础的负担。这种券技术的成熟运用使人们很自然地联想到古罗马帝国的辉煌，从而由衷赞叹。

三是内部空间的塑造带来的。据说，万神庙是第一座注重内部装饰胜于外部造型的罗马建筑，万神庙穹顶内壁被整齐划分为5排28格，每一格皆被由上而下雕凿为凹陷，细部尺度的划分衬托了整体尺度的巨大，使原本宏伟的空间看起来更加让人叹服。穹顶顶部的矢高和直径都是43.3米，其剖面恰好是一个整圆，圆形的空间让人感觉柔和而高贵，而它的内部墙面（图3-39）两层分割接近于黄

图3-37 万神庙半球形穹顶

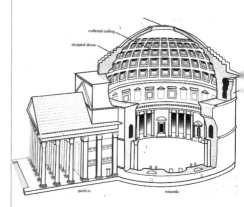

图3-38 万神庙券技术

图3-39 万神庙内部墙面

金分割，因此无论是它的几何构图还是内部空间都非常完整紧凑，显得和谐统一。

万神庙最迷人、最震撼之处，在于它的圆形采光孔。由于采用了穹顶覆盖的集中式型制，重建后的万神庙呈现出单一空间、集中式构图。神庙的平面为圆形，圆形给人"满"的视觉感觉，圆润而光滑。内部为一个由 8 根巨大拱壁支柱承荷的圆顶大厅，四周墙壁厚达 6.2 米，外砌以巨砖，但无窗无柱。按照当时的观念，穹顶象征天宇，其直径 43.3 米的穹顶中央开了一个直径 8.9 米的圆洞，单点形式使其自然成为视觉焦点，而它又是整个建筑的唯一采光口（图 3-40）。万神庙内宽广空旷，这个仅有的光源入口带来的震撼力是非常大的，从圆洞照进来柔和的漫射光，照亮空阔的内部，寓意着神的世界和人的世界的某种联系，有一种宗教的静谧气息。由建筑尺度和技术带来的"惊叹"在这里达到了极致，"崇高"美油然而生。难怪米开朗琪罗赞叹其为"天使的设计"。

图 3-40　万神庙内部采光孔

3.2.3 光之教堂

让我们再来看第二个成功塑造"崇高"美的例子——光之教堂。

光之教堂是日本建筑师安藤忠雄的教堂三部曲（风之教堂、水之教堂、光之教堂）中最为著名的一座。光之教堂位于大阪城郊茨木市北春日丘一片住宅区的一角，由一个木结构教堂和牧师住宅的独立式扩建工程组成。这其实只是一个面积颇小的教堂，大约113平方米，能容纳约100人。光之教堂的建筑物由一个混凝土长方体和一道与之成15°横贯的墙体构成。这道独立的墙把空间分割成礼拜堂和入口部分，简单的长方体因直线的穿插形成了独特的空间转折。

和西方神圣空间的形而上不同，安藤忠雄认为，神圣空间与自然存在着某种联系，当风、水、光等元素被人的意念从原生的自然中抽象出来时，它们即趋向了神性[①]。光之教堂正是通过自然元素的抽象化而达到神性，即"崇高"美的塑造。

这种"崇高"美的塑造首先表现在主体的"消极"体验上，这一点，光之教堂则是通过黑暗、封闭的空间氛围来塑造的。黑暗能够引起人类最本能的恐惧，光之教堂特意塑造一个处于黑暗中的环境，旨在唤起人内心本能的不安感。封闭同样也会带来消极的感受。光之教堂四周封闭，墙壁仅有几扇小窗，墙面材料则采用了冰冷的清水混凝土（图3-41）—— 一种机械、

图 3-41 光之教堂的混凝土墙壁

① 王建图，张彤. 安藤忠雄. 北京：中国建筑工业出版社，1999.

漠然、缺乏人情味的材质。在光之教堂黑暗、封闭的空间氛围里，主体自然会产生一种对自身的消极思考，受束缚产生的不安与沉重感让人在心理上产生一种恐惧。

光之教堂"崇高"美的塑造还体现在从不安到希望、从消极到积极的转化，即由优美到崇高的转化。光之教堂的魅力在于其"崇高"美的塑造，与朗香教堂相比，朗香教堂带来的是宁静，光之教堂带来的却是震撼。

光之教堂的"震撼"主要是其室内外环境的转化带来的。光之教堂靠近道路，一面斜插的墙体不仅分割了空间，而且隔离了喧嚣的外部世界。教堂也没有一个显而易见的入口（图3-42），只有一个不太显眼的门牌。进入它的主体前，必须先经过一条小小的长廊。廊道两侧为素面混凝土墙，顶部由玻璃拱与"H"型横梁构成。廊道前后没有墙体阻隔，新鲜空气自由地在这个空间中穿行，其末端是绿色的树木和遥远的海景。透过毛玻璃拱顶，人们能感觉到天空、阳光和绿树，体会到优美带来的快感。但当人们由不显眼的入口，经过自然的长廊，

图3-42 光之教堂入口

最后突然进入主要空间，听到由自己双脚与木地板接触时所发出的声响，看到光明的时候，自然会感受到它所散发出的神圣感与庄严感。从自然到封闭，从封闭到开阔，从黑暗到光明，审美主体的心理震撼是巨大的，崇高之美自然而生，这也与其教堂的宗教属性相匹配。

光之教堂的"崇高"美塑造最主要体现在对光元素"崇高"美的塑造上。光是"存在的愿望，被表达的愿望"（路易斯·康）。光是自然之源，普通而崇高，它普通是因为它触手可得，无时无刻不在照耀着大地。安藤忠雄说，他的墙不用挂画，因为有太阳这位画家为他作画。光之教堂的内部是混凝土的墙，没有多余装饰，显得简洁纯净。礼拜堂正面的混凝土墙壁上，只留出一个十字形切口，呈现出"光的十字架"。根据太阳方位决定的定向性光线随时间的推移而变化地从光十字中泄进来。

"自然光是唯一使建筑成为艺术的光"（路易斯·康）。作为光之教堂视觉中心的光十字（图3-43），将厚重的清水混凝土墙切割成四个部分。光，依着空十字缝，自然地介入，产生

图 3-43 光的十字

了特殊的光影效果，视觉上的效果自然转化成一种精神上的震撼。巨大尺度的光十字代表了光明与希望，代表了黑暗中的温暖。"光的十字架"抽象、洗练、纯粹，信徒置身其中便产生了一种接近上帝、感受到神秘力量的感觉，从而达到对神性崇拜的目的。

不同于西方哥特式教堂的向上式"崇高"美，光之教堂塑造的是一种水平式"崇高"美。光之教堂以坚实、粗糙的材料，静谧、纯粹的空间和抽象、夺目的光元素，塑造出神圣、庄严的宗教空间效果，让审美主体找到了宁静与震撼的复杂体验，让主体精神升华，体会到"崇高"美的价值。

万神庙和光之教堂，从建筑形式、材料、技术等角度入手，通过对比手法，使建筑的强烈变化投射在观者的感觉和内心之中，由此产生了观者的惊叹和崇敬之情，建筑也因此表现出"崇高"之美。

3.3 放浪形骸之滑稽
——解构主义和非线性建筑

走出教堂时，我在门廊里站住，抬头仰视，看拱在门楣上方如何结顶。出人意料的效果，强烈的印象。这是创作上的天翻地覆，这是一场乱七八糟，这也是末日审判。因为装饰高出拱，建筑便像是被拆开了似的：有些上升，有些坠落。这一切，是有天塌地陷的气势。在具体布局的颠三倒四上，又加上了看着它的人心里七颠八倒：观者的姿态古怪，斜到四分之三的角度，而且方寸全乱。而这些，依然美！——狂乱的时刻。

——【法】奥古斯都·罗丹

这个展览计划从扰乱了纯粹形式的美梦中标志着一个不同的感官性。这些建筑计划之所以被称为解构就是它有能力干扰我们对形式的思考模式。各位建筑师汇聚于此，为现代建筑发掘潜能，创造一个个充满跳跃色彩的作品。

——【美】菲利浦·约翰逊

3.3.1 滑稽与建筑

① 李主杰. 美育教程. 郑州：大象出版社，2008.

　　滑稽是审美范畴的一种。西方传统美学认为：滑稽是一种以倒错、悖理、乖谬等外在形态，展现貌似高尚堂皇、庄重严肃的东西的无价值，从而引发智慧的笑的审美范畴。对审美客体来说，它包含某种反常、不合理的因素；对审美主体来说，它建立在主体对丑的形式背后客观规律性达到了理性认识的基础上。"丑乃是滑稽的根源和本质"（车尔尼雪夫斯基），"喜剧将人生无价值的东西撕破给人看"（鲁迅）。本性的丑、行为的无价值，是滑稽产生的根源。在理性主义的西方传统美学将丑拒之门外多年后，尼采宣布了"美之死"时，"丑"从此诞生了①。在建筑领域，从 20 世纪 80 年代开始，后现代主义、解构主义等建筑流派以"丑"、"非理性"为主体，掀起了建筑审美价值观上的革命。这其中以 20 世纪 80 年代兴起的解构主义设计思潮为代表，它把"滑稽"提上了与"优美"同等的位置（图 3-44）。

图 3-44　滑稽与建筑
（美国纽约库珀联合大学新教学楼）

20 世纪 80 年代解构主义设计思潮源于哲学家德里达对语言学中结构主义的批判。德里达在《立场》中说，解构"就是通过结构化的概念谱系来开展工作……通过这种既诚恳又暴烈、既瞻前又顾后的运动最终不仅会产生某种文本的活动和作品，而且也会带来最大程度的快乐。"①在德里达看来，西方的哲学历史原型是"在场的形而上学"，逻各斯（logos）是一切的中心和支配，背离逻各斯就意味着走向谬误。与逻各斯中心主义相对，解构主义就是打破现有的单元化的秩序，创造更为合理的秩序。例如德国设计师英戈·莫端尔设计的一盏名为波卡·米塞里亚的吊灯，以瓷器爆炸的慢动作影片为蓝本，将瓷器"解构"成了灯罩，别具一格（图 3-45a）。解构主义是对传统美学范畴"优美"的批判继承，颠倒、重构既有关系，从逻辑上否定传统的基本法则，由此产生新的美学范畴——滑稽。

3.3.2　解构主义

解构主义思潮在建筑领域的表现则是抛弃传统美学特征和规律——"优美"，转而追求一种无序、悖理的特征，凸显出传统"优美"的无价值。解构主义突破了古典建筑的静态自律性和现代建筑的动态自律性，表达了动态的、非自律性的特征。库哈斯说："我们合并的智慧是滑稽的。根据德里达的观点，我们不可能是'整一的'；根据鲍据拉德的观点，我们不可能是'真实的'；根据维里利奥的观点，我们不可能是'存在的'。"解构主义建筑的特点是反中心、反整体、反规则和对原有秩序的"消解"。德里达曾指出，所谓"消解"，第一阶段是"颠倒"，改变事物原有的主次关系，甚至将完整的建筑拆解成多个离散、独立的单元；第二阶段是"改变"，即建立新的概念，将拆解的单元重新按不稳定、不完整、不对称的形象建构起来，以使建筑表现出动态效果及组织结构的不完整性。解构主义认

① 约翰·斯特罗克. 结构主义以来. 英国：牛津大学出版社，1998.

为建筑是一个过程，而不仅仅是一个稳定的实体①，具体手法则是对原有结构体系和元素的分解、重组，表现出不确定、不完整和运动感。梁、板、柱等不是传统结构意义上的承重构件，而是生成新的关系的一种符号，它的意义带有一种模糊性和矛盾性。比如彼得·艾森曼在住宅 10 号（图 3-45b）中就对传统的形式几何核心提出了质疑。

 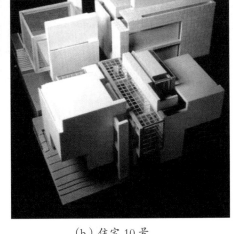

（a）波卡·米塞里亚吊灯　　　　　　　　（b）住宅 10 号

图 3-45　解构主义思潮

　　"解构主义建筑在挖掘建筑的表现性潜力方面可以说比历史上一切表现主义建筑走得更远。在这里，建筑更多的成为建筑师表达思想、哲学和美学的一种工具，甚至成为影射当代西方社会异化的精神和病态的体制的寓象。"②从实质上看，解构主义是后现代时期的一种探索形式，解构主义不是真的"解构"，它的作用在于改变了建筑领域的审美方式。在解构主义看来，个体的审美更大于整体的审美。解构主义拓宽了建筑审美范畴，将丑怪、滑稽引入到建筑审美中；丰富了建筑形式美的规律。无中心、不规则、无序的形式也可以产生美，这种美就是"滑稽美"（图 3-46）。

① 张楠. 当代建筑创作手法解析：多元+
　聚合. 北京：中国建筑工业出版社，
　2003.
② 万书元. 解构主义建筑美学初论. 南京
　理工大学学报，2002（2）.

（a）特拉维夫艺术博物馆

（b）曼谷大学 BU Landmark Complex

（c）House in Abiko

图 3-46　解构主义与滑稽

　　解构主义的重要代表人物有彼得·艾森曼、伯纳德·屈米、弗兰克·盖里、扎哈·哈迪德、丹尼尔·里伯斯金等人。下面从其中两位建筑师伯纳德·屈米和弗兰克·盖里的作品中找寻解构主义建筑的滑稽美。

　　（1）伯纳德·屈米

　　伯纳德·屈米是世界著名建筑评论家、设计师。在其专著《电影剧本》和《曼哈顿手稿》中，他声称当代建筑的固有理念已经走向终结。他认为建筑不是为功能服务的美学形式，建筑形式与发生在建筑中的事件没有固定的联系。屈米颠覆了传统基于几何学形态的设计方法，序列、空间和文化氛围被重新组合，具体方法则是通过变形、重叠和交叉等方法，建立层次模糊、不明确的空间（图3-47）。例如在东京国立剧院设计中，传统的剧院结构被打散再组合；在"玻璃影像

（a）香港城市大学邵逸夫创意媒体中心

（b）丹佛艺术博物馆的扩建工程

（c）美国辛辛那提的"罗布林大桥坡度"大厦

图3-47　屈米作品

画廊"设计中，墙与地平线、内部空间与外部空间的关系被颠覆；在艺术传媒中心和建筑学校，大空间被用来挑战传统的建筑次序和使用功能；在 ZKM 艺术与传媒技术中心的设计竞赛中，纯粹的形式被否定；在 Kansai 机场设计竞赛、洛桑桥梁城市和 Bibliothequede 法国设计竞赛中，建筑交叠程序被运用①。

拉·维莱特公园是屈米解构风格的成名之作。拉·维莱特公园位于巴黎东北角，那里是远离城市中心区的边缘地带。1982年，拉·维莱特公园国际性方案招标的设计纲要明确要求要将拉·维莱特公园建成具有深刻思想内涵、广泛及多元文化性的新型城市公园②，它将是一件在艺术表现形式上"无法归类"的，并由杰出的设计师们共同完成的作品。这个设计要求与屈米的设计思想不谋而合。

屈米设计了拉·维莱特公园中的"镜园"、"恐怖童话园"、"少年园"和"龙园"。"镜园"的设计是在欧洲赤松林和枫树林中竖立 20 块整体石碑，一侧贴有镜面，镜子内外景色相映成趣，使人难辨真假；"恐怖童话园"则以音乐来唤起人们从童话中获得的人生第一次"恐怖"经历；"少年园"以一系列非常雕塑化和形象化的游戏设施来吸引少年们，另外架设在运河上的"独木桥"让少年们体会到了走钢丝的感觉；最后，"龙园"中以一条巨龙为造型的滑梯，吸引着儿童及成年人跃跃欲试③。

拉·维莱特公园的设计打乱了传统设计中基本的点、线、面形式，重新选择了无联系的随机元素（图 3-48）。传统结构、审美的整体观被抛弃，各种要素分解后被机械的几何结构重组，拉·维莱特公园的设计显示出随机性与偶然性。

拉·维莱特公园颠覆了以往公园的传统功能与形象，以独特、非常规的设计手法塑造了新形象。公园中的红色构筑物以立方体为基本形体而随意变化、组合，显示出多样性和非理性，表现出个性张扬的滑稽美（图 3-49）。

① 《大师系列》丛书编辑部. 伯纳德·屈米的作品与思想. 北京：中国电力出版社，2006.
② 唐贤巩，王佩之. 景观设计基础. 哈尔滨：哈尔滨工程大学出版社，2008.
③ 金磊. 建筑科学与文化. 北京：科学技术文献出版社，1999.

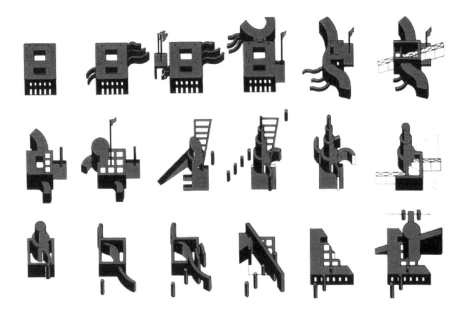

图 3-48　拉·维莱特公园的解构

图 3-49　拉·维莱特公园

① 徐守珩. 道·设计：建筑中的线索与秩序. 北京. 机械工业出版社，2013.

（2）弗兰克·盖里

弗兰克·盖里是当代著名的解构主义建筑师，被认为是世界上第一个解构主义建筑设计师。盖里的设计作品不仅包括公共建筑、住宅、公园，还包括家具等。

在弗兰克·盖里的作品（图 3-50）中，传统建筑形式和构件的抽象片断被抽取，并采取拼贴、混杂、并置、错位、模糊边界、去中心化、非等级化、无向度性等手段进行重新组合①，

（a）舞蹈的房子

（b）艺术中心

（c）Vitra 家具博物馆

图 3-50　盖里的作品

建筑与美

显示出棱角、倾斜、旋转、断裂的视觉效果。形式与功能的剥离造成抽象的结构，使他的建筑呈现出不明确、超现实的气息。明显与模糊、自然与人工、新与旧、晦暗与透明的对照①，使他被誉为"建筑界的毕加索"。

盖里最著名的作品，是位于西班牙的毕尔巴鄂古根海姆博物馆（图 3-51）。该博物馆占地面积 24000 平方米，陈列空间有 11000 平方米，分成 19 个展示厅。不同于以往的传统材料，古根海姆博物馆的外墙采用了钛金属板。这种金属材料增加了整体的动态和滑稽美。博物馆的中庭里雕塑性的屋顶，不同于以往建筑高直空间的几何秩序性，显示出抽象和模糊性。

图 3-51 毕尔巴鄂古根海姆博物馆

毕尔巴鄂古根海姆博物馆的基本形体是不规则曲面体，体块经过旋转、交叉后，形成了扭曲而极富力感的空间（图 3-52）。难怪拉斐尔·莫尼欧说道："没有任何人类建筑杰作能像这座建筑一般如同火焰在燃烧。"这些复杂的形体看似滑稽，却富含理性的优美：邻水北侧的曲面体呼应了河水的水平流动感；南侧主入口则打碎建筑体量过渡尺度的方法与之协调；临高架路另一端设计了一座高塔，使建筑对高架桥形成包揽、涵纳之势。这些都显示了滑稽作为审美范畴的一种，

① 陈琦，邵巍巍. 设计与艺术赏析. 沈阳：辽宁美术出版社，2005.

图 3–52　毕尔巴鄂古根海姆博物馆中庭

解构只是其方法和手段，对传统"优美"的反叛和思考才是其最终目的。

3.3.3　非线性建筑

现代心理学研究表明，艺术审美快感源于审美对象与审美者的大脑思维同构。大脑思维是一种非线性的混沌状态，艺术审美受到非线性思维的影响，呈现出非线性的特征。非线性建筑的审美同样呈现出这样的特点。

非线性建筑的理论基础是 20 世纪 60 年代出现的非线性科学理论（即复杂科学理论）。20 世纪后现代哲学家吉尔·德勒兹的去中心学说对其发展起到主导性作用。吉尔·德勒兹是仅有的未受结构语言洗礼的后结构主义思想家，他否定中心化、总体化，强调"即刻性"、"偶然性"，将本能欲望看成是生产性的、积极的、主动的、创造性的、非中心性的、非整体性的。到了 20 世纪 90 年代末，建筑师们利用计算机技术将这些理论运用到建筑设计上，其中斯蒂芬·霍尔在美国匡溪的自然科学博物馆加建过程中运用"奇异吸引子"图式进行建筑流线设计，是混沌理论在设计中的应用；丹尼尔·里伯斯金的阿尔伯特博物馆设计是分形几何在建筑设计中应用的范例（图3-53）；彼得·埃森曼在其后期作品中，放弃了在形式与功能之间、形式与先验之间一一对应的线性关系，尝试通过各种叠加与置换方法创造具有相当不确定性与弱联系的建筑空间①。这些设计方法使非线性建筑异彩纷呈。

（a）匡溪自然博物馆

（b）阿尔伯特博物馆

图 3-53 非线性建筑

非线性建筑理论认为：建筑是个复杂、多变、开放的系统，对内部性能和外部环境的需求使建筑设计需要对各种影响要素进行分析。影响因素的复杂性、矛盾性、模糊性和不确定性使建筑设计始终处在动态的过程中，建筑也必须与这种过程保持一致。建筑形态的生成实际上是随着设计过程而产生的（图3-54），通过这种"过程设计"产生的建筑是各种影响因子决定的产物，是唯一的、最适应自身和环境的建筑。

正如查尔斯·詹克斯所言："非线性建筑将在复杂科学的引导下，成为下一个千年的一场重要的建筑运动，不管这场运动最终发展的结果如何，他们都是对牛顿经典科学以及常规建筑形式的一次反叛。"非线性建筑表现出的无序与有序、虚拟与现

① 孔宇航. 非线性有机建筑. 北京：中国建筑工业出版社，2012.

第三章 建筑审美范畴

（a）上海喜马拉雅中心

（b）香奈儿移动艺术展览馆

图 3-54　过程建筑

实、折叠、平滑混合和柔性、变形等表现形式虽然都是对传统审美的颠覆，却是建立在新的科学技术基础上的审美。这种审美含有貌似"滑稽"、实则"优美"的成分。

在辛辛那提视觉艺术中心（图3-55）设计中，传统建筑设计中的内外二分的逻辑被抛弃，建筑师采用锯齿形首尾衔接的3幢原有建筑及通道为原型，通过复制两个相同的锯齿形，并将其做异相旋转、倾斜、搭接和替换，在平面和立面上显示出一种运动轨迹，犹如电视屏幕上的图像。但这些谜一样的锯齿线不仅与原有建筑产生关联，而且还顺应了基地的等高线，并不是强加的抽象的概念。因此，一组模糊、模棱两可、既内又外的中性建筑产生了①。

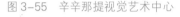

图 3-55　辛辛那提视觉艺术中心

伊东丰雄设计的仙台多媒体中心（图3-56）被誉为跨越21世纪近代建筑的杰出代表。现代建筑的梁柱体系在这里被推翻，转而被柱和平面的组合代替。柱是网状通透的白色筒体，一共13根，最粗的4根分别布置在建筑物四角，另外9根随意排布，柱管直径、倾斜角度、轮廓不尽相同，独特、透明、不稳定的柱管从下到上贯通建筑，空气、阳光、声音和视线自然穿

① 张建涛，刘韶军. 设计与外部环境. 天津：天津大学出版社，2002.

图3-56 仙台多媒体中心

流其中。建筑主要外立面是一面巨大的双层玻璃幕墙，外层的玻璃超出了建筑物本身的体积，和透明的柱管一起，加强了建筑透明、漂浮和转瞬即逝的感觉。建筑一层的巨大玻璃墙板可以进行折叠，折叠后，建筑底层地面和马路的地面浑然一体。阳光透过郁郁葱葱的树丛洒进来，内外的界限和建筑的实体变得模糊。虽然人身处建筑中，却很自然地享受城市的气息，仿佛走在室外的街道上，城市的公共空间很自然地融入在多媒体中心中，多媒体中心也成为城市空间的一部分。建筑的内部几乎没有墙壁，没有特定功能标识的"空白空间"让功能变得流动和模糊，人和家具成为定义空间的主宰。伊东丰雄说："好的建筑就像一棵树。"仙台多媒体中心如同林间树木，白色、透明的柱管勾勒出自然景观的线条，仿佛自然之中的自由选择，悠闲而随意。

对内部性能和外部环境的需求的分析使仙台多媒体中心呈现出形态的自由和受内在逻辑控制的严谨，自然有序的建筑结构和空间是自然合理选择的结果。仙台多媒体中心打破了20世纪现代主义建筑固有的模式，以其"无屏障空间"向建筑的非物质性、渐逝性和短暂性的新理念迈出了第一步。

梅塞德斯-奔驰博物馆（图3-57）采用独特的双螺旋结构和超大的无柱空间，其复杂的几何结构，从草案初稿到完工，都是基于三维数据模型而设计的。双螺旋结构自然演变为参

图 3-57 梅塞德斯 – 奔驰博物馆

观的"两条线":"传奇区域"的时间线和"收藏区域"的多样
线。大约 80 米长的平缓坡道连接起"传奇区域"的时间线,参
观者可以随时在两条参观路线之间转换,两条参观路线都结束
于"竞赛和记录"区域。在这里,几乎占据所有空间的急剧倾
斜弯道变成了垂直的圆柱墙。

　　建筑鬼才扎哈·哈迪德的设计也体现了非线性设计的精髓。
"她扩展了建筑空间表达的可能性,其复杂的建筑充分展现了她
的创新能力"(罗夫·菲尔鲍姆)。她设计的德国 Phaeno 科技中
心(图 3-58)被称为"建筑的冒险乐园"和"魔术盒"。从微
微起伏的地势营造出的架空空间,扭曲的地板、天花板,软化
的墙体,类似"爆炸点的序列"的内部空间,自由的参观路线,
增强了建筑的开放性、自由性和随意性[1],复杂、动感的空间实
现了连续性的视觉效果。同样,在虹桥 SOHO(图 3-59)的设
计中,哈迪德将中国书法"形意合一"的精神运用其中,四个
扭曲拉长的体量使动感、抽象的建筑形态一气呵成,而数字技
术的运用使建筑呈现出自由、流动和滑稽的美。

　　位于奥地利 Hainburg 的马丁路德教堂(图 3-60)形状犹如
一个巨大的钟表,祈祷室的屋顶设计更是别具风格,设计灵感
来源于周边罗马风格的建筑形态,并运用现代技术加以演化,
从而形成富有流动感的滑稽造型和空间。巨人网络集团公司总
部(图 3-61)则根据景观平面的起伏进行形态折叠,开放的建

图 3-58　德国 Phaeno 科技中心

① 尹国均. 建筑事件,解构6人. 重庆:
西南师范大学出版社,2008.

图 3-59　虹桥 SOHO

图 3-60　马丁路德教堂

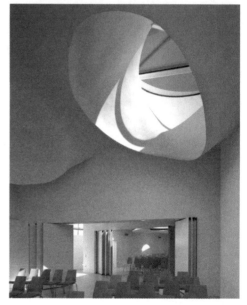

图 3-61　巨人网络集团公司总部

筑语汇和起伏的形态使空间趣味多变，也使建筑自然地融入基地之中，显得滑稽又优美。

在 Dupli.Casa 私人别墅（图 3-62）中，建筑将形态进行复制变形和交叉组合，底层维持原有基本形态，第三层旋转 225° 变形，这样恰巧在中间造就了一个半公共性质的二层空间。"液化"的手法使建筑圆润而自由，天花、地面和墙面避免同质化而巧妙融于一体。建筑空间流畅而整体化，建筑由此呈现出自由、滑稽的特征。

设计团队 Parabol Studio 将其设计的斯洛文尼亚马里博尔的美术馆（图 3-63）定义为"感性的扭曲"。四个独立的拓扑元素对应着单独的主题：儿童博物馆、建筑博物馆、创意工业

图 3-62 Dupli.Casa 私人别墅

图 3-63 斯洛文尼亚马里博尔的美术馆

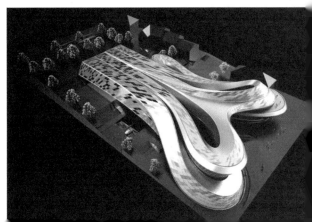

博物馆以及数字美术馆。独立主题通过连续循环而融为一体，使空间既开放又封闭。连续流动的建筑形体使新美术馆与城市之间形成富有活力的纽带，显得动感而滑稽。

非线性建筑自下而上、内外一体的特点打破了欧几里德几何的传统空间概念，塑造了动态、偶然、非中心的空间系统。非线性建筑是对快速化、全球化、交叉化、片段化、模糊性等当代生活特点的回应。它表现出支离破碎、模棱两可的矛盾性，即外在形态的自由和受内在逻辑控制的拘束。从审美角度看，非线性建筑有着建立在内在逻辑上的结构骨架，看似滑稽，实则优美，是优美特质上的滑稽。

解构主义建筑和非线性建筑，表现出内在合理、外在反常的特征，其外在形态的"放浪形骸"只是滑稽的表象，其内在的思想体系才是滑稽的根源，可以说，"放浪形骸"是其外在特征，更是其内在本质。

3.4 殊形诡制之怪诞
——朗香教堂

形式的富丽、怪异、大胆、纤巧、庞大，正好投合病态的
幻想所产生的夸张的情绪与好奇心。这一类的心灵需要强烈、
复杂、古怪、过火、变化多端的刺激。

——【法】丹纳（《艺术哲学》）

3.4.1 怪诞与建筑

怪诞的意思是"离奇虚妄"。15 世纪末在罗马挖掘狄图公
共浴室的地下部分时发现了一种前所未见的古罗马时期的绘画
装饰图案，其中动物与植物、人与怪兽 "共生"在一起。由于
这些画是从洞穴中发现的，因此意大利人就在"grotta"（洞穴）
的基础上制造一个新词"grottesco"来命名这种绘画，译成中文
就是"怪诞"[①]。

怪诞是西方存在主义哲学的一种世界观。怪诞表达了对人
生活于其中的世界的新的不可解脱的困惑和不理解，以及对人
类生存状态的无意义、无价值的独特的人生体验。存在主义哲
学家阿尔伯特·卡谬说："一个能够用理性解释的世界，不管有

① 叶廷芳. 论怪诞之美. 文学研究，
1993（4）.

着什么毛病，仍然是人们熟悉的世界。但是，在一个突然剥夺了幻想和光明的宇宙里，人感到自己是陌生人。他的境遇就像一种无可挽回的终身流放，因为他忘却了所有关于失去的家乡的记忆，也没有乐园即将到来的那种希望。这样一种人与生活的分离……真实地构成了怪诞的感觉。"施太格缪勒在评论海德格尔的思想时指出："人在现代社会里受到威胁的不只是人的一个方面或对世界的一定关系，而是人的整个存在连同他对世界的全部关系都从根本上成为可疑的了，人失去了一切支撑点，一切理性的知识和信仰都崩溃了，所熟悉的亲近之物移向缥缈的远方，留下的只是陷入绝对的孤独和绝望之中的自我。"绝望中寻找希望是怪诞的本源，怪诞也使黑暗与光明从二元对立到融为一体。

怪诞作为一种审美范畴，起源于西方悲剧美学。西方美学认为，怪诞由丑恶和滑稽两种成分构成，具有悲喜剧的审美效应。1827 年，法国作家维克多·雨果在《克伦威尔·序》中视怪诞为一种新型的艺术，他还认为怪诞是由滑稽和恐怖两种因素共同构成的，他认为："一方面，它创造了畸形与可怕；另一方面，创造了可笑与滑稽。它把千种古怪的迷信聚集在宗教的周围，把万般奇美的想象附丽于诗歌之上。是它……使得魔法师在漆黑的午夜跳起可怕的圆舞，也是它，使得撒旦长了两只头角、一双山羊蹄、一对蝙蝠翅膀。是它，总之都是它，它有时在基督教的地狱里，投进一些奇丑的形象，有时则投进一些可笑的形象。"[①] 雨果还指出怪诞的作用是"作为崇高优美的配角和对照"。1957 年，德国学者沃尔夫冈·凯泽尔的《美人和野兽——文学艺术中的怪诞》一书问世，这使得怪诞艺术成为一个独立的审美范畴进入了人们的视野。沃尔夫冈·凯泽尔认为"怪诞创造的异化世界使人们感到恐惧，但由于它以滑稽的手法把恐怖带到了事物的表面，从而又消除了人们的恐惧。他

① 维克多·雨果. 柳鸣九译. 雨果论文学.
上海：上海译文出版社，1980.

在分析怪诞现象时，主要从两方面入手：作品的结构和读者的反应"。

在西方美学中，怪诞也是一种风格。西方古典美学认为怪诞是一种"野蛮风格"，认为怪诞是对自然真实性和科学比例的粗暴破坏。古罗马建筑师维特鲁威在他的《建筑十书》中对奥古斯都统治时期流行的怪诞绘画进行了描述（当时还没有"怪诞"一词来命名这种装饰画的风格），他写道："所有这些取自现实的主题现在都遭到一种无理性的风尚的排斥。因为我们当代的艺术家以一些奇形怪状的形式来装饰墙壁，而没有再现我们所熟悉的世界清晰的形象……在它们的三角楣饰上长着精致的、从根上开出来的花儿，花顶上无缘无故地画着不和谐的小雕像。最后，那细小的花茎支撑着人头或兽头的半身雕像。然而，这些东西过去从未存在过，现在没有，将来也不会有。因为花儿的茎干怎能支撑一个屋顶，烛架怎能支持山花的雕塑呢？娇嫩的幼芽怎能承受雕像的重量，而由花和人体组成的奇形怪状的东西又怎能从根茎和卷须上长出？"[①] 这里，充斥着作者对怪诞这种风格的批评。

怪诞作为一种风格，在文学、戏剧、音乐、舞蹈、绘画、雕塑等方面均有所表现。在西班牙画家萨尔瓦多·达利的名作《记忆的永恒》（图3-64a）中，平静开阔的荒芜海滩上，几只软塌塌的钟表显得疲惫不堪，它们分别被挂在一棵枯死的树枝上、落在不知名的方块上、搭在扭曲的人形怪物上，一个显得正常的红色时钟上却聚集了一群黑色的蚂蚁。在平静得可怕的背景对比下，画面显得格外荒凉，好像是个错乱的虚幻世界，看似随意、实则不近情理的情景让人感觉荒诞不经。另一位超现实主义大师勒内·马格里特常常赋予平常熟悉的物体一种崭新的寓意，或者将不相干的事物扭曲地组合在一起，给人荒诞、幽默的感觉。他的代表作品《天降》（图3-64b）描绘了一些

① 沃尔夫冈·凯泽尔. 曾忠禄，钟翔荔译. 美人和野兽——文学艺术中的怪诞. 陕西：华岳文艺出版社，1987.

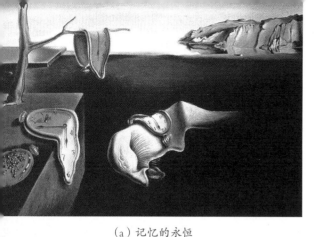
（a）记忆的永恒

（b）天降

图 3-64　怪诞与超现实主义

神情古怪、头戴圆顶高帽的人物从天而降，如同漫天的雪花飘扬在城市上空。画面的形象异常清晰，看似高度写实，细细思考却觉得不可思议，体现了超现实主义画家对于"反常"视觉形象的酷爱。许多物品看似正常，实际上却处在矛盾状态。《天降》具有一种合理夹杂怪诞的美。

受到复杂因素的影响，建筑的形式与空间有着时代的印记，但空间和时间并不一定同步，当两者呈现速度和维度的差异时，怪诞便产生了。新古典主义时期意大利著名的版画家吉奥瓦尼·皮拉内西创作于 1745 年的《卡瑟里异界》（图 3-65）描绘了一系列充满超人力量和神秘气息的地下空间。巨大的拱、错综

图 3-65　卡瑟里异界

复杂并分外险峻的楼梯、庞大的机械装置、混乱而让人迷惑的各种线索同时呈现出令人着迷的视觉品质。这个奇异、混沌的世界，把中世纪的建筑空间氛围同机械联系到了一起，从而表现出让人陌生的空间质感①。现代技术的高速发展为人类提供了对怪诞美学价值更丰富的思考，法国装置艺术家 Serge Salat 在"超越无限"空间装置（图 3-66）中，通过依靠透明材料和镜子、构造分形立方体、用电视屏幕创造一个电子侵入的空间、展现彩色领域和不可能的楼梯及连锁立方体等手法，创建出虚拟与现实叠合的分形艺术，将有限空间无限延伸，在动静之间，创造了一个崭新、迷幻、混沌、惊叹的空间幻象。Serge Salat 这样说明自己的想法："我所创造的是一个另外的世界，它是一个自我的宇宙，既陌生，又似曾相识。"

怪诞的表现形式和表现手段虽然带有某种反常和不合理性，但其内在却有着一定的合理性，这种内在的合理性也是怪诞的审美价值所在。"以反常的不合理的形式和其超现实的表现手段创造出怪异、荒谬的艺术形象。它背离自然的可能性，但不背离内在的可能性。正是这种内在的可能性构成怪诞的魅力。怪诞在揭露外部世界的反常与病态、揭示精神的扭曲与贫乏方面，具有独到的审美功能。"（《辞海》）

怪诞的表现形态随着主体思维态度的不同而发展成两种状态：积极的反叛和消极的虚无。反叛表现为反传统、反人化。反叛的方式有两种：第一种是对自然美的深层向往和对传统社会美的排斥、拒绝。这种思想被建筑中的浪漫主义、自然主义流派等部分地借鉴，西方建筑中的巴洛克风格（图 3-67）便是一种对古典传统风格的反叛。"巴洛克"一词的原意是奇异古怪，古典主义者用它来称呼这种被认为是离经叛道的建筑风格。这种风格在反对僵化的古典形式、追求自由奔放的格调和表达世俗情趣等方面起了重要作用。第二种是对主体存在的意义和

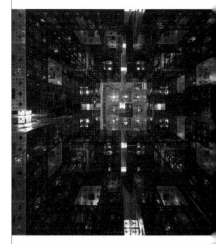

图 3-66　超越无限

① 方晓风. 建筑还是机器？——现代建筑中的机器美学. 装饰, 2010 (4).

图 3-67　巴洛克风格建筑（圣卡罗教堂）

自我价值的思考和反省，这种形态被建筑中的神秘主义、未来主义和建筑现象学等部分地借鉴，比如西班牙建筑师高迪的很多建筑作品就富有怪诞美，许多曾经被我们定义为滑稽的建筑也含有怪诞的成分。

　　怪诞作为一种表现手法和形式也常常被运用到现代建筑创作中。建筑师 Rytis Daukantas 和艺术家 Sacha Sosno 合作的 SOSNO 美术馆（图 3-68）将雕塑的奇特和想象力带入到建筑设计中，创造出一个雕塑化的空间，颠覆了传统建筑"住人的机器"模式，让建筑既可居又可观。日本漫画大师宫崎骏将工业化的痕迹、生活化的空间和怪物的造型结合起来，塑造了一个怪诞的可移动城堡（图 3-69），这是对未来的想象，更是对传统存在方式的思考。法国建筑师文森特·卡勒波特设计的"文森特的漂流城堡"Lilypad（图 3-70），其圆盘、高低错落的造型取自百合花瓣，独特、匪夷所思的想象更像是儒勒·凡尔纳科幻小说《机器岛》中漂浮在海面上的人工岛，使建筑成为自然主义风格和未来主义风格的结合体。Sitbon Architectes 设计的浮游生物农场 Bloom（图 3-71），则是应对全球变暖和海平面上升的建筑。漂浮的半球形太空舱式建筑是自然界植物和动物的杂合体，其自然主义的精神更是渗透到其怪诞的造型中。建筑师 Alexander Remizov 设计的"方舟"项目（图 3-72），是一个生态建筑，有独立的生命支持系统。它可以建造在陆地和海洋上，并可以快

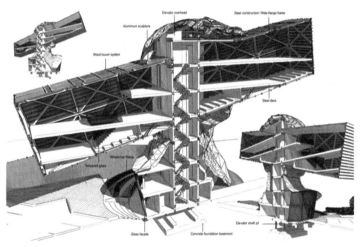

图 3-68　居住雕塑：SOSNO 美术馆

图 3-69　宫崎峻的可移动城堡

图 3-70　梦幻前卫的 Lilypad

第三章　建筑审美范畴

图 3-71　浮游生物农场 Bloom

图 3-72　生态建筑 "方舟"

速地被建成，因结构设计的统一性，它还能抵抗巨大的环境灾难。这是建筑师对自然界的观察和借鉴，也是对未来建筑模式的思考和探索。墨西哥城的地下倒金字塔大楼方案（图 3-73）将传统的建筑形象颠覆，其怪诞的形象下，是设计师对延续墨西哥城的金字塔传统建筑风格和对未来居住、交通的理性思考。

　　虚无则是对人性和现实的忧虑、无目的定位的反映，因而表现出极端、片面的特点。威廉·白瑞德在《非理性的人》中说："事实上，人类遭遇空无（或虚无）之际的情绪和反应，随着不同的人和不同的文化而有很大的差异。中国道家觉得'虚无'使人安详、和谐，甚至愉快。对印度的佛教徒而言，空无的观念令人对在这个无根的存在中受苦受难的万

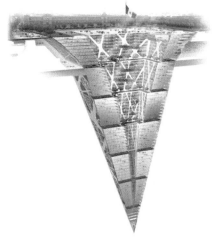

图 3-73　墨西哥城倒金字塔大楼方案

物，兴起普遍的同情。在日本传统的文化中，空无的概念充溢于各种优雅的美感形式里，表现于绘画、建筑乃至日常生活的仪式中。可是西方人，因为被东西、被外物包围，又忙着驾驭它们，所以惶惶躲避任何空无的可能遭遇，并且把对空无的讨论冠之以'消极'的封号——也就是说，道德上不可宽恕的。"日本部分现代建筑（图 3-74）和建筑流派中的极简主义（图 3-75）就受到其影响，期待将二元对立的矛盾转化，用某种简单、直接的语言表达复杂的空间内涵，给人"悟"的空间，带有玄学的意味。

图 3-74　日本某眼科诊所

图 3-75　西班牙 House on the Cliff

　　怪诞这一审美范畴，主要表现在现代派戏剧和小说中。在建筑领域，怪诞表现为自然主义、浪漫主义、未来主义、神秘主义与虚无主义等的怪异结合。怪诞是滑稽的深层表现，是滑稽的特殊形态。怪诞是滑稽的，但滑稽不一定是怪诞的，怪诞带有更多的生存哲学思考，怪诞在初期阶段可能夹杂着滑稽的某些形态。

　　在建筑中，将主体的情感重心游离出逻辑重心，便创造出神秘、富有想象力、怪诞的空间形态。超级雕塑建筑 Luminaria（图 3-76）为人们提供了一个介于子宫和教堂之间氛围的迷宫空间。这个充气结构有着类似伊斯兰建筑的圆顶和类似哥特建筑的尖顶及内部多变的路径、光线和色彩。伦敦的《泰晤士报》曾这样评价它："Luminaria 改变了一个地方，带来神奇的事物，然后悄悄地消失。"赖特设计的贝思·肖洛姆犹太教堂（图 3-77）则以抽象、怪异、未知的动物造型作为屋顶元素，内部则呈现出一个典雅与怪异并存的想象空间。柯布西耶设计的法国圣·皮埃尔小教堂（图 3-78）以充满神秘感、未来感的外部造型和虚幻、漂浮的内部空间，塑造了浪漫、怪诞的教堂沉思空间。维也纳的虚构 Concert Hall（图 3-79）被定义为"恐怖的、反乌托邦的、复古的"建筑，它在视觉上脱离现实，并狡猾的对现今建筑状态施以批评。自然的生长被破坏，通过复杂自由的聚集几何曲面形成非线性的特别空间展现，在美丽与恐怖间营造形态、空间的不稳定感，给人神秘、新奇的空间体验。

图 3-76　Luminaria

建筑与美

图 3-77　贝思·肖洛姆犹太教堂

图 3-78　圣·皮埃尔小教堂

图 3-79　Concert　Hall

图 3-80　朗香教堂

3.4.2　朗香教堂

朗香教堂（图 3-80）被视为现代主义建筑大师勒·柯布西耶的个性之作，其中就体现着深刻的怪诞美。朗香教堂位于法国东部的一座小山顶上，1955 年落成。教堂可容纳 200 余人，教堂前的场地供宗教节日时来此朝拜的教徒使用。

作为柯布西耶后期神秘主义风格的代表作，朗香教堂被建筑史学家尼古拉斯·佩夫斯纳评价为"新非理性主义引起的、最多争议的纪念碑"。朗香教堂是非理性的，是失去一定规则、带有情感色彩的一种"祈祷机器"。它反映了对西方传统建筑空间的反叛，重塑了精神存在的虚无感应空间。朗香教堂表现出一种莫名、不可琢磨的怪诞美，主要体现在两方面：形式的抽象和空间的虚无。

首先，朗香教堂的怪诞美表现在形式的抽象和不可琢磨，它又具体体现在陌生感的塑造和建筑形态的不可读性上。

陌生是相对于熟悉来说的，建筑之所以熟悉，包括生理的内部稳定需求满足和心理的向外需求满足。生理的内部稳定需求是指建筑存在的合理性和均衡性。建筑之所以能生存，在于它能适应所处的环境。它的结构、形式和功能都须服从现存世界的实际条件，例如建筑的各种物理条件。心理的向外需求则是指建筑必须有积极的表现，其中提供精神的需求最为明显，例如对于安全的满足感。

从生理的内部稳定角度看，朗香教堂的陌生感源于：人类对同类的基督教堂感到熟悉，对其中大概的形态、空间已产生了熟悉的印象，突然接触到不熟悉的形象和空间，其内心产生了抵触，进而转变为一种怪诞、陌生的意象。朗香教堂作为教堂，虽然也有屋顶、墙体和门窗等基本构件，但墙体几乎全是弯曲的，有的还倾斜。沉重的屋顶向上翻卷着，它与墙体之间留有一条 40 厘米高的带形空隙。粗糙的白色墙面上随意开着大大小小的方形或矩形的窗洞，上面嵌着彩色玻璃，入口出乎意料地设在卷曲墙面与塔楼交接的夹缝处。朗香教堂摒弃了传统教堂的固有模式和现代建筑的一般手法，平面不规则，造型奇异，让人产生强烈的陌生感（图 3-81）。

从心理的向外需求角度看，朗香教堂的陌生感源于审美心理距离的扩大。人们心理上会不自觉地把朗香教堂同自己以前所见的建筑作比较，其潜意识中的心理差异造成审美心理距离的扩大，并作为一种强烈体验意愿转变为注意力的集中。人们会去发现平面构图上的无规律性、四个立面的不同、窗洞形式的大小不一等不同的特点。朗香教堂正在所谓的似与不似之间达到"离谱"的陌生感。

格式塔心理学家研究证明，人对简单图形的知觉和组织比较容易，从而不费力地得到轻松、舒适之感，但这种感觉比较浅淡；对复杂图形的感知和组织比较困难，它们会唤起一种紧张感，需要进行积极的知觉活动；可是一旦完成之后，紧张感消失，人会得到更多的审美满足。从这个角度讲，朗香教堂符合人的审美心理深层次的要求。

在朗香教堂的设计中，柯布西耶把它当作一件混凝土雕塑作品加以塑造，这造成了建筑形态的不可读性。朗香教堂的平面形状很自由，其看似耳朵的形状符合柯布西耶对朗香教堂的理解："一个'视觉领域的听觉器件'，它应该像（人的）听觉器官一样的柔软、微妙、精确和不容改变。"

朗香教堂的形态的不可读性曾引起无数的联想，有人

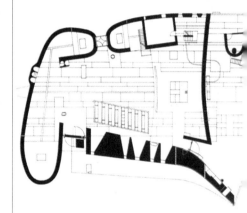

图 3-81　朗香教堂的陌生感

图 3-82　朗香教堂的联想

曾提出以下联想（图 3-82）：合拢的双手、一艘航空母舰、浮水的鸭子、一种修女的帽子及攀肩并立的两个修士等。V. 斯卡里教授又说："朗香教堂能让人联想起一只大钟、一架起飞中的飞机、意大利撒丁岛上某个圣所、一个飞机机翼覆盖的洞穴，它插在地里，指向天空，实体在崩裂、在飞升……"而这些联想都是模糊、不肯定的，在似与不似之间摇摆，感受到的是形态的抽象和不可琢磨，也增加了朗香教堂的趣味性。

　　其次，朗香教堂的怪诞美还表现在空间的虚无塑造上。在朗香教堂中，柯布西耶把重点放在建筑形体和内部空间给人的感受上。不同于传统哥特式教堂的空间，朗香教堂注重内部空间的随意性和自然性。空间是建筑的主体，是教堂精神塑造的重要部分。"解其纷，和其光，同其尘，是谓玄同"（《老

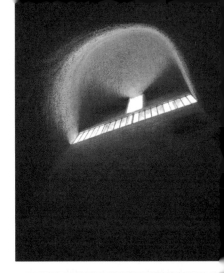

子》）。在朗香教堂中，传统建筑中丰富的表象和修饰被去除，以空气中的尘埃为唯一物质，和着自然光线，在虚无中体现出空间之美（图3-83）。

朗香教堂作为声学器件，使信徒与上帝之间细细交流，使信徒与上帝声息相通，但一切都是无声的，恰如"无言之美"。朗香教堂的室内主要空间为不规则形态，墙面呈弧线形，显得随意、自然，光线透过屋顶与墙面之间的缝隙和镶着彩色玻璃的大大小小的窗洞投射下来，使室内产生了一种寂静的气氛。朗香教堂也在寂静中表现了一种怪诞之美。

无论是建筑形式还是内部空间，朗香教堂都是非常规、非理性的。功能、结构、经济、艺术的一般规律等都无法合理解释它。奇怪、扭曲、复杂、朦胧这些词汇都不能完整表达它，它像是来自远古时代，又像是来自未来世界，它是上帝的产物。朗香教堂的美，是一种怪诞美。

在世界建筑史上，著名的基督教教堂有很多，但这座山中的小小教堂却以其独特的形象、空间和韵味给人强烈、深刻的体验。在这里，功能、技术等都不重要，建筑怪诞的形象和变幻的空间成为主角。殊形诡制的怪诞使其成为20世纪最为震撼、最具有表现力的建筑之一。

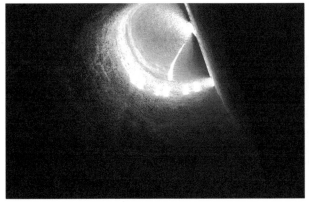

图3-83 朗香教堂的室内

3.5 感同身受之悲剧

——南京大屠杀纪念馆和柏林犹太人博物馆

阴暗的灵魂通过物质接近真理，而且在看见光亮时，阴暗的灵魂就从过去的沉沦中复活。

——【法】苏格

为了使由生到死的过渡不那么突然，这里的居民在地下建造了一座一模一样的城市。

——【意】伊塔洛·卡尔维诺（《看不见的城市》）

3.5.1 悲剧与建筑

悲剧也是西方传统美学的审美范畴之一。悲剧是在戏剧性的矛盾冲突和悲剧性的艺术中表现出对美的肯定，"悲剧将人生的有价值的东西毁灭给人看"（鲁迅）。悲剧是崇高的一种特殊形态，悲剧之美是一种特殊的崇高之美。亚里士多德曾说："悲剧使人产生深沉而巨大的同情共感和心灵震撼，并以其深刻的艺术感染力，给人以激励和启示，从而引发人们深层次的审美感受。"悲剧往往与崇高相联系，悲剧美是对传统审美范畴"崇高"的深刻解读。亚里士多德认为："悲剧是能引起'怜悯'和'恐惧'的审美效果的美学范畴。"

从审美主体来看，悲剧带有偶然性和个别性，例如陆游在《卜算子·咏梅》中以梅花的寂寞和苦争春来比喻自己的境遇，这是个人人生特殊境遇的一种感怀，带有个别性和偶然性。从审美客体看，悲剧又带有必然性。悲剧是"历史的必然要求与这个要求的实际上不可能实现之间的悲剧性冲突"（恩格斯）。这种偶然性与必然性结合，使人们更深刻地体会现实中的未知，并对现实产生一定意义的思考。因此，悲剧美是建立在感性认识和理性思考的基础上的。

在建筑设计中，悲剧美的塑造往往直接采用比拟或寄兴的手法来表达。比如古希腊的科林斯柱式，正是建立在设计师对贫苦女孩的悲惨之死的怜悯和对新生花篮的期望上，从而创造出来的一种特殊造型，富含悲剧美的意蕴。匈牙利建筑师 Maurer Klimes Ákos 设计的 See you 墓石（图3-84）是一个清水混凝土长方体，朝天的一面刻出一个十字状、似人体轮廓的凹痕，雨雪、落叶、花瓣、夜晚的烛光等通过积水的十字映出一天和四季中大自然的变幻万千，生者也可以从水中映射出自己的模样，仿佛与死者进行心灵的交流，感受生与死的对话、天与人的观照，自然之美与人性之美相互交融，从而表现出深刻的崇高美——悲剧美。

图 3-84　See you 墓石

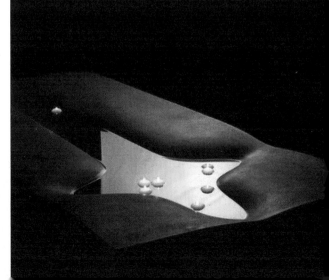

在建筑设计中，设计师们还可以通过赋予建筑造型一定的寓意和空间形象及空间氛围的塑造、转折、变化，以审美者的情感体验和对人性、道德、人生等基本问题的思考，给人激励和启示，使人获得悲剧美的感受；在表现手法上，往往以形体和空间的随机、偶然与深刻、必然的对比，从而引起审美者情绪的冲突、起伏并产生共鸣。

由 Jordi Badia 和 Josep Val 设计的葬礼教堂（图 3-85）以生与死为对照，通过连续倾斜的体块、水与草地的安静氛围、下行的坡道，潜伏于地下的建筑体量以及绿色、充满勃勃生机的草地

图 3-85　葬礼教堂

与蓝色、玄幻的玻璃照影的对比等手法，塑造了特定的静谧、默哀的氛围，表达了对死的悼念、对生的思考。

美国洛杉矶大屠杀博物馆（图3-86）将建筑整体建于地下，形似坟墓的"地下"空间让参观者更能准确地理解那段大劫难的历史。其外表面的"伤痕"与生机勃勃的绿色植物对比，

图 3-86　美国洛杉矶大屠杀博物馆

表达了生与死已成两个世界。博物馆内紧张的布局、低矮的天花板、倾斜粗糙的混凝土墙壁、庄严的过道和顶部微弱的自然光，使建筑弥漫着压抑、窒息的气息，那种死亡边缘的忐忑不安让参观者对过去的劫难如临其境、感同身受。

菲利普·约翰逊设计的约翰·肯尼迪纪念馆（图3-87）以素色石材为单一材料，建筑四面封闭而只留朝天的一面，模仿木质的结构使建筑看起来就像是一间冥思的悼念室，仿佛推开一

图 3-87　约翰·肯尼迪纪念馆

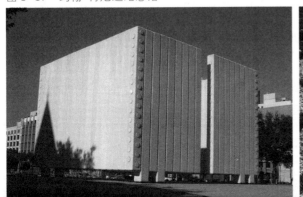

扇吱吱呀呀、年岁已久的木门。建筑通过大面积封闭的空间与窄小裂缝、整体方形与中心圆台、竖向线条与圆形装饰、温暖的阳光与冰冷的石材、光亮与阴影的对比，让身在其中的悼念者感受到生与死可以如此贴近，就如同日和夜一样持续轮回。

　　墓园是生死之间的建筑节点，米拉莱斯设计的伊瓜拉达墓园（图 3-88）被称为现代墓园的典范。墓园的整体布局就像是一条巨大的伤痕，通过简单的几何阵列和矩形排布，以非连续的形态和不稳定的结构获得与环境景观的微妙关联，寓意着生命的张力、无规律和不可预测。不规整的混凝土边线和入口处三个随机、变形、锈迹斑斑的金属十字架界定了这个特定的区域。穿过倾颓的十字架，空间沿着一个坡道不断下沉，看似随意废弃、支离破碎的石碑与腐朽残破的枕木嵌入地下，参差排列却共同指向序列的终点——一个椭圆形的墓区，如同"生命之河"携带着命运的无限可能奔腾而下，最终却在死亡的瞬间凝结①。这个偶然元素和必然结局的对比让观者情绪受到波动，从而对生命与死亡产生思索：死亡只是生命的一部分，它似乎比生命更永恒。墓园的主体埋于大地之下，墓园特定功能

① 华毅. 恩里克·米拉莱斯. 北京：中国三峡出版社，2006.

图 3-88　伊瓜拉达墓园
（生命在光影中轮回）

的弱化和公共性的强化，淡化了生与死的界限，使这座"集体宿舍"显得肃穆而安详。阶梯形倾斜平行的两侧壁龛重新排列了时空，仿佛是回忆生命的街道。小教堂中那些未被定义的空间和不完善的细节带来的"生命"不完整和缺失感，在宁静自然光线下，模糊了生死的距离，让人越发遐思生死的意义。

让我们再从以下几个建筑中，细细体会悲剧美的塑造和体现，它们分别是侵华日军南京大屠杀遇难同胞纪念馆、四川建川博物馆·不屈战俘馆、柏林犹太人博物馆和亚德瓦谢姆大屠杀纪念博物馆。

3.5.2 侵华日军南京大屠杀遇难同胞纪念馆

侵华日军南京大屠杀遇难同胞纪念馆（图3-89）分为原馆和扩建工程，在齐康设计的原馆中，首先借助于"场地"，这是一个有情感的"场"，能表达的"场"；其次借助于"墙"，一个有感染力的"墙"；再次借助于空间的氛围，特殊的序列，给参观者一种历史灾难的显现。地形、场地和雕塑的表达也成为一种不可缺少的环境创作要素。总之，场地、墙、树、建筑、坡边、雕塑等都成为表达环境氛围的要素[①]。在中国传统戏剧表现中，常以"场"为基本组织单位，采用线式结构，将故事段落和情节纵向地串联起来，让事件在线中按顺序排列而向前发展。在南京大屠杀纪念馆原馆设计中，建筑运用了卵石与草地隐喻了死亡与生命的对比，在入口的墙的引导下，进入一段狭窄封闭的通道，转折后自上而下俯瞰整个场地，其终点则是死亡之殿：尸骨陈列室。黑色、灰色的建筑氛围通过残破、挣扎的雕塑来衬托，隐喻死亡的历程和痛苦，引起参观者的同情、悲痛和对人性、道德的深思。

图3-89　南京大屠杀遇难同胞纪念馆

① 齐康. 环境的建筑创作构思："侵华日军南京大屠杀遇难同胞纪念馆"创作设计. 东南大学学报, 1998 (2).

在何镜堂设计的纪念馆扩建工程中，他将战争、杀戮、和平三个概念组合，由东向西呈线性排列，与此相对应的是"断刀"、"死亡之庭"、"铸剑为犁"三个空间意境。纪念馆地形狭长，状如长刀。该设计以"军刀"象征日本帝国主义在中国犯下的滔天罪行，以掩埋在土中的折断的军刀隐喻正义战胜邪恶，象征着中华民族通过艰苦卓绝的奋斗终于战胜侵略者。"死亡之庭"是在原有基础上重组而成，院中的砾石与枯树象征死亡，而触目惊心的新建万人坑遗址更唤醒人们对曾在这块土地上发生的悲惨历史的记忆。和平公园以中国典故"铸剑为犁"纪念碑作为尾声，表达了中国人民奋发向上、祈求和平的良好愿望。建筑空间也由东侧的封闭、与世隔绝过渡到西侧的开敞，与城市自然融为一体①。长长的高墙以围合和扭曲寓意绝望、禁锢和挣扎，断裂开窗寓意伤痕，砂石广场和粗石屋顶（图3-90）

图3-90 南京大屠杀纪念馆扩建工程

寓意生的艰难，巨大的镜子、缓缓流动的水体、漂浮于水面上的烛光则寓意生的希冀。纪念广场、新建纪念馆、遗址现场与冥想厅、和平公园形成的序列空间塑造了"屠城"、"杀戮"、"祈望和平"的空间意境和悲剧美。

① 何镜堂，倪阳. 侵华日军南京大屠杀遇难同胞纪念馆扩建工程创作构思. 建筑学报，2005（9）.

3.5.3 四川建川博物馆·不屈战俘馆

程泰宁设计的四川建川博物馆·不屈战俘馆采用先抑后放（图3-91）的空间处理方法，从而达到悲剧美的塑造效果。战俘馆的入口为一条长26米、宽2.8米的窄巷（图3-92），曲折而封闭。上百张瓷板照片挂在两边的墙上，向人们缓缓诉说历史的故事，参观者的情绪在此开始有所波动。展厅部分采用不规则的建筑形态，犹如自然山石的褶皱、绽裂，锐利刚直的墙体（图3-93）象征不屈战俘的坚贞，而曲折的空间形态寓意战俘命运的多变与未知。狭小、封闭、扭曲的空间，素色混凝土筑成的墙面，冰冷钢板铺设的地面，裸露的钢筋头，高窗，点状采光孔（图3-94），小而深的天井，这些建筑处理与展览内容一起，营造了一种悲怆、沉重的氛围。

图3-92 入口窄巷

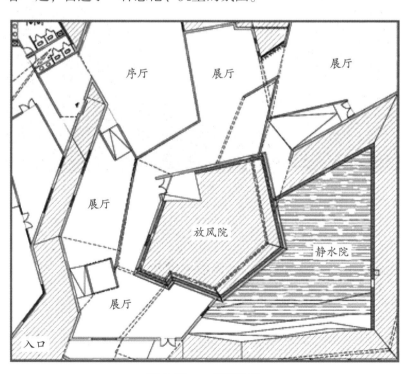

图3-91 一层平面图

图3-93 锐利刚直的墙体

图 3-94　点状采光孔

图 3-95　囚笼

设计在建筑节点处理上也注重情绪空间的转换，在展厅中间转折处设计了一处 8 平方米的囚笼（图 3-95），坚硬冷酷的墙壁和铁栏、挂在墙壁上的铁镣和手铐使空间显得恐怖而压抑，而曲折、线形的平面感觉突然被这个立体的空间打断，参观者心灵自然受到震撼。在压抑的展厅空间中，设计师还设计一处稍大一点的放风院（图 3-96），呈不规则多边形，四周封闭、粗糙的高墙与乱石长出的绿色小草一起，塑造了死的挣扎与生的希望，加上墙壁上的照片、绘画的诉说，让人情由心生、唏嘘不已。

图 3-96　放风院

在建筑序列的尽头，设计师设计了一处拥有约 300 平方米水池的"静水院"（图 3-97），面对平静的水面，参观者压抑的心情在此才得到调节和缓解。出馆口处的墙壁，有一幅不屈女战俘陈本华的照片，她倔强的身姿和微笑让人精神鼓舞而心酸不已，喜忧参半，引人深思。

不同于中国戏剧的表现方式，西方戏剧则以"幕"作为基本组织单位，将剧情的发展切割成若干幕，并让剧情在"幕"

图 3-97 静水院

中作网状交织，以完成全剧，表现出剧情强烈的转折和突变感。丹尼尔·里伯斯金设计的柏林犹太人博物馆和摩西·萨夫迪设计的亚德瓦谢姆大屠杀纪念博物馆就是这样的例子。

3.5.4　柏林犹太人博物馆

柏林犹太人博物馆，是欧洲最大的犹太人历史博物馆，记录与展示德国纳粹分子迫害和屠杀犹太人的历史是展览中重要的组成部分。柏林犹太人博物馆建立在柏林犹太人的复杂历史上，而建筑的悲剧美则通过以下三种方式呈现：

（1）外形的冷酷和平面的扭曲。建筑外形封闭，给人一种禁锢感，建筑外墙采用镀锌铁皮金属板，显得冰冷、生硬，内墙则倾斜，给人一种压抑感。墙上随意开凿的窗洞像是刻痕，又像伤痕，仿佛是刻在身体上的刀疤（图 3-98）。光线透过裂

图 3-98　柏林犹太人博物馆

图3-99 空白空间

痕投射到室内，使空间变得破碎而斑斓，像是禁锢之中渺茫的希望。平面形式采用了极不规则的多重折线，曲曲折折的线喻示着犹太人那段多变、颠沛流离的历史，扭曲、突变的折线给人一种不稳定感和紧迫感，塑造了潜隐的不安氛围。

（2）空白的寓意。建筑锯齿形平面中有一系列空白空间（图3-99），有与无的模糊代表了犹太人面对选择消失或存在的迷茫和痛苦。混凝土的建筑墙体没有任何装饰，一些昏暗、断裂的光，塑造了黑暗、恐怖的氛围。里伯斯金说，正是这种"空缺"，将使"一切在他们的头脑中持续下去"，"没有最后的空间来结束这段历史或告诉观众什么结论"。据说这来自于里伯斯金对著名作曲家阿·舜勒贝格的未完成歌剧的启发：在两个乐章"华丽辉煌"后的第三乐章只是重复演奏，然后是持续的停顿和"空白"，给人无限的遐想。

（3）三条路的选择。观众从地下一层入口进来，将被迫作出选择，选择三条不同的路（图3-100），隐喻黑暗时期犹太人的选择：死亡、逃亡或者共生。"死亡"——通往"大屠杀之塔"。"大屠杀之塔"是一个黑暗的、有回声的塔，阴冷黑暗的狭长空间和微弱的光线使参观者无不感受到大屠杀受害者临终前的绝望与无助。"逃亡"——通往"霍夫曼花园"。"霍夫曼花园"则由49根高低不等的混凝土柱体构成，由于斜坡地面及不垂直的空间感觉，使人感到头晕目眩、步履艰难，使人联想到犹太人流离失所、漂泊不定的沉重经历。每根混凝土排柱顶上均植有树木，表示犹太人生根于国外，充满着新生的希望。"共生"——一部长长的楼梯直通三层展厅。

犹太人博物馆的流线安排是非理性的，从平面的流线上可以看出，3条轴线相互搭接，在中心形成一个三角形的构架，在每个角点上都有4个方向可供选择。所以，3个角点其实可以有12种可供选择的路径。虽然有天花板上光带的指引，但

图 3-100 三条路的选择

在线性的空间里，在一个个锐角的岔口上，是往左、往右还是直走，然后又分别通往哪里？有太多的可能性选择，这或许是设计者希望给参观者造成一种迷乱、折磨的感受，以体会当年犹太人的悲惨遭遇①。无论选择哪条路，只能走下去，没有回头路，这也喻示纳粹分子剥夺了犹太人选择的权利，更凸显了其悲剧性。

3.5.5 亚德瓦谢姆大屠杀纪念博物馆

摩西·萨夫迪设计的亚德瓦谢姆大屠杀纪念博物馆，以"纪念与记忆"为表达主题。纪念馆的名字 Yad Vashem 来自于《圣经》："我必使他们在我殿中、在我墙内，有纪念、有名号，比有儿女的更美，我必赐他们永远的名，不能剪除。"纪念馆的标识是一根树枝，树干由冰冷的铁丝制成，上端绽放着两片生机勃勃、嫩绿的橄榄叶，其寓意为禁锢、生命和希望。

主体建筑纪念馆为三角形的长廊，三角形的尖锐象征着冲突和不可调和。同时，三角形也代表犹太教大卫星的一部分，也是为了纪念由于大屠杀而死去的全球半数犹太人。设计者将这座总面积 4000 多平方米的三角形建筑几乎全部置于地下（图 3-101b），粗糙的混凝土地面和墙面使建筑透露出冰冷阴森和没有人情味的恐怖氛围，仿佛纳粹的死亡集中营。

① 董春方，李宇，陈曦. 建筑设计中的非理性因素：体验柏林犹太人博物馆. 世界建筑，2006（3）.

纪念馆入口为封闭、规整的三角形，而纪念馆出口则为两片弧形墙，禁锢与自由就如同这个建筑的两端，穿过这段地下黑暗，尽头就是光明。展厅沿着长廊以"Z"字形布置，自然光透过顶部细长的天窗，塑造出昏暗、迷离的空间（图3-101a），诠释出大屠杀时期的黑暗和无助。

　　展厅的端点是人名厅（图3-102），一个巨大的圆锥体罩在中央，圆锥体内侧墙壁上整齐地镌刻着300万名遭屠杀的犹太人的名字，悬挂着部分人的照片，圆锥体的下方是积水的深坑，仿佛是万丈深渊。裸露的天然岩床隐喻那些无名的殉难者，与倒映在水面上的照片、名字一起，感觉模糊又遥不可及。

　　纪念堂（图3-103）的墙壁以粗大石块垒成，光线从素混凝土筑成的屋顶四周隐约透出，昏暗中燃着一盏灯，显得神秘而忧伤。儿童厅（图3-104）里边则更加昏暗，无数天真可爱的儿童的黑白照片，在参观者摸索前行的路上一一浮现，单一纯粹

（a）内部

（b）鸟瞰

图3-101　亚德瓦谢姆大屠杀纪念博物馆

的空间让位于这些照片，飘忽的氛围给予观者更深刻的哀痛。

诚然，在建筑设计中，悲剧美的塑造往往建立在审美者的心理冲突和深刻思考之上，而建筑形象和空间的表达是其媒介。悲剧美作为一种特殊的崇高之美，必然给人更深刻的体验，也必然具有独特的审美价值。

图 3-103　纪念堂

图 3-104　儿童厅

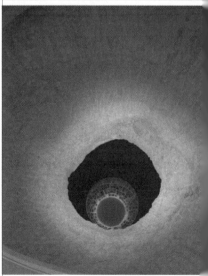

图 3-102　人名厅

3.6 时代之镜与审美
——当代建筑审美范畴

建筑应该是时代的镜子。

——【法】勒·柯布西耶

建筑如果不能表现内心深处的感受，就什么都不是；如果完全不同的事物争相要发声，那么在建筑上的表现也必然不一样。

——【美】克拉姆

全球化的发展趋势、多元化的文化思潮使当代建筑审美观念呈现出多元化、复杂化的特点。"到了当代，以前西方建筑美学发展二律背反的紧张轮回似乎得到了缓解，美的主体与客体、此岸与彼岸、终极与过程间的差别都不是那么重要，有关美的判断标准越来越多元。"[1]建筑审美的范畴也大大拓展，传统建筑审美的范畴和时代精神及审美观呈现交叉、融合的状态（图 3-105）。当代一些建筑夹杂着多重、多种审美语汇，不仅仅涉及形式，还包括空间、环境角色等，建筑审美也呈现模糊性和摇摆性。有的建筑从外部看是滑稽的，其内部功能或空间

① 王辉. 西方当代建筑美学发展——西方建筑美学形与意（三）. 世界建筑, 2011（11）.

图 3-105　现代主义教堂

（用现代建筑语言诠释新时代的神圣，是当代建筑审美特点之一）

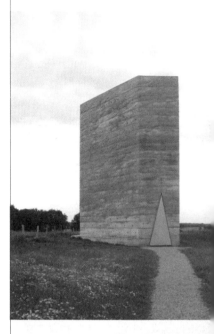

图 3-106　Bruder　Klaus 的小教堂

则是理性和优美的，比如盖里设计的毕尔巴鄂古根海姆博物馆，其外部造型是动态扭曲的，而主要空间则是规则的，以便于功能的布置。有的建筑外部是规则和优美的，内部空间则是迷幻和怪诞的，比如彼得·卒姆托设计的 Bruder Klaus 的小教堂（图 3-106），外部形式非常规则和简单，内部则充满空灵感和怪诞美。

　　审美观念的变迁和发展使建筑审美范畴的内涵和外延均产生了变化。在内涵上，建筑审美范畴更趋向于"快感"的体验；在外延上，则强调对审美元素的"重译"和"重构"。从形式和空间表现上看，当代建筑审美除了优美、滑稽、怪诞等基本范畴外，还表现为以下几个方面。

3.6.1　崇高与优美的融合

　　崇高与优美的融合从时间维度上看是对未知与已知的向往，从空间维度上看是对天与地的憧憬和对山与水的礼敬。人的记忆和抽象表现力在其中起着至关重要的作用。人们对未知世界的向往和对已知世界的确认存在一定的距离，这种距离感使人们不得不通过艺术手法去表现。大自然中一些崇高的事物给了人们创作的启发（图3-107），而人的自身尺度决定了建筑的优

图3-107 崇高与优美

（b）草原帐篷

（a）石头山

（c）海滨城市

美特质，于是崇高与优美就在这里产生了冲突。距离与冲突在一定的阶段会达到一个制衡点，这时，崇高与优美就达到了奇妙的统一。

现代派的建筑大师们早就在建筑创作中塑造了这一特征，例如赖特设计的草原式住宅（图3-108）表现出对大地的眷恋，它们匍匐于大地之上，显得安静而从容；贝聿铭设计的美国国家大气研究中心则从形态、尺度上对科罗拉多山加以呼应，大气而不失典雅。而当代建筑更是从自然与人的复杂关系中汲取灵感，创造了丰富的建筑形态美，演奏着那些崇高与优美的二重奏。

在挪威登山中心方案的设计（图3-109）中，建筑设计师以人工物——建筑的全新诠释达到对自然物——山的崇敬。建筑几何形体特征鲜明强烈，像两座并排的山峰，在环境中显得非常耀眼而又很自然。高的那座山峰的屋顶被斜着切了一刀，露出一个切面，这里设置了阶梯状的观景台，供人们饱览周边群山胜景。内部大厅的语言与外部一致，干净大片的斜面则主导着优美的空间语态。

图 3-108 草原式住宅

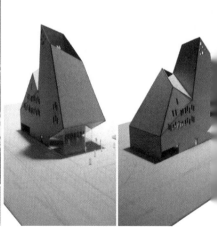

图 3-109 挪威登山中心

Salewa 总部大楼（图 3-110）坐落在意大利 Bolzano，建筑体量高低起伏，节奏明快，与四周环绕的群山形态呼应，同时建筑又以抽象的"山"的形象，成为城市的地标性建筑，因此建筑显得既优雅又大气。Safdie Architects 事务所设计的卡尔沙遗产中心（图 3-111）被一座峡谷分隔，起伏的屋顶模仿了喜马拉雅山的形状，从峡谷穿过的河流则为建筑群引入了一个引人入胜的水上花园，使建筑显得生机勃勃，优美动听。澳大利亚联邦议会大厦（图 3-112）则是以另外一种方式建立起与山的联系，建筑位于堪培拉的首都山顶，建筑主体形态与首都山的起伏状相吻合，山顶便是大厦的屋顶，屋顶的钢构架以虚构的方式给人们以无尽优美的想象空间。

图 3-110　Salewa 总部大楼

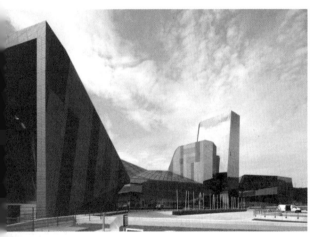

图 3-111　卡尔沙遗产中心

图 3-112 澳大利亚联邦议会大厦

摩天大楼、大跨度建筑的大量建造都是建立
在当代社会对未知太空的探索与对地下空间的开
拓基础上。苏格兰议会大厦（图 3-113）屋顶形
态是对山的崇高美的呼应，其整体造型和内部空
间则又凸显个性的优美。在 Westin Regina 度假旅
馆（图 3-114）中，粗犷的形式和艳丽的色彩与
沙漠、海滨的地理属性相匹配，内部空间则被塑
造成为一个优美的栖居所——沙漠中的绿洲、海
滨的避风港。日本梅田天空之城（图 3-115）是
对天空的无比向往和对那些未知的空间的探索，
而架构的建筑则显露出现代科技的优美痕迹。在
日本建筑师高松伸设计的月亮塔（图 3-116）中，
半圆形基座上的垂直流线被顶部巨大的圆盘卡住，
直线的流动感被圆形转化而静止，仿佛月亮慢慢
上升至悬挂天空的过程，象征化的手法使建筑张
力十足，在油然而生的崇高美中富含着恬静优雅，
优美与崇高共存。在夏威夷第一中心（图 3-117）
中，建筑有着两面景观要素——山和海，建筑通
过外部造型的不同处理——东向垂直线条和南向
水平线条，来表达对山与水的礼敬，整体规则的

图 3-113　苏格兰议会大厦

图 3-114　Westin Regina 度假旅馆

图 3-115 天空之城

图 3-116 月亮塔

图 3-117 夏威夷第一中心

线条又使建筑有着优美的韵律。

位于里约热内卢的 Roca 农场教堂（图 3-118）被誉为"灵魂的栖息所"。建筑优美的特质是由精致的木结构以及石、钢、透明玻璃等材料通过细致的组合来诠释的。美丽的河景与山景通过建筑与场地的刻意布置，自然融入建筑中。通透的视野、丰富的质感、变幻的光线，使建筑崇高的一面很自然地被表现出来。BCDM Architects 设计的圣家族神殿（图 3-119）也是相似的例子。其建筑由一排排拱形的木条和金属组成，透出细致而精巧的优美。水从大门入口处流出，喻示着"主的聆听"。静谧的草原和河谷使灵魂受到洗涤，感受到恍如隔世的崇高美。

图 3-118　Roca 农场教堂

图 3-119　圣家族神殿

在梅塞尔化石坑游客信息中心（图3-120）中，一层一层按照岩层地质形态设计的建筑形态，是对山和岩石的敬礼。嵌入地下的建筑空间创造了一个独特的空间体验，身处其中，游客仿佛漫步于地下，感受到神秘的崇高美。同时，建筑层层叠叠的外部造型与内部空间的丰富多变也营造出自然、优美的形态和氛围。

图3-120　梅塞尔化石坑游客信息中心

3.6.2　优美与滑稽的矛盾

从时间点看，传统审美范畴也有着相互转化的可能，现代的"滑稽"可能是未来的"优美"，而现代的"崇高"也可能是未来的"滑稽"。大约120年前，一场关于埃菲尔铁塔"丑"与"美"的争论在巴黎城闹得沸沸扬扬，甚至以小仲马、莫泊桑、优斯曼等为首的300多名文学、艺术界人士联名签署抗议书，要求拆毁这个"丑陋的畸形怪物"。然而，最终埃菲尔铁塔非但没有被拆掉，反而在后来的岁月里引领了新的建筑美学范式，甚至成为整个巴黎的象征，成为一个代表19世纪之科学与文化的伟大符号——"美"与"丑"在这里发生了戏剧性的颠覆[①]。同埃菲尔铁塔、卢浮宫玻璃金字塔一样，1969年蓬

① 高钮探，韩青. 从埃菲尔铁塔现象看建筑与科学、艺术之间的关系. 建筑学报（学术论文专刊），2010.

皮杜文化艺术中心建成后，巴黎一片哗然。它在建成后的很长时间内一直被称为"怪物"，人们认为它滑稽可笑，然而，随着时间的推移，人们开始逐渐接受它，并认同它也有"优美"的一面。这就是未来与传统的交融、优美与滑稽的转变。

德国 Otto Bock 公司大厦（图 3-121）也是优美与滑稽的矛盾体，建筑方正的体块源于对周围规则建筑的尊重，有着现代主义的"优美"。而匹配于不规则地段的流畅柔和线条，则源于电脑对形体的计算与模拟，有着非线性建筑的滑稽美。同样，蓝天组设计的慕尼黑 BMW 公司客户接待中心的外部形态（图 3-122）也有着非线性建筑的滑稽之美，自然光线又刻画出内部结构构件的细致和精美。

Zufferey 斜住宅（图 3-123）身处大山和田野之间，方正的体块有着强烈的规则感，室外的大自然一并被玻璃窗框进室内。而另一方面，倾斜的形态则显得极端和夸张。它矗立在那里，仿佛是一枚随意丢弃、失去平衡的大石块。它的形态看似与背景中的山有着某种形态上的关联，

图 3-121　德国 Otto Bock 公司大厦

图 3-122　慕尼黑 BMW 公司客户接待中心

图 3-123　Zufferey 斜住宅

奇特却又那么自然。在荷兰的 Theater Agora（图 3-124）中，建筑理性的使用要求（视觉、听觉等）被设计者通过戏剧化的形体和空间表现出来，复杂的雕塑空间与现代音响技术完美结合。建筑夸张多变的形体、大胆的色彩、丰富的肌理，赋予了建筑奔放不羁的性格。

图 3-124　Theater Agora

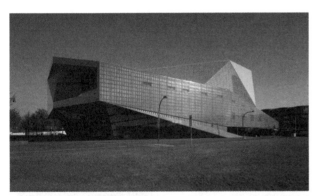

世界著名移动通信网络公司沃达丰的葡萄牙总部大楼（图3-125）拥有一个由许多折面组成的混凝土外壳，外壳上面嵌着不规则的角形窗。建筑以扭曲变形、富有动感的形态来反映沃达丰的信条："沃达丰生活，运动的生活。"设计者提出的设计理念含有滑稽美的特质——整个建筑体看起来就像某个来自外太空的物体猛撞地球后，由于速度大，有一部分陷入了地下。

建筑奇特的外部形态颠覆了现代主义建筑的传统三段式构造关系，墙、屋顶、窗户这些元素被凹凸不平的"切割"几何形体冲击而重新构建，扭曲、不稳定的元素达到一种动态、三维、连续的视觉平衡。纯净的材料质感、曲折的线条和锐利的形体给建筑以现代、前卫的形象，而室内那些重新排列的天花板和墙面却营造出温馨而优美的空间氛围。

Renzo Piano 设计的 California Academy of Sciences（图3-126）仿佛是从场地下生长出来的，"山"形建筑屋顶模仿自然的山势地形，正如 Renzo Piano 所说："'绿色屋

（a）内部

（b）外部

图3-125　沃达丰葡萄牙总部

建筑与美

（a）外部

（b）内部

（c）节点

图 3-126 California Academy of Sciences

顶'相当于把一座公园的一部分抬高，然后在下面盖一栋楼"。建筑在视觉、功能上与公园的自然环境融为一体。7个大小不等的隆起山丘赋予了建筑奇特的外观。建筑的内部空间则是古典主义、现代主义与未来主义的组合，建筑自然、奇幻却又透露出人文的气息，好像是一个优美与滑稽的矛盾体。

3.6.3　内与外

　　建筑与环境的关系是建筑审美的永恒话题，在自然美与社会美、技术美与艺术美的对话中，建筑总是脱离不了与环境的相互依存关系。那么，到底建筑是环境的一部分、建筑该融于环境呢，还是建筑该以自己独特的空间特质来影响环境、作为环境的主角呢？这是当今建筑审美中一个回避不了的话题。优美也好，崇高也好，滑稽也好，建筑的内外两面需求都要满足，探索满足建筑两面需求的途径是许多当代设计师创作时所追求的。建筑既要内省，又要外显；既要尊重基地，又要注重个性。外部要与地块的属性契合，内部则要塑造出建筑的丰富多彩，做到内部空间与外部环境相照应，这样的建筑才是美的。这种美游离于建筑基本审美范畴之外，又蕴涵其中，我们可以称之为"权衡美"。

　　在德国的 House R（图 3-127）住宅中，建筑面向外部的一面墙壁可以根据需要调整自己的"表情"。需要与外部环境沟通时，它可以打开，展现自己透明的一面；而需要私密性空间时，它可以关闭，作为一个保护性容器。在比利时的"BVA 住宅"中（图 3-128），由于两侧都有紧邻的建筑物，只留给建筑前后两个面。建筑前后两个面则采用了不同的表皮处理方式，临街的一面是完全封闭的，以保证室内私密性，而朝向后庭院的一面则完全开放，以保证与环境的亲近。

图 3-127　House R

图 3-128　BVA 住宅

　　建筑该尊重环境还是凸显个性，也许我们还可以从以下几个例子中得到一些启示。蓝色的街角住宅（图 3-129）位于日本滋贺县的工业区内，建筑周围的工业区、住宅区等留给住宅一个尖锐的三角区域，这也决定了建筑不同寻常的外形。建筑运用了混凝土、石材、玻璃等材料，并采用了现代拼图式的处理方式，塑造出一个富有现代感和个性的建筑轮廓，清晰、锐利地填充了城市留出的空白，却又好像剥离于城市框架。在周围这些规矩的建筑布局中，建筑显得超凡脱俗而富有超现实主义色彩。

（a）总平面

图 3-129　蓝色的街角住宅

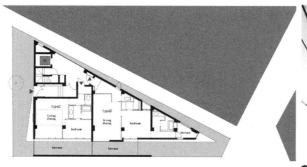

（b）平面

（c）外部

不同于保罗·安德鲁设计的中国国家大剧院，菲利普·萨米设计的瓦隆林业中心（图 3-130）虽然也采用蛋形结构，但这种独特结构是与不规则的地块契合的最佳形式，它不破坏周边环境而又能与之协调。建筑位于橡木林中的蛋形外壳是以双层拱结构支撑，玻璃板固定在拱结构上，光线和能量通过双层玻璃结构进行调节和控制，这样既达到了建筑内部的舒适要求，又使外部以独特的形式与环境融合。在苏丹冥想亭（图 3-131）

图 3-130　瓦隆林业中心

图 3-131　苏丹冥想亭

中，外部造型采用规则形式的建筑，由卵石与水围合而成，水影投射在纯白的墙面上，并随时间静静地演变；内部空间则通过光与材料的处理，使蓝天和阳光透过编织的屋顶和缝隙，洒下斑驳的光影，充满沉思和隽永。

Mario Botta 设计的 Tschuggen Bergoase 温泉（图 3-132）将建筑嵌入山体中，钢架结构仿佛是山形、树形、滑雪板，又让人浮想到教堂的尖拱，有着熟悉而陌生、怪诞而优美的外形。从外观看，透明的玻璃使建筑显得轻盈剔透；进入内部，人们逐渐发现其优美的内涵：三角形枫木天花、波浪形灰色条形石板墙壁、充足的自然光线、清澈透底的水与开放的空间，使建筑内部显得静谧、宁静，加上瀑布、人工洞穴，使人在建筑内部就可以感受四季的风情。

（a）外部

3.6.4 小还是大

建筑本是特定地域、特定时间段的产物，体现了某些特定人群的审美趋向。然而随着文化视阈的扩大，建筑在地域、时间上开始呈现出交叉和融合的趋势，建筑审美也趋向于大众化。建筑审美回避不了面临的问题：建筑审美取向究竟应该是小还是大？小还是大在空间轴上意味着建筑究竟是地域的还是全球的，从时间轴上还意味着建筑究竟是传统的还是现代的。很多现代建筑师对这一命题进行了探索和解答。例如贝聿铭设计的美国国家大气研究中心（图 3-133）继承了传统，结合了地域特征，却以现代的技术手法实现，证明建筑是时间轴上的产物，既是地域的，也是全球的。同样，伦佐·皮亚诺在吉巴欧文化中心（图 3-134）的设计中，通过传统、地域的形式和现代技术手法的结合回答了这一命题：建筑小还是大是目的，但不是手段，建筑内在的表达与外在的形式在某种情况下可以达到平衡。

（b）内部

图 3-132　Tschuggen Bergoase 温泉

在 Daniel Libeskind 设计的 Dresden Museum of Military History（图 3-135）中，现代的元素、材料以新颖的形态和空间处理方式与老馆产生某种时空的对话。的确，每个时代都应该有着自己独特的语言，局限于传统的模仿是低级、拙劣的。

在 Léonce Georges 社区活动中心（图 3-136）中，原有建筑的平面布局、当地的砌石、木构架和屋顶陶瓷瓦片都得到保留，连同建造新建筑的当地杉木一起，反映了该地区的农业文化。尖角形的屋顶界定了新建筑，与老建筑的屋顶相呼应，同时提供了充足的室内采光。现代建筑结构和技术带来的独立支撑、大空间与折叠墙，也使使用需求得到最大的满足。

图 3-133　国家大气研究中心

图 3-134　吉巴欧文化中心

图 3-135　Dresden Museum of Military History

在美国遗产中心与艺术博物馆（图 3-137）中，小尺度的建筑体量与外部山脉等大尺度的自然环境形成对比，圆锥体的几何形式，恰好隐喻了美国印第安人的古老的建筑传统，既与地景合二为一，又明确地表明了人造建筑物的存在。

出身于工匠家庭和拥有多年建筑古迹保护工作经验的彼得·卒姆托则以一种全新的角度对待传统与现代的关系。在《审思建筑》中，他这样说："一件建筑作品形成的创造性行为超越了所有历史和技术的知识。"普利兹克奖委员会认为："他发展了建筑伟大的整体性和永恒性：不为一时的潮流和狂热所侵蚀。"他立足于与时代对话的建筑新思想，创作出许多值得深思的作

图 3-136　Léonce Georges 社区活动中心

图 3-137　美国遗产中心与艺术博物馆

品。在瓦尔斯温泉浴场（图 3-138）中，山谷、东方浴室、采石场这些传统的、地域的印象给了卒姆托思考的基点。他将这种温馨、宁静的氛围用简洁的现代建筑语言进行塑造，将当地材料——片麻岩经过切割打磨，并重新拼接排列，使建筑在原有的质感上被赋予了新的形式。

在科隆柯伦巴艺术博物馆（图 3-139）中，"二战"中被毁的哥特式教堂的残垣、古罗马及中世纪建筑的石头废墟、1950 年建造的小教堂等记载着科隆历史的遗迹被成功缝合成一座新的建筑。彼得·卒姆托注重历史遗留的每个细节，并运用了传统和现代的建筑元素，尤其是砖——这种跨越时空的材料在这里被小心翼翼地砌筑，透过缝隙的光线赋予这座残垣断壁之上的新建筑以时空交错的迷离感。普利兹克奖委员会这样称赞科隆柯伦巴艺术博物馆的设计："一件令人吃惊的现代艺术品，但是同时和其原有的历史脉络融为一体。"

3.6.5　多还是少

随着技术的发展，现代主义建筑使人们摆脱了传统结构形式的束缚，建筑形象也日趋简洁，反映了工业时代的特征。而生于信息社会的后现代主义则宣布"现代建筑已死"，它以复杂性语汇来强调文化的价值，建筑表现出拼凑、叠加等效果，表

图 3-138　瓦尔斯温泉浴场　　　　　　　　图 3-139　科隆柯伦巴艺术博物馆

建筑与美

现了信息时代的复杂、多元。

从建筑的本体性来说，建筑有自己的发展规律，其附加上的价值并不能作为建筑之根本，后现代主义的手法并不是高明的手法，而只是对现代主义建筑一元化的思考。与后现代主义所说的相反，现代主义建筑并没有死，而是呈现出勃勃生机的趋势，当代流行的极少主义就是其中的代表之一。

与现代主义建筑的"少就是多"的工业化需求不同，极少主义更强调哲学和艺术的简单、纯净，这种简单和纯净是对时代复杂性的抨击和否定；它着意拂去表象的复杂性，转向对内在、本质的思考；它表现为动态、凌乱被静态、精巧代替，去繁从简，让材料、空间这些建筑最本质元素成为建筑的主角。

多米尼克·佩罗设计的柏林奥林匹克赛车馆–游泳馆（图3-140）将建筑体量弱化，方形、圆形建筑的室内则赋予了材料更精致的"纯净"表现。德国慕尼黑戈兹美术馆（图3-141）以外部几何造型的简洁和内部墙体、地面、天花的平实处理著称，它采用玻璃、木板等材料和细致、精美的构造，体现了后工业时代强调材料和技术的时代特征。

图3-140　柏林奥林匹克赛车馆 – 游泳馆

图 3-141　戈兹美术馆

　　然而，多还是少并不是绝对的，没有真正意义上的少，也没有真正意义上的多。现代主义强调"少就是多"，其少并不是目的，建筑的功能才是其最终要求。后现代主义强调复杂性和矛盾性，其多并不是目的，建筑的文化表征才是其最终要求。从建筑的本质看，无论是什么风格、什么类型的建筑，建筑的空间才是主角。Complesso Parrocchiale San Paolo（图 3-142）是位于意大利的一所教堂，其外形为简单的正方体，立面开了几个不规则的窗，显得简单至极，而结构构件、不规则形窗户及灯具错落有致，自然光和人工光相映生辉，使内部空间显得丰富多彩，表现出"少"与"多"的完美统一。

图 3-142　Complesso Parrocchiale San Paolo

建筑与美

作为特定时代产物的建筑是生产力水平的集中体现，技术和材料只是手段，人们的需求才是建筑变化的依据。菲利普·约翰逊设计的电话电报大楼是后现代的皮、现代的骨，其最终追求的不外乎时代背景下的使用需求和审美需求。毕竟，建筑并不能脱离时代的制约。求简还是求繁不是问题，时代发展带来了审美观的变迁，建筑理应适应时代的呼唤。

3.6.6　优美与怪诞之对答

优美与怪诞像是一个物体的两面，是传统美学与现代美学的最直接表达。优美与怪诞之对答，是典雅、逻辑的审美观被现代社会冲击、颠覆，以新的秩序发言。当代社会的理性与感性的交叉使优美与怪诞这对孪生兄弟携手，以求更全面地表达时代的复杂性。在绝对与相对、静态与动态、有机与无序的对话中，材料、技术和空间这些建筑基本语素被重新构建并以新颖的面貌示人，建筑审美范畴拓展出新的领域。

广州市歌剧院（图3-143）有着怪诞的外形，被称为"圆

图3-143　广州市歌剧院

润双砾"，但其不规则的巨石形状是为了与山丘、珠江沿岸地块属性相契合。建筑采用现代的材料、技术，营造出新颖的内部空间，看似怪诞，实则优美，是优美与怪诞之对答。彼得·卒姆托设计的还愿堂（图3-144），外部规则方正，内部用自然、人工材料搭起一个简洁的锥形结构，原始的内部形态和粗犷的材料质感以及从开放的高塔顶端投射出的光线，这些都使建筑空间显得熟悉而陌生，从而营造出了迷幻、怪诞的内部空间。

妹岛和世的作品则是对电子时代的虚拟体验的应答，轻盈、透明的材料，传统物质界面和空间的消隐，将虚幻的精神体验带入到建筑中。她所设计的金泽21世纪美术馆（图3-145），以圆形、透明的地盘安置大小、高低不同的立方体和圆柱体，简洁的玻璃墙体使建筑显得轻巧、漂浮、虚无，传统的封闭空间被解体并以新的方式组合，开放使建筑实体"消失"，转而注重内部纯净、体验的空间。在台中大都会歌剧院（图3-146）的设计中，伊东丰雄"不再执着于原有线性或曲面建筑，而是超越原来几何学的模式。而过去机械式的美学思考，也转为全新的电

图 3-144 还愿堂

图 3-145 金泽 21 世纪美术馆

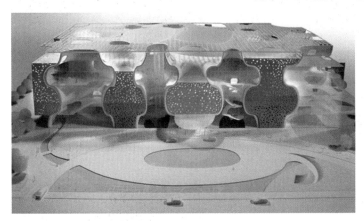
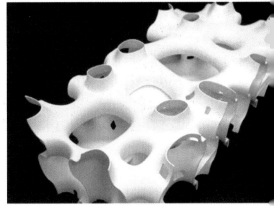

图 3-146 台中大都会歌剧院

子美学形式"(伊东丰雄)。这个炫丽怪诞的建筑以其抽象的"海绵体"形态和流动、优雅的空间,让市民可以感受时代的脉搏。

　　隈研吾的作品（图 3-147）则探讨了混沌建筑的思想,"像云一样散开,并且像薄雾一样消失"的微粒充斥着空间,不断变化。这种混沌的状态使其作品中呈现出无限可能的混合。木头、米纸、石头、陶瓷、玻璃这些材料被打散,充斥其中的光、空气等自然元素使建筑变得朦胧而幻变,就像这个现实而怪诞的世界。

　　的确,作为时代之镜的建筑必然与时代的特征契合,多元化、复杂化的时代审美观也使建筑审美范畴变得更加丰富和模糊。

（a）栃木县高根泽集市

（b）山口县"木佛博物馆"

（c）北京"竹墙"

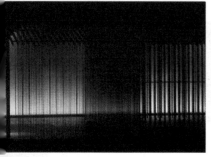

（d）栃木县那须市博物馆

（e）静冈县水上玻璃建筑

（f）银山温泉藤屋旅馆

图 3-147　隈研吾的作品

（g）中国新津志博物馆

（h）Lotus House

第四章 建筑形式美的规律

建筑形式美是建筑『美』的最直接体现。建筑形式美是指构成建筑物的物质材料的自然属性及其组合规律所呈现出来的审美特性。建筑是由实体组成的空间，由于加入时间因素，使建筑形式美呈现出多维、复杂、动态的特点。

本章以建筑形式美为切入点，通过建筑实例介绍了几何和形体、主从与对比、节奏与韵律、比例与尺度、具象和抽象、虚实与层次等建筑形式美的基本规律，试图从纷繁复杂的建筑中寻找一些共同的形式美特点。

4.1 变化与统一
——建筑形式美及其规律

建筑形式是体量与空间的联系点……建筑形式、质感、材料、光与影的调节、色彩，所有要素汇集在一起，就能够表达空间的品质或精神。

——【美】E·N·培根

就外在的概念而言，每一根独立的线或绘画的形就是一种元素。就内在的概念而言，元素不是形本身，而是活跃在其中的内在张力。

——【俄】康定斯基

4.1.1 建筑形式美

马克思在《1844 年经济学哲学手稿》中说："动物只是按照它所属的那个物种尺度和需要来进行塑造，而人则懂得按照任何物种的尺度来进行生产，并且随时随地都能用内在固有的尺度来衡量对象，所以人也按照美的规律来塑造。""按照美的规律来塑造"是人类的追求，也使美学从一门独立学科转变为多门学科的交叉。形式美正是人们在寻求美的规律的过程中形成的，是人们在长期的生活、生产、宗教、艺术等活动过程中，对自然形式规律不断抽象的象征形式，是具有普遍意义的美感形式（图4-1）。

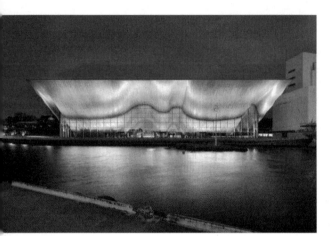

图 4-1　形式美（Kilden 表演艺术中心）

在 2000 多年西方的美学发展进程中，从美的形式到形式美，一直是美学探索的主题之一。早在古希腊时期，毕达哥拉斯学派就探求数的和谐。在古罗马时期，西塞罗认为美在于各部分与整体的比例对称和悦目的颜色。在中世纪，托马斯·阿奎那认为美首先在于形式，他把完整、比例适当、鲜明视为美的三要素。在文艺复兴时期，达·芬奇等大师更注重对形式美构成要素的探讨。从文艺复兴延至 19 世纪末的近代，"形式"成为美学中的一个独立范畴，并自觉地、理性地上升到艺术的本质的高度。黑格尔从"美是理念的感性显现"观点出发，第一次把形式美的构成因素分为感性原料和形式规律两大部分。

在建筑中，"美"包含了"善"的形式和"真"的内容，这就是区分于艺术中"美"的基本点。建筑中体现的"美"，不仅是社会生产不同发展阶段的表征，而且是揭示社会生产力决定生产关系这一基本规律的依据，是判明社会发展形态的物证。与其他学科相比，建筑更要遵循美的规律或法则，建筑"美"不仅仅是"美观"，它包含着功能美、技术美、形式美，而形式美则是建筑"美"的最直接体现，建筑的形式美是建筑功能和技术的外在表现，也反映了时代特征和地方特色等社会经济条件。

在西方美学范畴体系中，"形式"一词是最重要的范畴之一。从词源上说，拉丁文的"形式"（Forma）所替代的是希腊文的两个单词，一是指可见的形式，另一个是指概念的形式，这也促成了"形式"一词含义的多样性；英语中"形式"（Form）的同义词就包括有"形状"（Shape）与"样式"（Figure）等[1]。在建筑美学中，"形式"同样具有十分重要的地位，所谓"形"，指的是以严谨数学规律加以限定的建筑形；所谓"式"，指的是西方古典时代树立的典范与标准。"数"限定着建筑的"形"，成为获得美的基本手段，并通过比例加以限定；作为各阶段美的经典样式，"式"成为基本的追求目标。"形式"借数学之力，既显于外又入于内，既是事物的外观，又是抽象的数的比例和秩序，既是外观又是本质[2]。

建筑形式具体是指建筑的体形和构造。建筑形式美则是指构成建筑物的物质材料的自然属性及其组合规律所呈现出来的审美特性，是建筑美的外在表现。歌德说："大自然创造的是花卉，把它们编成花环的是艺术。"如果我们把建筑的构成要素看作每株花，建筑形式就是花环，那么建筑形式美法则就是编制漂亮的花环的规则。

建筑形式美的构成一般分为两部分：建筑物的各种构成要素和各要素之间的组合规律（形式美法则）。

建筑形式是由构成形式美的各种构成要素组成的，例如构成房屋建筑的形式美的要素是由墙、门、窗、屋顶、台阶等组

① （波）塔达基维奇. 褚朔维译. 西方美学概念史. 北京：学苑出版社，1990.
② 张法. 中西美学与文化精神. 北京：北京大学出版社，1994.

成的，构成桥梁建筑的形式美的要素是由桥跨、桥台、桥墩等组成的，这些构成要素具有一定的形状、大小、色彩、质感等。

形状及大小又可抽象为点、线、面、体。点、线、面、体都具有极富特色的情感表现性，这就是形态，也就是指建筑在一定条件下的表现形式，包含形状和情态。有形必有态，态依附于形，形表现出态。

建筑形态具体体现如下：单点引人注目，两点使视线移动而形成线，三点成面，多点排列有序则形成韵律感，多点非线型排列则形成变化；直线具有力量、稳定、开阔、平静、挺拔、肯定的意味；曲线具有柔和、流畅、活跃、优美的意味；折线具有柔和、突然、转折的意味；正方形具有公正、大方、稳定等意味；正三角形具有稳定、力感等意味；倒三角形具有倾危、不安等意味；圆形具有圆润、完满、封闭等意味；规则形体具有单纯、鲜明的意味，不规则形体则具有活泼、变化、动荡的意味；等等（图4-2）。

色彩也能给人的生理、心理留下特定的刺激信息，具有情感属性，从而形成色彩美。色彩具体又可以分为色相、明度、彩度等几个方面，如红色通常显得热烈奔放、活泼热情、兴奋

（a）Telecommunications Market Commission

（b）天津万科展示和咨询中心

（c）西班牙 Diagonal 诊所

（d）美国贝拉明预备学校

（e）kimball 艺术中心

（f）武汉琴台国际大厦

图 4-2　建筑形态

振作；蓝色显得宁谧、沉重、郁悒、悲哀；绿色显得冷静、平稳、清爽；白色显得纯净、洁白、素雅、哀怨；黄色显得明亮、欢乐；高明度、低彩度显得冷而轻；低明度、高彩度则显得暖而重；等等（图 4-3）。同样，质感也具有情感属性，如细密、光泽的质感显得轻巧；表面粗糙、无光泽的质感则具有较大的量感，显得稳定；等等。

（a）美国波士顿医疗中心

（b）圣爱尔布兰市艺术学院的螺旋楼梯

（c）日本东京巢鸭信用银行常盘台分行

（d）比利时 MWD 艺术学校

图 4-3　色彩美

4.1.2 建筑形式美法则

建筑形式美法则是建筑各种构成要素的形状、大小、色彩、质感等的普遍组合规律。这些规律是人类在创造建筑美的活动中通过不断地了解、熟悉和掌握各种构成要素的特性，并对形式要素之间的联系进行抽象、概括而总结出来的，具体包括主从与重点、对比与微差、均衡与稳定、韵律与节奏、比例与尺度、虚实与层次、具象与抽象、变化与统一。

（1）主从与重点

主从与重点是指建筑形体之间应根据其所起的作用来安排所处的地位，分清主次，突出重点。在建筑单体和建筑群体中都存在一定的主从关系，主要体现在位置的主次、体型及形象上的差异，重点是指视线停留中心。为了强调某一方面，常常选择其中某一部分，运用一定建筑技术与艺术手法，以突出中心地位，如莱斯大学的 Martel College 的入口处理、法兰克福现代艺术博物馆的转角处理（图 4-4）。

在建筑设计中，从平面组合到立面处理，从内部空间到外部体形，从群体布局到细部装饰，为了达到有机统一，都应注意处理好各组成要素之间的主从和重点关系。

主从与重点可以通过轴线、对比、强调等手法来处理。主要表现在：在位置和体量上体现主从；在视觉上体现主从；在设计内容上体现主从；在立面造型、色彩的处理上分清主从；以建筑轴线求得主从关系（图 4-5）；从外饰材料上区分主从关系；等等。

（a）莱斯大学的 Martel College

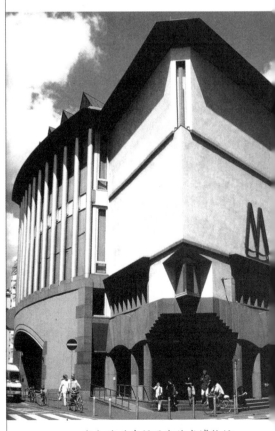

（b）法兰克福现代艺术博物馆

图 4-4　突出重点

（a）圆厅别墅

（b）陕西省博物馆

图 4-5　轴线与对比的手法

（2）对比与微差

　　建筑形式要素之间存在着差异。对比指各要素之间显著的差异，借彼此之间的烘托陪衬来突出各自的特点以求得变化。微差指要素之间不显著的差异，借助相互之间的共性（协调、连续性）求得和谐。就建筑形式美而言，两者都不可少。没有对比会产生单调，而过分强调对比以致失掉了连续性又会造成杂乱。只有把这两者巧妙地结合起来，才能达到既有变化又谐调一致的效果（图 4-6）。

图 4-6　对比与微差

（a）荷兰希尔维瑟姆市政厅

（b）德国乌尔姆市政厅

建 筑 与 美

对比使建筑形式生动而富于活力。在建筑设计中，无论是单体还是群体，整体还是局部，内部空间还是外部形体，为了求得变化，都离不开对比手法的运用。尺度的大与小、形态的曲与直、照度的明与暗、围合界面的质感（图 4-7）与色彩等对比（图 4-8）在古今中外的优秀建筑实例中都得到了广泛的应用。

图 4-7　形态、尺度、质感的对比
（古根海姆美术馆）

图 4-8　色彩的对比
（荷兰 Utrecht　University
大学学生公寓）

对比与微差是相对的，不是简单数值上的差异，而是以人的视觉感受为依据。对比的手法有：体量对比（数量、大小、高低、形状、方向、曲直、横竖等）、虚实对比、记忆对比、质感对比、色彩对比等。对比强烈则变化大，感觉明显，重点突出；对比弱则变化小，易取得相互呼应、协调统一的效果（图 4-9）。因此，在建筑设计中恰当地运用强弱对比是取得统一与变化的有效手段，如中国古典园林正是运用对比手法获得小中见大的效果。

（a）勒·柯布西耶中心

（b）荷兰特文特大学学生公寓

（c）济南"节奏"Stripes

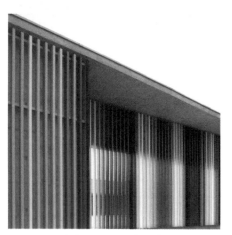

（d）berriozar 幼儿园

（e）Barking Central

图 4-9　对比的强弱

（3）均衡与稳定

均衡与稳定是人在从与重力作斗争的实践中逐渐形成的与重力有联系的审美观念。均衡是建筑物构图中各要素左与右、前与后之间相对轻重关系的处理，表现为同量不同形的形态，是指在特定空间范围内形式诸要素之间保持视觉上力的平衡关系（图4-10）

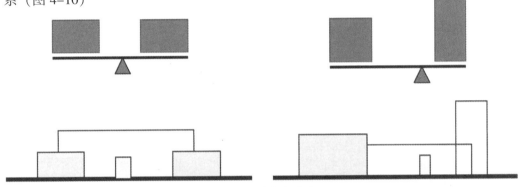

图 4-10　均衡与稳定

均衡是根据形象的大小、轻重、色彩及其他视觉要素的分布作用于视觉判断的一种平衡，主要表现在体量及其与均衡中心的距离上。稳定指建筑物整体上下之间的轻重关系，处于地球重力场内的一切物体只有在重心最低和左右均衡的时候，才有稳定的感觉。下大上小、下重上轻、下实上虚形成的均衡稳定的建筑形式不仅实际上是安全的，而且在感觉上也是舒服的。

均衡分为静态均衡（对称、不对称）和动态均衡。

对称是求得稳定美感的重要形式，表现形式有：轴对称、旋转对称、螺旋对称。对称是同形同量的形态，其本身就是均衡的，对称轴线制约其周围体量与空间，形成以其为中心的统一感。中外很多宫殿、佛寺、陵墓等建筑，都通过对称布局把各独立单体组合成为统一整体，表达了秩序、安静和稳定、庄重与威严等美感。例如北京天坛的祈年殿就是运用了对称手法。祈年殿由于采用圆形平面，因此无论从什么角度观看，建筑都是对称均衡的，取得了稳定而威严的美感。汉斯·霍莱因设计的法兰克福现代艺术博物馆在三角形地形的限制下利用不同的对称手法取得了丰富的建筑立面效果（图4-11）。

图 4-11　对称

（a）法兰克福现代艺术博物馆

（b）天坛祈年殿

　　对称形式由于制约严格，往往不能适应地形、功能等要求，这时就可以采用不对称均衡构图。这种不对称的形式构图，因为没有严格的约束，适应性强，显得生动活泼。如在中国古典园林的设计中，这种形式构图应用比较普遍。

　　对称均衡和不对称均衡形式通常是在静止条件下保持均衡的，故称静态均衡。传统形式美学几乎把静态均衡奉为求得稳定的唯一途径，然而随着建筑技术的进步，由于力学因素的影响，建筑形式有时会要求表现出强烈的运动感和力动性，这时我们就需要采用动态均衡。在台湾公共资讯图书馆设计中，由于采用了流线型设计和三维技术，使建筑呈现出动态、多变的均衡效果。同样，在内蒙古 Yellow River Hotel 方案、荷兰 Nieuw 以及澳大利亚瓦南布尔校园建筑中均采用不同的动态均衡来达到特殊的设计效果（图4-12）。很多桥梁建筑的设计也采用了

建筑与美

（c）荷兰 Nieuw

（a）台湾公共资讯图书馆

（b）内蒙古 Yellow River Hotel

（d）澳大利亚瓦南布尔校园建筑

图 4-12　动态均衡

图 4-13 桥梁建筑中的动态均衡

（a）可汗宫殿室内

（b）巴西总统府"高原宫"

图 4-14 节奏与韵律

动态均衡，例如拱桥由拱形构成，曲线线形的结构构件孕育着力的紧张感，通过动态处理，在保持令人满意的视觉平衡的同时，使桥梁整体产生了优美的力动感，表现了桥梁静态的动势，达到动态的均衡（图 4-13）。

（4）节奏与韵律

节奏与韵律原本是音乐中的词汇。节奏是指音乐中音响节拍轻重缓急有规律的变化和重复，韵律是在节奏的基础上赋予音乐一定的情感色彩。前者着重运动过程中的形态变化，后者注重神韵变化给人以情趣和精神上的满足。节奏是韵律的前奏，韵律是节奏的升华。自然界中的许多事物或现象，例如心脏的跳动、动物的奔跑、水的涟漪、树叶的脉络、蜘蛛结的网，都有一种节奏与韵律美。

建筑形式中的节奏指形式要素的有条理的反复、交替或排列，使人在视觉上感受到动态的连续性。韵律是指当形式要素或特征（如造型、色彩、材质、光线等）以某种规律出现给人们视觉和心理上产生的节奏感觉。节奏是韵律形式的纯化，韵律是节奏形式的深化，节奏富于理性，而韵律则富于感性。

节奏、韵律本身具有条理性、重复性和连续性的特征。因而在建筑形式中运用节奏和韵律的手法，能使建筑形式和空间产生微妙的律动效果，既可以建立起一定的秩序，又可以打破沉闷的气氛，从而创造出生动活泼的整体效果。例如位于乌克兰巴赫齐萨来的可汗宫殿室内和巴西总统府"高原宫"外部造型均采用了节奏与韵律的手法，取得了丰富多彩的视觉效果（图 4-14）。

韵律的基本形式有连续韵律、起伏韵律、渐变韵律和交错韵律。连续韵律指以一种或几种连续要素重复排列形成，各要素之间保持着恒定的距离和关系（图 4-15）；起伏

（a）法国加尔桥

（b）杭州"洋关"

（c）Marin county civic center

图4-15　连续韵律

韵律（图4-16）指渐变的要素按照一定规律时而增、时而减；渐变韵律指连续的要素在某一方面按照一定的秩序变化，例如逐渐加大或缩短、变宽或变窄；交错韵律指一种或几种连续要素按一定规律交织、穿插（图4-17），以达到变化而又统一的效果。

（5）比例与尺度

比例是数量之间的对比关系。建筑形式中的比例是指组合要素本身、各组合要素之间以及某一组合要素与整体之间存在的数的关系。不同的比例关系可以引起不同的美感，比如高而窄的空间显得挺拔、高耸，低而宽的空间显得开阔、平静。所

第四章　建筑形式美的规律

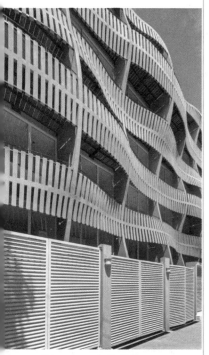

图 4-16 起伏韵律
（Kiral 公寓楼）

图 4-17 交错韵律
（东京 Slit Court 住宅楼）

谓推敲比例，即指通过反复斟酌而寻求整体及要素之间的最佳关系。建筑形式中的一切有关数量的条件，如长短、大小、高矮、粗细、厚薄、轻重等，在搭配得当的原则下，即能产生良好的比例效果。良好的比例一定要反映建筑内在的逻辑性，脱离建筑的物质性能而追求一种绝对的、抽象的比例是不合适的，例如中国的木构建筑与西方的石质建筑，由于材料性能的不同而显示出不同的比例关系；同样是西方的石质建筑，希腊人使用梁柱体系而罗马人运用了拱券技术，因而形成了二者在空间、造型比例上的区别；建于 13 世纪哥特式风格的西班牙托莱多圣马丁桥、英国工业革命后建造的第一座铁桥——英国洛波夏郡乔治铁桥与 2011 年落成的意大利罗马音乐之桥（图 4-18），虽

（a）西班牙托莱多圣马丁桥

（b）英国洛波夏郡乔治铁桥

（c）意大利罗马音乐之桥

图 4-18 比例关系的变化

然都采用拱结构，但由于材料的发展，其比例也大为不同。比例关系也不是绝对的，它随着社会的审美观和审美要求的变化而变化，例如远古时代的空间比例观与信息时代的空间比例观就有着天壤之别。

同比例相联系的是尺度，尺度一般不是指真实的尺寸和大小，而是指建筑物的整体或局部给人感觉上的大小和其真实大小之间的关系问题。尺度的类型有：自然尺度、夸张尺度和亲切尺度。如果感觉尺寸与真实尺寸基本一致，这种尺度就叫作自然尺度，说明建筑形象正确反映建筑物的真实大小，我们日常生活中见到的住宅、学校等，大都是自然尺度；如果感觉尺寸比真实尺寸大，这种尺度就叫作夸张尺度，夸张尺度往往用于一些有特殊功能要求的建筑，比如纪念性的建筑（图 4-19）通过尺度处理，给人以崇高的尺度感；如果感觉尺寸比真实尺寸小，这种尺度就叫作亲切尺度，比如园林建筑（图 4-20），通过尺度缩小化，使人感到小巧玲珑、亲切自然。

图 4-19　夸张尺度

图 4-20　亲切尺度

建筑物及其各部分的尺度和比例，主要由不同功能、不同材料性能和不同结构形式确定的，不同类型和性质的建筑在尺度上也有不同的要求和相应的处理方法。选择适宜的尺度类型和方法来处理具体建筑形式，有助于准确表达建筑物的尺度感。由于尺度是人的感觉上的东西，往往难以准确衡量，只能通过人自身去直接体验，或者通过与人体活动有关的建筑物构件或配件如栏杆、扶手、坐凳、台阶、门窗等来感知（图 4-21），这些构件因有功能要求，尺寸比较确定，所以只有通过不变要素才可以正确显示出建筑物的尺度感，表达建筑物的性格。

（a）明兴格拉德巴赫市博物馆　　　　　　　　（b）Fort Worth 现代艺术博物馆

图 4-21　尺度感的感知

（6）虚实与层次

　　在各种艺术门类中的虚实的概念各有不同。在建筑中，"虚"代表方向、通透，是行为或视线可以通过或穿透的部分；"实"代表遮挡、隐蔽，是行为或视线不能通过或穿透的部分。建筑的虚实包括形态的虚实和空间上的虚实。形态的虚实又包括立面上的虚实和形体上的虚实，而空间上的虚实则表现为空间的层次性（图 4-22）。

立面上的虚与实的概念用物质实体和空间来表述。"虚"指的是立面上的空虚部分如玻璃、门窗洞口、廊、庭院等，它们给人不同程度的空透、开敞、轻盈的感觉；"实"指的是立面上的实体部分，如墙面、屋面、栏板等，它们给人以不同程度的封闭、厚重、坚实的感觉。立面上的虚实又可具体到点、线、面要素上：平面中的墙体、剖面中的屋面、三维空间中的柱体等可以看作实线，平面中的柱廊、潜在的秩序约定（如轴线）等则可以看作虚线；墙体、屋面、基面等封闭感强的面可以看作实面，而三维空间中的柱廊、格栅等开放度高的面则可以看作是虚面；等等。

立面上的虚实关系可以归纳为两个方向上的关系，即左右关系和上下关系，当然包括两者的结合，即斜向关系。虚实的处理手法有：以虚为主、以实为主、虚实交错。"虚"多"实"少，建筑物显得轻盈；"实"多"虚"少，建筑物则显得厚重；"虚""实"交错，并按一定的规律排列，就会造成某种节奏和韵律效果。虚实的处理手法还与建筑物的日照、通风、采光、景观等自然和社会条件有关。

形体的虚实指的是形体的凹凸关系，凹为"虚"，凸为"实"，但这只是相对的。形体上的凹进部分和凸出部分，大都是由功能上、结构构造上的需要形成的。形体上通过各种凹凸部分的处理可以丰富轮廓、加强光影变化、组织节奏韵律、突出重点、增加装饰趣味等。形体的虚实需要通过形体的变化和组合达到。其处理方法同前，只是把面形式替换成体形式，例如墙体利用形体的凸出部分（如阳台、雨篷、楼梯间）与凹入部分（如门洞、凹廊）有规律的变化，取得生动的光影效果，从而获得立体感和雕塑感，如莱斯大学的 Alice Pratt Brown Hall 的墙体处理（图 4-23）。

（a）电报电话大楼

（b）盖蒂中心

图 4-22　建筑的虚实

图 4-23　莱斯大学的 Alice Pratt Brown Hall 的墙体处理

对于建筑来说，形体造就了空间，空间的虚实变化造就了层次感，空间的层次可以分为单视场层次和多视场层次。单视场层次，是指通过同一视野见到的层次，在基本手法上是通过形态的虚实达到的。多视场层次，是指建筑物作多视点感受时的形态印象，其层次感受是通过记忆形象、逻辑思维的对比来完成的。多视场层次可以形成有秩序、有变化的空间节奏（图 4-24）。空间层次表现手法有序列、渗透和母题。其具体形式有：主从关联，包括主体空间统合下的集中

图 4-24　园林中的空间层次（瘦西湖）

式空间和轴线统合下的群体空间；线形关联，由一个线形空间将空间串接成空间序列；辐射式组合，由一个主导的中央空间和环绕四周的线形空间组成，形式有放射形、同心圆、扇形和风车形；母题式组合，借助一种原型空间交替、变化，重复出现，达到和谐统一的效果；网格式组合，空间的组合借助三维的网络骨架而获得规则性；多种组合形式的综合运用。

（7）具象与抽象

具象与抽象是哲学和艺术中常用的词语。具象是建立在表象基础上的，表象是保持在记忆中某一事物的形象，具象则是经过主体体验和思维加工后的形象，它不仅是感知、记忆的结果，而且打上了主体的情感烙印；抽象是从许多事物中，舍弃个别的、非本质的属性，抽出共同的、本质的属性的过程，是形成概念的必要手段。抽象是建立在具象的基础上，经过再加工的具象。

建筑设计在手法上也有具象和抽象之分。具象的表达更多地从"形似"入手，把要表现的对象"原原本本地照搬"出来，使人"望形生意"；抽象表达则利用象征、隐喻等修辞手法使建筑作品与原型对象神似，并留下大量想象空间，使欣赏者通过必要的信息关联来重新解读原型的精神实质，从而与作品产生深层次的精神共鸣。

具象与抽象两种方式很难区分，抽象中包含具象，具象中也有抽象。例如吕彦植设计的南京中山陵，虽说在空间上创造了超凡的意境，但是它的平面却是一个十分具象的"钟"形。任何一个建筑形象都是建立在具象思维的基础上的，又或多或少地包含了抽象因素。

黑格尔认为，建筑的表现本来就是抽象的。但具象与抽象两种方式并没有好坏之分。具象由于表达直接，有时能带来直

265

观的视觉效果。而抽象有时也会因为表达的含糊不清使表达对象模棱两可，让人琢磨不透，更谈不上欣赏了。具象与抽象两种方式只要运用得得当，都会给人带来美的效果和感受，例如耶鲁大学冰球馆采用流动、飞跃造型使人们联系到飞翔的鸟，感受到力动之美，是具象与抽象的完美结合（图4-25）。

图4-25　耶鲁大学冰球馆

（8）变化与统一

变化与统一存在于同一事物中。变化是指事物各部分之间相互矛盾、相互对立的关系，使事物内部产生一定的差异性，产生活跃、运动、新异的感觉。统一是指组成事物整体的各个部分之间，具有呼应、关联、秩序和规律性，形成某种一致的或具有一致趋势的规律。变化必须服从统一，统一中需要有变化。

建筑中的变化与统一应达到有机统一——变化中求统一，统一中求变化。建筑形式由各种形式要素组成，这些要素之间应既有变化，又有联系和秩序。变化体现了各种事物的千差万别，统一则体现了各种事物的共性和整体联系。如果缺乏多样性的变化，则势必流于单调；而如果缺乏和谐与秩序，则必然显得杂乱。由此可见，欲达到多样统一以唤起人们的美感，既不能没有变化，也不能没有秩序。设计者通过合理、灵活地运用形式美规律，进行建筑整体与细部的处理，可以使之达到有机统一的根本原则。

有机统一具体包括：空间与形式的统一；技术与形式的统一；材料与形式的统一；时代（美的观念）与形式的统一。有机统一的方法有：以简单的几何形体取得统一（图4-26）；通过共同的协调要素达到统一；以主从分明而达到统一。

（a）古罗马角斗场（拱形）

（b）中银舱体大厦（方形）

图 4-26　以几何形体取得统一

变化与统一是建筑形式美的基本法则，是形式美的总规律，是对形式美中的主从与重点、对比与微差、均衡与稳定、韵律与节奏、比例与尺度、虚实与层次等规律的集中概括和总体把握，例如中国古典园林里就运用对比、节奏、尺度、虚实与层次的方法，达到静态与动态的变化与统一；圣彼得广场的群体建筑采用对比、节奏、层次等手法，达到主从与重点突出，是变化与统一的完美实例（图 4–27a）；马达思班设计的北京光华路 SOHO 以同一母题进行变化组合，运用现代概念和元素，也取得既变化又统一的效果（图 4–27b）。

（a）圣彼得广场的群体建筑　　　　　　　　（b）北京光华路 SOHO

图 4–27　变化与统一

建筑与美

4.2 几何与形体

——贝聿铭的图形世界

在决定栏栅的形状、茅屋的形状，决定祭坛和其他物件的位置时，他本能地采取直角、轴线、正方形、圆形。因为他不能创造出别的可以使他感到自己正在创造的东西来。因为轴线、圆、直角都是几何真理，都是我们眼睛能够度量和认识的印象；否则就是偶然的，不正常的，任意的。几何学是人类的语言。

立方体、圆锥体、球体、圆柱体或者棱锥体，都是伟大的基本形式，他们明确地反映了这些形状的优越性。这些形状对于我们是鲜明的、实在的、毫不含糊的。由于这个原因，这些形式是美的，而且是最美的形式。

——【法】勒·柯布西耶

所有的建筑都是由形体组成的。形体是指事物具体可感的外在形态。形体的组成及形式美的规律都离不开几何形式与关系。在形式美学中，把几何形式分为点、线、面和体。

4.2.1　点、线、面

在几何学中,点是一个抽象概念。但在可视的图形中,点实际上是一个面,它具有大小、厚薄、规则(圆)与不规则(非圆)等不同类型。人们只是凭视觉的效果,把点同圆或面大致地区别开来。点是最小的视觉元素,在建筑中,它并不独立存在。一个点有吸收视线的收敛效果,成为画面中心;两个点是不稳定的;3个、5个、7个点形成视觉平衡中心;少量点可活跃画面;点的有序排列也会形成韵律感;点的无序排列则会形成凌乱感。点可以组成线或面,通过疏密、聚散等组成方式达到动静、明暗、韵律等视觉效果(图4-28)。

(a) 纽约 McGee 美术馆　　　　　　(b) Blaze by Ian McChesney

图 4-28　线、面的视觉效果

两点成线,线是点的延伸。线具有粗细、长短、横竖、曲直、凸凹、起止、断续、疏密等形态,从而可使人的心理产生动静、快慢、刚柔、节奏等不同的感觉。建筑中各种构件的交接,不同色彩和材料的交接都会形成各式各样的线,如窗台线、雨篷线、檐口线等。线本身具有一种特殊的表现力和多种造型功能:垂直线给人以方向和力的感觉;水平线给人以轻快、舒展的感觉;斜线具有动态的感觉;曲线则显得柔和流畅、轻快活跃;粗犷有力的线,可使建筑显得庄重;纤细的线能使建筑显得轻巧秀丽；粗细线相结合，可使立面生动活泼而富于变化。线的疏密和粗细的变化使立面呈现出一定的韵律感和节奏感。建筑通过线的合理运用，可以达到建筑性格的表达、韵律的组织和比例的权衡（图4-29）等效果。

（a）天津环形塔

（b）La Fabrique 表演艺术中心

（c）墨西哥新 W 酒店

（d）墨西哥利物浦百货大楼

（e）Labels 2

图 4-29　线的表现力

（f）代代木体育场

　　线是用来表现形体的轮廓，面则主要用来表现形体的形状。点组成线，线组成面，面是线的汇聚。线的不同组合可以构成不同形状的面。不同形状的面，能给人以不同的视觉效果和心理反应。一般地，圆形柔和完整，方形方正安稳，正三角形具有稳定感，倒三角形则有倾危感，曲形自由活泼，多边形发散，不规则形则具有活泼、无序、凌乱的感觉（图 4-30）。

（a）菲利普·埃克塞特学院图书馆

（b）康奈尔种植园访问中心

（c）法国艺术中心

（d）乌拉圭工人基督教堂

（e）日本大阪的三层私人白色住宅

（f）澳大利亚布里斯班广场

（g）英国北安普敦郡科比镇市民中心

（h）法国 FITECO 办公楼

图 4-30　面的表现力

4.2.2　体

　　作为形式美要素的体，是点、线、面的有机组合。体同面的关系最为密切。人们观察一个物体，直接作用于视觉的是面。然后，人们凭借不同角度和方位的观察，特别是凭借以往的经验，都可以感知或确定整个物体的形状。

　　体可以分为平面几何体、几何曲面体、自由体、单元组合体和复杂体。

　　由四个以上的平面以及边界直线互相衔接在一起所形成的封闭空间称为平面几何体，如正三角锥体、正四棱锥体、正立方体、长方体、正五棱柱体或其他以平面构成的多面体等（图4-31）。平面几何体的特点是完整、简练、大方、庄重、稳定性强，如埃及金字塔采用正四棱锥体的形式，使建筑显得稳重、高大、宏伟。

(a) 犹太社区中心浴室

(b) 东京都新市政厅

(c) 阿维莱斯尼迈尔中心

(d) 马德里 Carabanchel 住宅群

(e) 美国加州萨克生物研究学院

(f) 圣玛尔塔 Timayui 幼儿园

图 4-31　平面几何体

（a）WDR 新建筑

（b）巴西利亚外交部大楼

图 4-32　几何曲面体

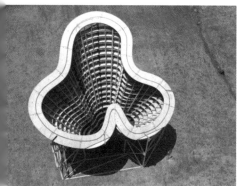

（a）yucca crater

几何曲面体是由几何曲面所构成的方块体或回转体。常见的体型有圆球、圆环、圆柱、圆台及带有几何曲线变化的方体或回转体等。曲面体的特点是既严肃又有变化。如古根汉姆美术馆主体为上大下小的螺旋体，上部有巨大的玻璃穹顶采光，由于体型具有旋转的动感，取得了动态的稳定；戈特弗里德·玻姆设计的 WDR 新建筑以圆锥形为屋顶基本几何体，不仅可以提供自然采光，而且达到了变化和整体的统一；巴西利亚外交部大楼以曲拱作为围廊的基本形体，与水面结合，取得虚实相映的效果（图 4-32）。

自由体包括自由曲面体和自然形体。自由曲面体的特点是既优美活泼，又有较强的秩序。自然形体是客观环境中自然形成的偶然形体，其特点是随意、非理性（图 4-33）。

单元组合体是将建筑形体分解成若干个相同或相似的独立几何体型的单元体，并按照一定的规律组合在一起的体型。单元组合体具备如下特点：体型组合可结合

（b）贝鲁特"Y"型商住大厦

（c）汉堡 Steckelhorn 11 建筑

图 4-33　自由体

建筑与美

环境、地形来随意增减单元体，形成各种体型；体型没有明显的均衡中心及主从关系；单元体连续重复的组合具有强烈的韵律感（图4-34）。在 Taipei Performing Arts Center 方案（图4-35）设计中，建筑师采用基本的方体组织平面、形式和空间，取得丰富多变的视觉和空间效果。

图4-34　单元体的组合

图4-35　Taipei Performing Arts Center

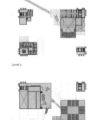

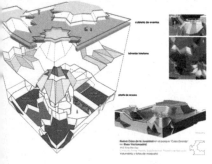

图 4-36 Rivas Vaciamadrid
　　　　Youth Center

图 4-37 墨尔本演奏中心及 MTC 剧院

复杂体是由若干个不同体量、不同形状的体型组合而成。在组合时，各体量之间的相互关系的处理是设计的重点。在设计中，设计者可以运用建筑形式美规律，对各个部分进行合理组织，使之成为有组织、有秩序、有规律的完整的统一体。比如在 Rivas Vaciamadrid Youth Center（图 4-36）、墨尔本演奏中心及 MTC 剧院（图 4-37）、City Center（图 4-38）中，不同体量、不同形状的形体通过形式、材质、光线、色彩等均衡配比，达到有序而多变的统一。

4.2.3　几何分析

在建筑形体设计中，把形体划分为基本几何体，然后研究其外形轮廓和内部各部分之间的形式关系，以此来分析、控制建筑形式的逻辑性，这就是几何分析。几何分析的方法可分为平面分析法和立体分析法两种。

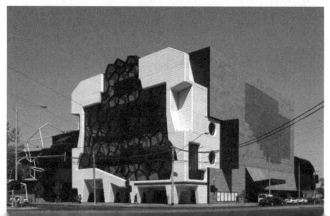

图 4-38　City Center

（1）平面几何分析法

平面几何分析法，着重于把形体抽象为很简洁又有明确几何关系的图形。古希腊的建筑以几何关系明确和逻辑感强著称，建筑呈现出和谐的统一美。波赛顿神庙的顶点到两边的地面连线，构成一个等边三角形或半圆。帕提农神庙的正立面构图也是利用一种数学关系构成和谐的比例关系（图 4-39）。

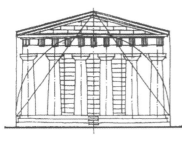
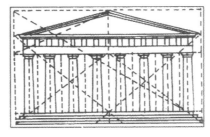

（a）波赛顿神庙　　　　　　（b）帕提农神庙

图 4-39 立面分析

印度泰姬玛哈尔陵的立面是利用正方形和矩形的动态关系组合而成，通过两边形体的合理布置，突出视觉中心，因而形成和谐的构图关系。巴黎凯旋门的立面的比例关系也很有几何规律，被认为是建筑形式美最典型的代表（图 4-40）。

（2）立体几何分析法

所谓立体几何分析法，包括实体和空间两个方面，其

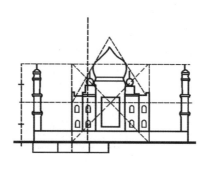
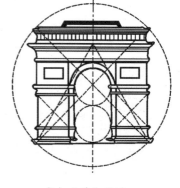

（a）印度泰姬玛哈尔陵　　　　　　（b）巴黎凯旋门

图 4-40　平面几何分析法

分析角度应该是多维、完整的。日本的筑波中心就是以简单的平面几何体为母题，通过对比、变化等手法，达到主次分明和整体统一的效果，观众在广场的不同视角都能读到不同的韵味。Anzin 媒体中心（图 4-41）以三角体组合、错落，形成建筑的入口和露台，形体完整而富有变化。奥斯特福德学院（图 4-42）则是以重组不同大小、不同方向的方体的方式，创造出丰富的外部造型和内部空间。萨夫迪设计的栖息地 67（图 4-43）将 354 个灰米黄色的立方体错落有致地码放在一起，构成 900 个（最终 158 个）单元。这种巧妙的形态，既包含了立方体坚固的特点，又表现了错综复杂的美学形态，同时保证了户户都有花园和阳台的要求。在日本东京代代木大厦（图 4-44）中，建筑结构由 23 个直径相同的球体相互连接在一起。这些看上去随意堆积在一起的元素可以相互连通，形成较大的空间，也可以在内部安装门窗将其分割成较小的空间。运用同样处理方式的还有西班牙毕尔巴鄂健康部门总部建筑（图 4-45）。

图 4-41　Anzin 媒体中心

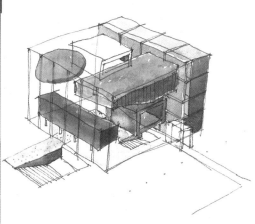

图 4-42　奥斯特福德学院

图 4-43　栖息地 67

281

第四章　建筑形式美的规律

图 4-44 东京代代木大厦

图 4-45 西班牙毕尔巴鄂健康部门总部建筑

4.2.4 贝聿铭的图形世界

古今中外的设计师们，通过几何形体的运用和有机组织，设计出无数优美的建筑作品。华裔建筑师贝聿铭就是其中的佼佼者。贝聿铭的作品以公共建筑为主，代表作品有美国国家大气研究中心、美国国家美术馆东馆、肯尼迪图书馆、美秀美术馆（图 4-46）、摇滚音乐名人堂、法国巴黎卢浮宫扩建工程、达拉斯市政厅（图 4-47）、香港中国银行大厦、香山饭店、德国历史博物馆新馆、苏州博物馆、伊斯兰艺术博物馆等。作为最后一个现代主义建筑大师，他善用钢材、混凝土、玻璃与石材。其作品以几何形体和抽象形式的丰富表达为特点，他的几何处理方法也影响了很多建筑师的创作（图 4-48）。

图 4-46 美秀美术馆

图 4-47 达拉斯市政厅

（a）Slovak Radio building

（b）深圳音乐厅

图 4-48　建筑创作中的几何方法

（1）美国国家美术馆东馆

美国国家美术馆东馆是美国国家美术馆（即西馆）的扩建部分，1978 年落成。它包括展出艺术品的展览馆、视觉艺术研究中心和行政管理机构用房。在美国国家美术馆东馆的创作中，贝聿铭将几何学淋漓尽致地发挥出来，取得了良好的效果。

首先是基本平面几何形的选取。美国国家美术馆东馆位于一块 3.64 万平方米的梯形地段上，东望国会大厦，南临林荫广场，北面斜靠宾夕法尼亚大道，西隔 100 余米正对西馆东翼（图 4-49）。附近多是古典风格的重要公共建筑。贝聿铭

图 4-49　美国国家美术馆东馆与西馆

第四章　建筑形式美的规律

选取了三角形为基本平面形。三角形作为基本形，从平面使用功能上说，并不是很好，但却有其独特的优点：三角尖锐，便于塑造建筑尺度和雕塑感；可以随角度的选取产生锐角或钝角三角形，满足不同的功能和视觉需要；三角形可以组成方形、菱形或梯形，组合起来比较方便。

贝聿铭根据梯形地段的特点，以三角形为基本平面形，用一条对角线把梯形分成两个三角形。西北部面积较大，是等腰三角形，底边朝西馆，以这部分作展览馆。三个角上突起的断面为平行四边形的四棱柱体。东南部是直角三角形，为研究中心和行政管理机构用房。对角线上筑实墙，两部分只在第四层相通。这种划分使两大部分在体型上有明显的区别，但整个建筑又不失为一个整体。

通过三角形的组合，整体形体形成一个以三角形为母体，三角形、菱形、梯形组合，大小高低错落有致的组合体，主从明晰、重点突出。同时，以三角形为基本形的组合体使建筑与基地非常契合。东馆的东西中轴线在西馆的东西轴线的延长线上，东馆的西墙面对西馆，东西呼应，而且其形体呈现出不对称美。为了达到均衡的效果，设计者将建筑的主入口（展览馆和研究中心的入口）安排在西面一个长方形凹框中，略偏三角形开口处，使其在整体视觉上达到不对称均衡。线条与形体均运用了对比手法，东立面入口的凹框上是一横向线条，凹框里面是竖向线条，最里面又是横向线条。南立面则利用两条线与左边两个体块、右边高低三个体块的上下穿插，使建筑立面和形体有虚有实，虚实对比强烈，显示出丰富的层次美。展览馆入口宽阔醒目，研究中心的入口偏安一隅，不引人注目。划分这两个入口的是一个棱边朝外的三棱柱体，浅浅的棱线、清晰的阴影，使两个入口既分又合，整个立面既对称又不完全对称（图4-50）。

图4-50　美国国家美术馆东馆主入口

建筑与美

作为基本形的三角形在室外和室内都有呼应。东西馆之间的小广场中央布置了五个大小不一的三棱锥体，它们属于建筑小品，也是广场地下餐厅借以采光的天窗。室内则以三角形大厅作为中心，展览室围绕它布置。观众通过楼梯、自动扶梯、平台和天桥可以出入各个展览室，透过大厅开敞部分还可以看到周围建筑，使建筑中心突出，方向明确。大厅内通过楼梯的斜线、连廊和走廊的水平线与竖直墙面相互穿插，产生丰富的形体和空间感。大厅高25米，顶上是25个三棱锥组成的钢网架天窗。自然光经过天窗上一个个小遮阳镜折射、漫射之后，落在华丽的大理石墙面和天桥、平台上，现出丰富的线形美（图4-51）。

图 4-51 美国国家美术馆内部

（2）香港中国银行大厦和香山饭店

香港中国银行大厦于1990年落成，高315米，基地面积约8400平方米。香港中国银行大厦同样采用三角形为基本平面形，通过组合达到丰富的形体效果。这样做的好处有几点：

图 4-52 香港中国银行大厦

一是与基地契合。香港中国银行大厦所处地块是四周被高架道路"缚绑"着的局促土地，三角形灵活、可拼接的特点可以在总体布局中得以利用。中银大厦平面形式是一个正方形，对角划成 4 组三角形，随着高度的增加而逐渐削减。与递减的三角形匹配的结构采用 4 角 12 层高的巨型钢柱支撑，室内无一根柱子，便于使用。

二是增加结构稳定性。建筑高度很高，风荷载对大厦的结构提出很高要求，为此以三角形为基本形，围绕主轴，随着高度的增加而逐渐减小体型（图 4-52）。采用几何不变的轴力代替几何可变的弯曲杆系，来抵抗水平荷载；利用多片平面支撑的组合，形成一个立体支撑体系，使立体支撑在承担全部水平荷载的同时，还承担了几乎全部的高楼重力；将抵抗倾覆力矩用的抗压和抗拉竖杆件，布置在建筑方形平面的四个角；利用立体支撑及各支撑平面内的钢柱和斜杆，将各楼层重力荷载传递至角柱。这些结构技术都增加了建筑整体结构的稳定性。

三是强化了视觉效果。以三角形为基本形且像竹子一样"节节高升"的建筑外形，有着生机勃勃感，使得各个立面在严谨的几何规范内显得变化多端。三角形的尖锐感也造成了强烈的视觉冲击力。建筑的底部是 3 层楼高的石质墩座，墩座是因基地的斜坡而设计，同时希望采用厚重的石材来增强稳定的感觉。在第 17 楼则利用三角形斜面做了个采光内庭，透过玻璃天窗可以仰视大厦的上部楼层，自中庭也可以俯瞰营业大厅，使视觉达到流动性要求。

香山饭店位于北京西山。在香山饭店中，贝聿铭借鉴简洁朴素、具有亲和力的江南民居形象为外部造型语言，将西方现代建筑设计原则与中国传统的营造手法巧妙地融合，设计了具有中国气质的建筑意象和空间。

香山饭店选用了三种最简单的几何平面形：正方形、菱形和圆形。在具体处理上，两两组合，一外一内，一虚一实，形成层次感。门、窗、花格、墙面、灯等都采用了正方形或菱形；圆形则被用在门、漏窗、灯、家具、墙面装饰等上面。正方形巧妙地与圆形组合在一起，通过正方形、菱形和圆形的重复与再现，产生了变化和韵律（图4-53）。

（3）伊斯兰艺术博物馆

伊斯兰艺术博物馆位于卡塔尔首都多哈海岸线之外的人工岛上，占地4.5万平方米，是迄今为止最全面地以伊斯兰艺术为主题的博物馆。采用简洁的白色石灰石、以几何形式叠加成的建筑，折射在蔚蓝的海面上，展现出慑人的宏伟力量（图4-54）

图4-53 香山饭店

图4-54 伊斯兰艺术博物馆

图 4-55　伊斯兰艺术博物馆外观

伊斯兰艺术博物馆受到典型的伊斯兰风格几何图案和阿拉伯传统拱形窗的启示，以方形、圆拱形、多边形等为基本几何形，组合成伊斯兰教的常见几何图案，这些图案像植物、像钻石、像太阳。建筑虽然一半在水面，一半在陆地，却给人以一种身处沙漠的感觉。这与贝聿铭经过几个月寻求的伊斯兰本质精神密切相关："如果一个人说寻到了伊斯兰建筑的核心，难道它不是应该位于沙漠上，设计庄重而简洁，阳光使形式复苏吗？"建筑的主要体块是由方形经过旋转后层层叠加而成，这样无论从哪个方向看形状都是不同的，对称且富于变化，显示出丰富的造型感。由方形广场、桥廊到主入口，形成完整的序列空间，显得庄重而大方。入口处则以线形墙强调方向导向，并以拱形门洞和多边形雨篷强调入口。方形广场以多边形为基本形状，其中心也采用多边形的水池，因此产生虚实对比，使这个"沙漠"中的水池显得十分突出（图 4-55）。

建筑的立面采用以实为主的处理方式。门窗以圆拱形为主，尺度大的拱形用在门洞和顶部塔上，尺度小的拱形则用在主要墙面上，或以方形为辅，连续排列形成韵律感（图4-56）。室内则以几何图案为主，地面以方形为母题，通过旋转、聚散、叠加、颜色对比和凹凸变化，形成丰富的几何花纹（图4-57）。圆形天花和弧形对称楼梯使主大厅内形成对称均衡的视觉效果，大厅的穹顶（图4-58）以多边形旋转叠加而成，仿佛钻石一样熠熠生辉，和入口方形广场的水池一虚一实，遥相呼应。

图 4-56　圆拱的韵律

图 4-57　室内地面

图 4-58　大厅穹顶

4.3 主从与对比
——东方院落和西方广场

　　设计的注意力大部分是落在不同空间之中的景色的变化和转换上，把整个过程纳入一个总的组织程序之中，使人从一个层次进入另一个层次的时候，由视觉的效果而引起一连串的感受，并且产生情感上的变化。

——李允鉌

　　主从关系是建筑形式和空间组织的重要关系。单个建筑、群体建筑以及建筑内部都存在一定的主从关系。主从关系主要体现在：位置的主次、体型及形象上的差异。建筑中主从关系处理的主要方法是运用对比手法使单体与单体、单体与群体以及建筑与外部空间之间相互衬托，突出重点，从而达到一定的目的。

　　东方建筑体系与西方建筑体系由于地理、文化等因素的不同，对建筑形式和空间的定义与组织也不同，建筑主从关系的塑造方式也有很大区别。这其中，以院落为核心和以广场为核心分别是东方和西方建筑体系的各自特色。

4.3.1 东方院落

东方建筑体系以中国传统建筑为例，建筑主从关系主要通过院落来组织。中国人既畏惧自然，又想亲近自然，这种矛盾心理是中国传统建筑以院落这种内向型的空间为组织核心的根源。"轩楹高爽，窗户虚邻，纳千顷之汪洋，收四时之烂漫。"自然界的一切空间、时间变换都被有意地框进有限的院落空间，不仅不费力、不费时，而且与自然既亲近又保持距离。

中国传统建筑以院落组织群体、联系室内外。单个院落的内聚和向心、多个院落的对比与变换使得单体与单体之间既独立又是一个整体。基本建筑单元通过一次叠加或多次叠加使开间和进深延伸、拓展，而由院落构成的多重轴线关系又使主要建筑与次要建筑区分开来。随着院落沿着多个方向展开，建筑群体的规模也随之展开。中国传统建筑好像一幅长轴画，只有沿着画轴完整展开，我们才能看清所有。但实际上，由于人的尺度的限制，人们只能身在局部中，凭着视觉和记忆来回味、体验这种变换的对比。空间与时间的交叉使这个由院落组成的四维空间有着让人反复琢磨的魅力。"庭院深深深几许？"一层一层的庭院使空间变得境界深远，绵绵不绝，而建筑的主从关系也逐渐变得清晰。

明清故宫（图 4-59）、北京四合院就是这样的典型。明清故宫以大小不同的院落形成几条主次轴线，建筑的重要性决定了建筑的尺度大小，院落的大小相应随之变化。建筑与院落之间，一虚一实，虚实相间，形成了井然有序的主次空间序列（图 4-60）。北京四合院（图 4-61）也是以院落组成主次空间，

图 4-59 明清故宫的主次关系

图 4-60 广场作为庭院（故宫）

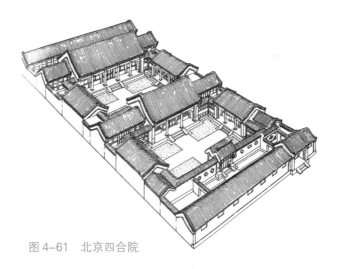

图 4-61　北京四合院

建筑与院落的关系决定了主次位置，次要空间衬托主要空间，小尺度的院落使得空间更贴近生活，显得温馨宜人。北京菊儿胡同改造（图 4-62）就是以四合院的组织为切入点，"长高了的四合院"使建筑满足了现代居住的要求，一进套一进的小院，给人以北京传统四合院的层层进深之感。

图 4-62　菊儿胡同改造

建 筑 与 美

北京易郡（图4-63）以塑造"新北京四合院"为设计理念，以院落为核心，并结合地域性和现代生活方式组织建筑空间。建筑空间组织形式有平层四合院、独栋三合院与双拼三合院几种。在平层四合院中，院落与主要功能房间形成交流互动的状态，延续了四合院的私密性和交流性特点。独栋三合院与双拼三合院则将院落分为外院和内院，两种院型既相对独立又相互结合。在设计中，由于考虑到经济性和现代生活的需求，设计者设计了紧凑户型，并将传统四合院的开窗进行了适度扩大，满足采光、通风和视线交流的要求。

在南方，这种院落式的布局则进一步和外部环境融合，将建筑群体设计成园林式的空间，即由"院"演变成更大的"院"——"园"。中国自古就用"家园"来称呼居所，可见中国住宅中的"家"与"园"是互相结合的。院落就像是个"藏风聚气"的小天地，在这个自在小天地里，生活成为主角，一切的主次关系都是围绕"园"来设计的。

图 4-63 北京易郡

图 4-64 公共院落

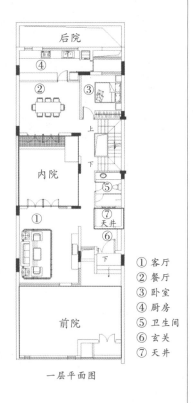

① 客厅
② 餐厅
③ 卧室
④ 厨房
⑤ 卫生间
⑥ 玄关
⑦ 天井

一层平面图

图 4-65 私家院落的主次关系

在深圳万科第五园中，传统的院落形式被划分为两种：公共院落、私家院落。公共院落（图 4-64）区分着外界和聚落，而私家院落（图 4-65）则将这种主次关系细化到单个住宅。建筑空间也呈现出街坊——街巷——公共院落——私家院落的丰富层次。

在私家院落中，院落又被区别为几种形式：前院、内院、后院、天井。这几种院落形式又与住宅的内部功能密切相关。前院（图 4-66）相对开放，是从街道进入室内的过渡空间，用以区分内外的主次关系；内院（图 4-67）绝对私密，是住宅内部的核心空间，以围合住宅内的主要功能；后院（图 4-68）相对私密，照顾住宅内的次要功能；而内天井（图 4-69），则以小见大，赋予建筑内部灵活的主次缓冲空间。

同属东方的印度也有以院落组织空间的手法，建筑师柯里亚设计的住宅作品中就体现了院落在传统建筑现代化过程中所扮演的重要角色。在其设计的住宅中，院落空间不仅可以提供纳凉、消暑的场所，而且由水体、植被等营造的小气候，可以对热空气起到降温、加湿的作用。

图 4-66 前院

图 4-67 内院

图 4-68　后院　　　　　　　　　　图 4-69　内天井

在干城章嘉公寓大楼（图 4-70）中，柯里亚提出了适应气候的"中间区域"概念。他在居住区域与室外之间创造了一个具有保护作用的区域，用以遮挡下午的阳光和阻挡季风的影响。"中间区域"主要由两层的花园平台构成。这个"开放向天"的花园平台实际上就是一个小型院落。在帕里克住宅（图 4-71）中，柯里亚受到了阿格拉红堡中不同季节、不同时间段院落的灵活调节功能的启发，在不同的季节将建筑物分区进行使用，在不同的时间段内使用该时段内相对比较舒适的特定空间，取得了良好的使用效果。

在贝拉普住宅区规划（图 4-72）中，柯里亚运用了"增长"的设计方法，即以院落组成建筑单体，随着规模的变化来增长院落的尺度。住宅组团由 7 个住宅单元组成，共同围合成一个 8 米×8 米的公共空间；每三个住宅组团又围合在一起，构成一个 21 户的更大的住宅群，同时中间形成一个 12 米×12 米的高级别的公共空间。这样依次组合下去，并与居住区的公共建筑、小学等设施相结合，最终形成一个多层次、多级别、错落有致的住宅群落。

图 4-70　干城章嘉公寓大楼

图 4-71　帕里克住宅

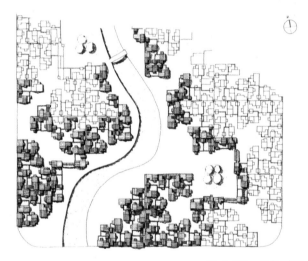

图 4-72　贝拉普住宅区规划

4.3.2　西方广场

　　与东方城市不同，西方城市通常是围绕着市政厅、教堂、市场等一座或几座公共建筑进行布局和发展的。公共建筑之间以广场组织，从而形成以广场为核心的建筑群体。从使用功能的角度看，这种布局往往通过空间围合的对比，来衬托广场建筑在城市中的地位。西方经常把广场比喻成城市的"客厅"，说明了广场所扮演的重要角色。

"广场具有建筑外墙即为广场内墙这样的性质。建筑外墙上有门窗等开口，建筑内部与广场在空间上相互渗透。"[1]广场空间就如同我们常见的建筑空间一样，它可能是一个封闭的静态空间，也可能是一个与其周围空间相互联系的动态空间。人们在认识和体验广场时，往往是先街道再到广场的动态流线形式。在广场中或其周围，一般布置着重要建筑物，往往能集中表现城市的艺术面貌和特点。从古希腊、古罗马时期开始，这种广场式的布局使建筑群的主次关系明晰。希腊雅典的雅典卫城（图4-73）、意大利罗马的图拉真广场（图4-74）就是这样的典型，它们将主要建筑布置在主要轴线上或建筑几条轴线的转折、交叉位置，通过形体、空间的对比，强调其主导地位。

在文艺复兴时期，城市中公共活动的增加和思想文化领域的繁荣，相应地造就了一批著名的城市广场，如圣马可广场、卡比多广场、圣彼得广场等。意大利威尼斯城的圣马可广场（图4-75）一直是威尼斯的政治、宗教和传统节日的中心，它被拿破仑称为"世界上最美丽的广场"。圣马可广

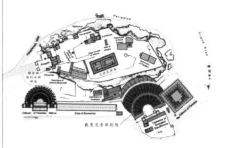

图4-73　雅典卫城

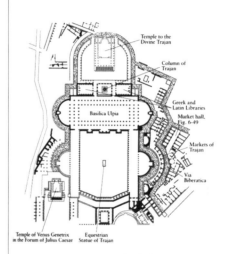

图4-74　图拉真广场

图4-75　圣马可广场

① 芦原义信. 街道的美学. 广州：百花文艺出版社, 2006.

第四章　建筑形式美的规律

场东西长 170 多米，东边宽 80 米，西边宽 55 米，呈梯形。左边是圣马可大教堂和巴西尼加钟楼，右边是总督府和圣马可图书馆。广场由 3 个梯形小广场构成：主广场、次广场、小广场。从威尼斯街巷到主广场，再通过大钟塔的引导到小广场，透视方法增加了空间深度，通过转折对比，使空间层次变得丰富。梵蒂冈的圣彼得广场（图 4-76）呈椭圆形，两侧由两组半圆形大理石柱廊环抱，形成三个走廊。广场中央矗立着一座方尖石碑。主要轴线的尽端则是广场的主体建筑——圣彼得大教堂，通过广场形态的收合、建筑尺度和虚实的对比，使建筑的主次关系十分突出。

图 4-76　圣彼得大教堂建筑群

卡比多广场（图 4-77）也叫市政广场，位于罗马行政中心的卡比多山上，呈对称的梯形，前沿完全敞开，以大坡道登山。广场主建筑物是参议院，为了强调其主体地位，米开朗琪罗特意造了一座钟塔。广场一侧是档案馆，另一侧是博物馆。它们的对称布局和几何铺地一起，起到了衬托主体建筑的作用，使广场中的建筑主次清晰，重点突出。

建 筑 与 美

图 4-77 卡比多广场

图 4-78 巴黎星形广场

西方工业革命后，随着人口和机动车辆的迅速增加，城市广场的性质、功能也发生新的变化。交通、集散成为广场的一大主要功能，广场和建筑的尺度也发生变化，大尺度的标志建筑成为广场的主角（图 4-78），通过空间组织和群体建筑衬托的多种方法被简化，建筑的主次关系也逐渐弱化。在一些城市中，广场成为建筑的附属物（图 4-79）。

后现代主义建筑流派将标新立异定义为广场建筑的主要特色，文化符号成为广场的主角，而其实用功能则退居其后，建筑与广场的关系变得隔离和脱节。查尔斯·摩尔设计的新奥尔良市意大利广场（图 4-80）是后现代主义建筑设计的代表性作品之一。广场从布局到元素，都源自文化符号，并将它们进行"拼贴"：同心圆的寓意为西西里岛的中心地位；祭台、拱券、柱式、柱廊隐喻意大利建筑文化；浅水池中石块组成意大利地图模型。这些直白或隐喻的符号，让广场中的建筑成为绝对的主角，人们更多关注的是其奇特、光怪陆离的形象。没有对比，没有主次，广场成为混合、繁杂的场所。

图 4-79 巴西利亚三权广场

后现代主义毕竟不是建筑的主流思潮。现代建筑则把广场的功能进一步强化，广场成为公共建筑不可或缺的一部分。建筑和广场的关系也日益复杂化，有的建筑将广场作为建筑功能的延伸，例如美国大湍城艺术博物馆（图 4-81）在室外广场中布置表演空间；有的建筑将广场作为建筑的有机组成，广场成为建筑的室外平台，例如阿尔瓦·阿尔托设计的沃尔夫斯堡文化

图 4-80　新奥尔良市意大利广场

图 4-81　美国大湍城艺术博物馆

中心（图4-82）用庭院空间组织建筑，功能房间呈向心集聚，让庭院有着古希腊剧场的影子；有的建筑将广场作为建筑室外环境的一部分，例如弗吉尼亚大学（图4-83）的室外空间更像是一个广场，而不是庭院，建筑占有主导地位，室外空间退居其次。

尊重场地，将建筑与地形结合，使建筑成为城市广场的一部分，成为许多现代建筑师设计思考的出发点。西萨·佩里设计的落日山庄（图4-84）通过错综复杂的斜坡式台阶组织建筑，将建筑视为山坡上的自然广场，梯阶式的建筑将技术、自然融合在一起。奥斯陆歌剧院（图4-85）被称为 "Snohetta 的大理石山"，建

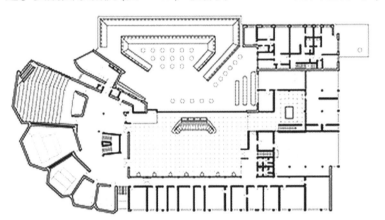

图4-82　沃尔夫斯堡文化中心

图4-83　弗吉尼亚大学

图 4-84　落日山庄

图 4-85　奥斯陆歌剧院

筑白色的斜坡状石制屋顶好像是从奥斯陆峡湾中拔地而起，屋顶就像是一个广场，游客可以在上面漫步，饱览美景。

随着时代的发展，绿色、科技这些元素被建筑、广场广泛吸收。德国波恩艺术展览馆（图 4-86）将屋顶设计成散步的广场，步行小道穿梭其中，圆锥体不仅为建筑提供自然采光，也是这个屋顶广场的标志；荷兰 Delft 科技大学图书馆（图 4-87）则将建筑设计成坡地形的广场，建筑主要空间设于坡地下，绿色坡地和钢构圆锥体相结合，使建筑显得既新颖又自然、既现代又朴实。

现代社会的全球化使东西文化相互碰撞、融合，东方庭院

图 4-86　德国波恩艺术展览馆

图 4-87　荷兰 Delft 科技大学图书馆

建筑与美

和西方广场这两种基本组合方式相互交叉和融合，衍生出新的建筑组合模式。内向型的庭院中引入了广场的大尺度手法来丰富空间层次；而外向型的广场则切入很多庭院的自然元素，并将这种自然元素放大、变形，适应空间尺度的要求。

　　被称为"西班牙广场"的广场有很多。由赫尔佐格和德梅隆设计的位于圣克鲁斯-德特内里费市的西班牙广场（图 4-88）颠覆了传统的广场模式，设计者将自然元素——湖泊引入城市内，巨大的圆盘承接着巨大的人工湖。广场开阔、规整，体现出简洁、纯粹的极少主义风格，让人不禁联想到凡尔赛宫前广场的那个圆形的水池（图 4-89）。对此我们也许会不禁感慨：原来传统与现代竟然如此接近！

图 4-88　西班牙广场

第四章　建筑形式美的规律

日本建筑师藤本壮介设计的 Beton Hala 滨水中心（图 4-90），从地面上缠绕出一个巨大的螺旋结构体。这个由丝带状坡道组成的建筑被藤本壮介称为"漂浮的云"，中心广场和户外展览空间位于漩涡的中心眼区域。餐厅和咖啡吧位于屋顶下方，商业空间临近外墙，以便于人们从街道进入。大尺度和小尺度相互交叉、缠绕，像庭院，像广场，更像两者的结合，自然地形成丰富的空间层次，给人以丰富的视觉和空间体验。

图 4-89　凡尔赛宫前广场的圆形水池

图 4-90　Beton Hala 滨水中心

4.4 节奏与韵律

——威尼斯总督府和苏格兰议会大厦

在决定物体和物体之间的距离时，他发现了韵律，眼睛所能看见的韵律，清楚地显现在它们的关系中。这些韵律存在于人类开始活动之初。它们以一种有机的必然性在人的心里响了起来，正是这个必然性使孩子们、老人们、野蛮人和文明人都画出黄金分割来。

——【法】勒·柯布西埃

正如在音乐中，富有韵律的图案可能是平滑的、连贯的、流畅的，否则其速度或节奏就会不连贯而且生硬。

——【美】程大锦

4.4.1 节奏与韵律

在建筑中，单个形式要素需要组合，而节奏与韵律则是组合的重要方式。著名建筑学家梁思成说："差不多所有的建筑物，无论是在水平方向上或垂直方向上，都有它的节奏和韵律。"[①] 建筑中所运用的节奏和韵律的手法，能使建筑形式和空

① 汪流等. 艺术特征论. 北京：文化艺术出版社，1984.

间产生律动效果，也可以表达不同的建筑性格。例如故宫以规整的矩形为构成元素，以强烈的中轴线来组织形体和空间，产生出严谨有序的节奏变化，表达出宏伟、庄重的建筑气质；徽州居民以层叠的马头墙为元素，通过多个水平方向的节奏变化，表达出宁谧、田园的建筑美。

建筑中的节奏与韵律（图4-91）是通过体量（大小、长

图4-91 节奏与韵律

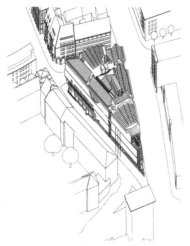

（a）法兰克福现代艺术博物馆

（b）挪威生态办公楼（A-Lab）

（c）YAMAHA 东京银座大厦

（d）山坡公寓（BIG 建筑师事务所）

短、错落、疏密、聚散等）的区分、空间虚实的交替、刚柔曲直的穿插等变化来实现的，具体手法有：连续韵律、起伏韵律、渐变韵律、交错韵律、复合韵律。

连续韵律指以一种或几种连续要素重复排列形成，各要素之间保持着恒定的距离和关系。这种手法也是我们最常见的。澳大利亚建筑事务所 lyons 设计的 John Curtain 医学研究院，其背面采用数字成型的混凝土板，并通过连续排列取得节奏和韵律感；维尼奥拉设计的罗马耶稣会教堂以连续拱形排列形成韵律，连续拱形随建筑立面略有调整，并在底层扩大尺寸，使建筑整体上达到视觉稳定（图 4-92）

图 4-92　连续韵律

（a）John Curtain 医学研究院

（b）罗马耶稣会教堂

起伏韵律指渐变的要素按照一定规律时而增、时而减。起伏韵律有方向上的连续感，容易形成视觉上的完整感和流动感。例如贝聿铭设计的达拉斯音乐厅，玻璃分割线随弧形顶做连续变化，形成起伏的韵律；拉脱维亚 Liesma 酒店的方案是 Jevgenijs Busins & Liva Banka 事务所为在拉脱维亚尤尔马拉举办的音乐主题高档酒店设计竞赛而设计的，木结构的垂直线条采用参数化设计，赋予建筑起伏的外形，产生强烈的节奏感，如音乐一般流畅动人；MAD事务所马岩松设计的加拿大"梦露大厦"是将椭圆形标准层经过一定规律的旋转得到变化的曲线体，从而产生了起伏韵律美（图4-93）。

（a）达拉斯音乐厅

（c）梦露大厦

（b）拉脱维亚Liesma酒店方案

图4-93 起伏韵律

起伏韵律往往建立在渐变韵律的基础上。渐变韵律指连续的要素在某一方面按照一定的秩序变化，如逐渐加大或缩短、变宽或变窄。例如在无锡大剧院的设计中，为了与建筑平面的扇形形式匹配，屋顶采用了中间向两侧递减的形式，产生渐变的韵律，这种渐变的韵律也与建筑所处的环境（水边）产生呼应。在 John Curtain 医学研究院的设计中，带角度的玻璃和钢板向外延伸，塑造了富有动感的整体形态。同样，在王澍设计的中国美院象山校区教学楼中，建筑以走廊为轴，墙面窗户随轴线做放大或缩小的变化，形成渐变韵律美（图4-94）。

交错韵律指各组成部分按一定规律交织或穿插。"冰山方案（Iceberg Project）"是 JDS 事务所和 CEBRA 事务所以及 Louis Paillard and SeArch 合作的一个社区开发项目方案，建筑形体的线条出自日照和视线的分析，由于采用交错的几何形，达到节奏和韵律的变化。同样，苏格兰阿伯丁大学图书馆和北京马赛克大厦的外立面设计，也运用了交错韵律，并达到了变幻万千的效果（图4-95）。

除了连续韵律、起伏韵律、渐变韵律、交错韵律等基本韵律形式外，还有一种复合韵律，这种韵律在建筑中普遍存在。复合韵律是在几种基本韵律形式的基础上，将其重叠与交叉，产生复合效果的一种韵律（图4-96）。

在建筑中，形式要素通过重复、连续、交替的排列，达到节奏和韵律的视觉效果。这些排列不仅包括点、线、面等几何形式，还包括色彩、材质、光线等。设计者通过运用点线面几何形式的合理组织和主从与重点、对比与微差、均衡与稳定、比例与尺度、虚实与层次等基本规律，使建筑成为变化与统一的综合体。下面再以威尼斯总督府和苏格兰会议大厦两个建筑例子来详细说明节奏和韵律的形成过程和特点。

（a）无锡大剧院

（b）John Curtain 医学研究院

（c）中国美院象山校区教学楼

图4-94　渐变韵律

（a）iceberg project

（b）苏格兰阿伯丁大学图书馆

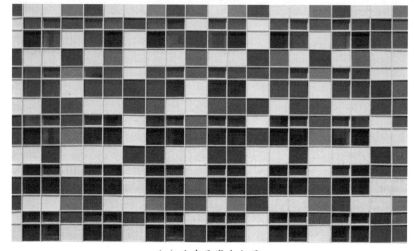

（c）北京马赛克大厦

图4-95　交错韵律

（a）墨西哥文化中心

建　筑　与　美

（b）西班牙卡斯凯斯的康复中心

（c）江苏省美术馆新馆

（d）理论物理研究所（加拿大）

（e）银座德比尔斯大厦

（两个立面，两种韵律）

图 4-96　复合韵律

4.4.2　威尼斯总督府

第一个例子是威尼斯总督府。威尼斯总督府位于意大利威尼斯，又称威尼斯公爵府，始建于9世纪。我们现在看到的建筑实际上是16世纪中叶由建筑师雅各布·塔提设计的，它曾经是政府办公楼，现在的功能是艺术博物馆。由于历史上威尼斯与地中海东部的伊斯兰国家密切往来，大量阿拉伯人定居威尼斯，所以总督府立面的席纹图案明显受到了伊斯兰建筑的影响（图4-97）。

图 4-97　威尼斯总督府

总督府的立面由三部分组成，最下面的一层是拱形开放式长廊，中间的一层是镂花长廊，上面的一层则是网状花边纹的实墙。下面两层和最上面一层的比例接近1∶1，两层长廊与最上一层实墙产生虚实对比。一层开放式长廊拱形尺寸是二层镂花长廊的两倍，这样二层拱形形成的节奏感就比一层快，增加了一层的稳定效果。二层镂花长廊也是由三部分组成，从下到上分别是：直线形栏杆、拱形廊、圆形孔洞，拱形廊分隔圆形孔洞，其比例是2∶1。对比使拱形廊显得细长，圆形孔洞则显得方正，而三部分的节奏变化却是一致的，通过直线形栏杆的完整联系，形成统一的韵律美。

为了避免上实下虚造成的不稳定效果，除了一层和二层的不同比例处理外，在最上面的实墙上，连续地开了两排窗，下面一排窗户的尺寸接近一层拱形开放式长廊的尺寸，而上面一排窗户的尺寸则接近二层镂花长廊的圆形孔的尺寸。这样就减小了实墙的沉重感，也使整体立面在视觉上产生呼应。两排窗的排列比底下两侧长廊要稀疏一点，这样也不破坏整体实墙的"实"的感觉，上面一排窗户间隔下面一排窗户。这样立面的三部分在视觉上形成了三段节奏，分别是慢—快—慢，节奏的变化形成了丰富的韵律美。这种三段式的节奏变化在很多建筑中都有同样的表达方式，例如瑞典的斯德哥尔摩市政厅（图4-98），拿两者比较，由于实虚的比例不同，后者厚重感显得更强点。

4.4.3 苏格兰议会大厦

第二个例子是苏格兰议会大厦。苏格兰议会大厦由西班牙建筑师安立克·米拉莱斯设计。石头、不锈钢、橡木等材料构成的苏格兰议会大厦通过点、线、面、体的有效组合，形成了独特的苏格兰韵味。

苏格兰议会大厦以树叶形为基本体，通过大小变化和高低错落，结合曲线穿插衔接，形成有机、变化的组合体型。屋顶的弧形斜坡被细化，有连续的韵律美。整体的体型与自然山体和谐统一，好像是自然发出的节奏明快的奏鸣曲(图4-99)。

其建筑立面采用了不同的基本形，并通过不同组合

图 4-98　斯德哥尔摩市政厅

图 4-99　苏格兰议会大厦屋顶的韵律美

和节奏变化达到整体立面的韵律美。其组合形式主要有四种：第一种是以矩形为基本形，矩形的形状、大小、颜色、材质各有不同，以45°和135°斜线架连续排列。由于斜线架的运用，墙面呈现出交错并统一的韵律美。第二种是以"7"字形为基本形，通过方向、色彩、材质、疏密的对比，形成了统一形状下的连续韵律美（图4-100）。第三种是以"Z"字形为基本形，通过虚实对比，强化角部。第四种是矩形+阶梯形+不规则弧形组成的组合形，不规则弧形外有交错的直线架，直线架的节奏与阶梯形呼应，一长一短，一快一慢，一深一浅，形成丰富的变化。直线架的颜色则与矩形窗框的色彩呼应。这样，单个窗户就形成了统一，通过变化，又形成了整个立面节奏变化、相互呼应、层次丰富的连续韵律美。

图4-100 "7"字形的韵律类

　　建筑的室内同样利用了结构构件（梁线、天窗线、门框线、装饰线等）的线形连续排列、基本几何体的重现和呼应、直线和斜线及弧线的交错、空间虚实的交替和刚柔曲直的穿插等变化，形成连续韵律、渐变韵律和交错韵律（图4-101），取得了丰富的室内空间视野效果。

图4-101 室内的丰富韵律美

4.5　比例与尺度
——古希腊柱式和帕提农神庙

　　它的严谨超过了我们的习惯和我们正常的可能性。在它上面凝结着感觉生理学和与之相关的数学计算最纯净的见证；我们被感觉牢牢抓住了；我们被精神陶醉了；我们触动了和谐的轴线。这丝毫不是宗教的教条，不是象征性的描绘，不是自然的形象表现，这是在精确的比例中纯净的形式，仅仅是这个。

　　在度量时他就建立了秩序。他用步幅、脚、前臂和手指头来度量。当他用脚和前臂来建立秩序的时候，他创造了控制整个建筑物的模数；因此这建筑物就合乎他的尺度，对他方便舒适，合乎他本身的量度。

——【法】勒·柯布西耶（《走向新建筑》）

　　他们的建筑尺度是以柱子的直径决定柱子的高度，以高度决定类型，以类型决定础石和柱头，由此再决定柱间的距离和建筑物的总的布局。他们故意在形式方面不遵守正确的数学关系，而迁就眼睛的要求。比如他们把一根柱子的三分之二加粗，加粗的曲线则非常巧妙：在帕提农神庙上把一切水平线的中段向上提起，一切垂直线向中央倾斜。

——【法】丹纳（《艺术哲学》）

4.5.1　关于比例的探索

自古以来，比例的美感早就被人类所认知。例如中国画很讲究事物各部分比例的匀称。画人物，就脸型来说，有"三庭五眼"之说；就整体来说，有"立七、坐五、蹲三"之说。画山水，有"丈山、尺树、寸马、分人"之说。而在西方，公元前6世纪的毕达哥拉斯学派就认为万物最基本的元素是数，数的原则统摄着宇宙中心的一切现象。他们试图在音乐、建筑、雕刻和造型艺术中，探求什么样的数量比例关系能产生美的效果，并提出了"黄金分割"比例。

在建筑领域，中国古代匠师们也在实际的建筑建造中积累了一套适宜的比例关系。例如在我国历史上第一部木结构建筑手册《木经》中，中国木构建筑立面被分为三部分："凡屋有三分，自梁以上为上分，地以上为中分，阶为下分。"这种三段式的比例关系深刻地影响了中国古典建筑，也使中国古典建筑呈现出独特的韵味。在具体操作中，中国古典建筑以基本单位规定建筑各部分尺寸，以取得良好的比例关系，比如中国宋代《营造法式》规定的大木作制度，木构件尺寸都用材份来度量（图 4–102），以材为祖，因材制宜；而在西方，古希腊、古罗马采用严谨的古典柱式为基本单位来确定建筑的比例关系。比米斯于 1920 年首次提出利用模数坐标网格和基本模数值来预制建筑构件，其后诺伊费特提出了著名的"八分制"，瑞典人贝里瓦尔等提出了综合性模数网格和以 10 厘米为基本模数值的模数理论。20 世纪 60 年代，勒·柯布西耶也曾把比例与人体尺度结合在一起，并提出一种独特的"模度"体系（图 4–103）。其后逐渐发展并完善的建筑模数协调体系实际上是比例关系在西方建筑工业化时代的一种特定反映。

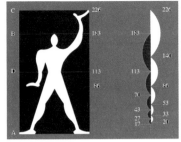

图 4-102 《营造法式》
大木作殿堂结构图

图 4-103 勒·柯布西耶的
"模度"体系

时至今日，人类已找到许多合宜的比例方法，如等差数列比
（1、3、5、7、9、……）、等比数列比（1、2、4、8、16、……）、
调和数列比（A/1、A/2、A/3、A/4、……）、弗波纳齐数列比（1、
2、3、5、……），贝鲁数列比（1、2、5、12、29、70、……），
均方根比例（由 1:2、1:3、1:5 等一系列形式所构成）等。

4.5.2　比例的制约因素

建筑的整体美来自比例的和谐与统一，体现在整体与局部
的比例把握。当建筑比例和谐的时候就会让人感觉很愉悦。恰
当的建筑比例关系具有科学性和逻辑性，给人严谨、规范、理
性、秩序、完美的感受（图 4-104），但建筑比例关系过于强调
数字化就会显得机械、呆板和冷漠（图 4-105）。

比例具有一定的相对性，即没有绝对的比例关系。比例受
到各种因素的制约与影响，其中功能是首要制约因素。建筑形
体的长、宽、高的尺寸，很大程度上是由功能决定的，而这些
尺寸则构成了建筑的形状和比例。例如体育馆的尺寸明显与教
学楼不一样，如果把教学楼做成体育馆的尺寸，则比例失衡，
会使人在使用时觉得非常别扭；其次是材料与结构对比例的影

图 4-104　秩序与美（西班牙阿尔罕布拉宫）

图 4-105　机械与呆板

（葡萄牙波尔图的莱罗

Rairie　Lello 书店）

（a）卢森堡 Sanichaufer 的顶楼办公室

（b）新加坡实乞纳山上豪华别墅

图 4-106　传统的比例关系的颠覆

响。不同的建筑材料具有不同的力学特性，因而所产生的建筑形象也具有不同的比例关系。不同的结构形式，也会产生不同的比例关系。例如中国古代宫殿建筑由于采用木构架体系，造成屋顶所占比例较大，形成建筑"被覆大地"的特殊视觉效果。而现代建筑技术的发展使建筑传统的比例关系受到了冲击和颠覆，屋顶、墙体、地板等建筑要素自由布置的可能性更大（图 4-106）。此外，比例还与自然环境、社会文化、民族习惯等有关，所以世界各地的建筑风格才会丰富多彩。

4.5.3　获得良好比例关系的方法

把建筑形体抽象为基本几何体，然后研究其整体和各部分之间的形式关系称为几何分析法。几何分析法是获得良好的比例关系的方法。人们认为简单的几何形以及若干几何形之间的组合若处理得当则可获得良好的比例关系，比如几个几何相似形的组合就使建筑显得和谐。此外，具有确定比例关系的圆、

建筑与美

正三角形、正方形以及 $1:\sqrt{2}$ 的长方形通常被用来作为分析比例的一种工具。

比例分析方法中最常见的是黄金分割比例法。黄金分割比例被世界公认为一种美的比例法则。黄金分割比例是将一直线段 AB 分成长短两段，使其分割后的长段与原直线段之比等于分割后的短线段与长线段之比，即 AC:AB=CB:AC=0.618。人体的比例就是黄金分割比例（图 4-107），很多视觉效果良好的建筑物也具有黄金分割比例。

4.5.4 尺度

"比例是关于形式或空间中的各种尺寸之间有一套秩序化的数学关系，而尺度则是指我们如何观察和判断一个物体与其他物体相比而言的大小"（程大锦）。尺度指的是建筑物的整体或局部与人之间在度量上的制约关系，这两者的不同关系形

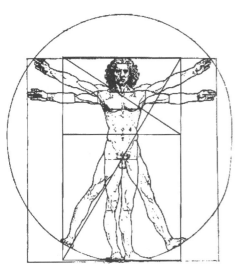
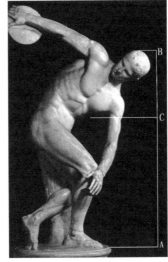

图 4-107　人体黄金比例

成不同的尺度感：自然尺度、夸张尺度和亲切尺度。如果从尺度与环境的关系上来看，还有室内尺度和室外尺度之分。室外尺度（图4-108）通常大一些，室内尺度（图4-109）通常小一些。

建筑物能否正确地表现出人们需要的尺度感，与形体的整体和细部处理密切相关。一个抽象的几何形状，只有实际的大小而没有所谓的尺度感，但一经处理便可以使人获得尺度感，例如通过栏杆、踏步、人体尺度等不变要素往往可以显示出建筑物的尺度感（图4-110）。

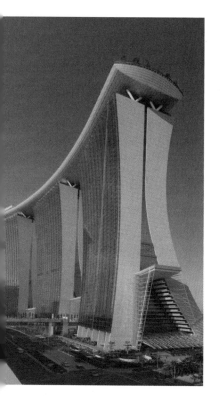

图4-108 室外尺度（新加坡滨海湾金沙酒店）

图 4-109　室内尺度（新加坡滨海湾金沙酒店）

（a）斯图加特美术馆

（b）朗香教堂

图 4-110　尺度的度量

由于多重需要，很多实际的建筑常常存在多种尺度，多种尺度的存在使建筑呈现出丰富的视觉效果和韵味。文艺复兴时期的威尼斯建筑师安德烈亚·帕拉第奥为解决立面柱式构图，在古典构图的基础上创造性地提出了帕拉第奥母题（图4-111），帕拉第奥母题以"两套尺度"使建筑的整体尺度合乎逻辑，但又不失人与建筑的近距离尺度的舒适感；沈阳故宫（图4-112）和抚近门（图4-113）的两种尺度分别满足礼仪与实用，大尺度与小尺度的对称布置也使建筑入口主次分明；此外，巴黎圣母院（图4-114）的透视门的外框与实际门洞、拿破仑陵寝（图4-115）的柱廊与实际门洞分别满足视觉和实际需要的要求，也使建筑呈现出丰富的尺度和层次感。

4.5.5　比例和尺度的关系

　　比例是指建筑物各部分之间的数学关系，比例是具体的、

图4-111　帕拉第奥母题的"两套尺度"

图 4-112　沈阳故宫

图 4-113　沈阳故宫东侧的抚近门

偏理性的；尺度则是指建筑物和某一参照物相对的比例关系，尺度是抽象的、偏感性的。因此相同比例的某建筑的局部或整体，在尺度上可以不同。从一定角度上说，比例依赖眼睛，人眼对建筑物的相互尺寸有着直观的测量；尺度则依赖感觉，通过人自身的度量和以往的记忆的对比而作出评价。在巴西建筑师奥斯卡·尼迈尔的巴西总统府"高原宫"设计手稿（图 4-116）中，我们可以看出人眼对建筑比例的测量以及人自身对建筑尺度的参照。

4.5.6　古希腊柱式和帕提农神庙

西方古典建筑以严谨的比例和良好的尺度著称，比如帕拉第奥设计的维晋察的巴西利卡和圆厅别墅等，以良好的比例和尺度关系形成固定的"帕拉第奥母题"。用几何关系的制约性来分析建筑的比例，是西方古典建筑常用的一种手段。古希腊建筑是西方古典建筑的代表，而古希腊建筑中最有代表性的是古希腊三柱式和帕提农神庙。

西方古典柱式是指依据力学原理（内在结构

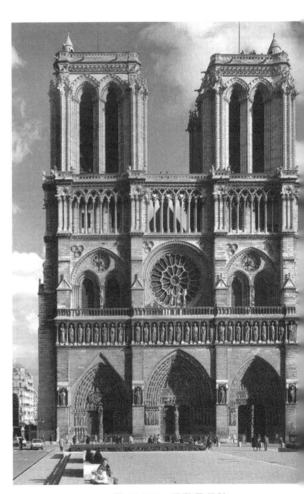

图 4-114　巴黎圣母院

323

图4-115 拿破仑陵寝

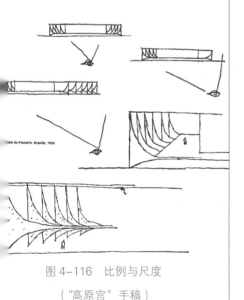

图4-116 比例与尺度

（"高原宫"手稿）

逻辑）和人体比例（外部视觉关系）而建立的一整套西方古典建筑外部形式生成的法则。基本原理就是以柱径为一个单位，按照一定的比例原则，计算出包括柱础、柱身和柱头的整个柱子的尺寸，更进一步计算出包括基座和山花等建筑各部分尺寸，从而保证整体比例的和谐。古典柱式虽然逻辑严谨，但却有着很强的适应性，随着建筑的不同而相应调整，维特鲁威在《建筑十书》中说明了这一点：柱间距大，柱子就要粗一些；柱子高，收分就要少一些，而额枋就应该厚一些；高大的建筑物，檐部和山墙的正面都要略微向前倾斜；等等。柱式是建立在科学美和技术美基础上的视觉关系，体现了良好比例和尺度的审美机制。

古希腊流行三种柱式：爱奥尼式、多立克式和科林斯式。这三种柱式由于采用了不同的比例，给人不同的尺度感，良好的比例关系也形成固定的做法，被统称为古希腊古典柱式，广泛用于古希腊建筑中（图4-117）。

第一种是流行于古希腊小亚细亚共和城邦里的爱奥尼式。共和政体的平民文化反映在柱式上，形成了秀美华丽、比例轻快、开间宽阔的爱奥尼式。爱奥尼柱式的特点是比较纤细秀美，柱身有24条凹槽，柱头有一对向下的涡卷装饰，所以爱奥尼柱又被称为女性柱。爱奥尼柱由于其优雅高贵的气质，广泛出现在古希腊的大量建筑中，如雅典卫城的胜利女神神庙和伊瑞克提翁神庙。

另一种是出现在意大利西西里一带的寡头城邦里的多立克式。寡头政治文化和贵族艺术趣味反映在柱式上，形成了沉重、粗笨、结实的多立克柱式。其特点是比较粗大雄壮，没有柱础，柱身有20条凹槽，柱头没有装饰，所以多立克柱又被称为男性柱。这种柱式带有强烈的存在感和主导感，比如雅典卫城的中心建筑——帕提农神庙，采用的就是多立克柱式。

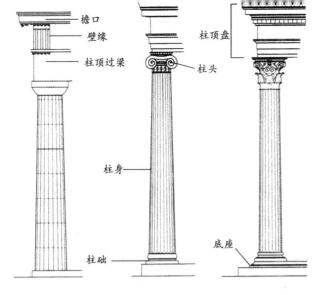

檐口
壁缘
柱顶过梁
柱顶盘
柱头
柱身
底座
柱础

(a) 柱式（从左到右分别是多立克式、爱奥尼式和科林斯式）

(b) 柱头（从左到右分别是科林斯式、爱奥尼式和多立克式）

图 4-117　古希腊三种柱式

　　第三种是科林斯柱式。它是公元前 5 世纪由建筑师卡利马斯发明于科林斯，实际上是爱奥尼柱式的一个变体，两者各个部位都很相似，但科林斯柱式比例比爱奥尼柱更为纤细，柱头则以毛茛叶纹装饰，而不用爱奥尼式的涡卷纹。毛茛叶层叠交错环绕，并以卷须花蕾夹杂其间，形似盛满花草的花篮。相对于爱奥尼式，科林斯柱式的装饰性更强，但是在古希腊的应用并不广泛，雅典的宙斯神庙采用的就是科林斯柱式。

　　古希腊是个泛神论国家，人们认为每种自然现象、每个城邦都受一位神灵支配，因此古希腊人为祀奉各种神灵而建造许多神庙。古希腊最早的神庙建筑只是贵族居住的长方形有门廊的建筑。

在古希腊人看来，神庙是神居住的地方，而神不过是更完美的人，所以神庙也不过是更高级的人的住宅。由于神的尺度比人大，例如帕提农神庙供奉着的雅典娜神像（图4-118），据说就高达12米，所以相应地，希腊神庙的尺度才会比较大。从根本上讲，希腊神庙的尺度还是人的尺度，只是夸大的人，其尺度还是在人可以感知和把握的范围内，这点与中世纪的教堂建筑有所不同。

古希腊建筑文化集中体现在雅典卫城中。古希腊雅典卫城

图 4-118　雅典娜神像

的主要建筑——帕提农神庙是祭祀雅典娜的庙，建于公元前447—公元前438年，它位于雅典卫城的最高处。它的外形呈长方形，东西宽31米，南北长70米。神庙的主体为两个大厅，两旁各倚一座有6根多立克圆柱的门厅。东边的门厅通向内殿，殿内原来供奉着巨大的雅典娜女神像，现已不存。

帕提农神庙无论立面还是柱子等细部都有着良好的比例关系，东西两立面山墙高19米，宽31米，其立面高与宽的比例为19:31，接

近"黄金分割比",而二次黄金分割矩形构成楣梁、中楣和山形墙的高度。如图4-119所示,最大黄金分割矩形中的正方形确定了山形墙的高,图中最小的黄金分割矩形决定了中楣和楣梁的位置,良好的立面比例关系使其立面视觉优美。

帕提农神庙的柱廊由46根多立克式环形立柱构成,东西两面是8根柱子,南北

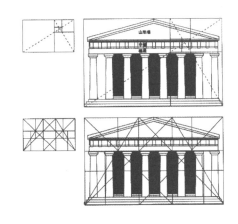

图4-119　帕提农神庙立面的黄金分割比例

两侧则是17根柱子,柱高10.5米,柱底直径近2米,其高宽比超过了5,比古希腊古风时期多立克柱式通常采用的4:1的高宽比大了不少,这样使柱子显得相对修长秀丽(图4-120)。

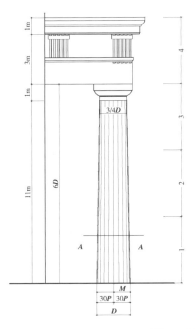

图4-120　多立克柱式比例

第四章　建筑形式美的规律

图 4-121　帕提农神庙

帕提农神庙的高大尺度感是通过以下几点塑造的：位于卫城的最高处，且耸立于 3 层台阶上，增大人的视觉观看高度；形体采用方形，其大体量和直线形挺拔的多立克柱，使帕提农神庙的尺度突出于其他建筑；内部采用的柔美爱奥尼柱式与外部采用的刚直多立克柱式形成对比，相互衬托，从而突出外部尺度的高大感；通过对细部精细加工来增大整体尺度感，比如柱子凿有凹槽、檐部额枋雕琢精细等（图 4-121）。

帕提农神庙还通过"视觉矫正"来增大视觉尺度：柱子有收分和卷煞，即直线的部分略呈曲线或内倾，因而看起来更有弹力，更觉生动；水平线向上凸，即四边基石的直线中央比两端略高，檐部额枋中央略微上凸；柱子有侧脚，即两侧柱上部向中央倾斜，延长线交于约 3.2 千米的上空；尽间相对中间稍小，角柱扩大（底径为 1.944 米，而不是其他柱子的 1.905 米）；山墙也不是绝对垂直的，而是略微内倾的，以免站在地面的观察者有立墙外倾之感，装饰浮雕与雕像则向外倾斜，以方便观众欣赏；内廊的柱子较细，凹槽却更多。在帕提农神庙中，这类矫正多达 10 处。"视觉矫正"的目的是避免由于人眼的透视和明暗的错觉造成的尺度缩小的感觉，从而增大其尺度感。

建筑与美

4.6　具象与抽象
——望远镜大楼和悉尼歌剧院

宅以形势为身体，以泉水为血脉，以土地为皮肉，以草木为毛发。舍屋为衣裳，门户为冠带，若得如斯，是事俨雅，乃为上吉。

——《黄帝宅经》

艺术必须出自于大自然，因为大自然已为人们创造出最独特魅力的造形。

——【西】安东尼奥·高迪

4.6.1　具象与抽象

具象与抽象是哲学、艺术、科学中常用的词语。哲学中的具象是经过主体体验和思维加工后的形象，它是在感知、记忆的基础上打上了主体的情感烙印；而抽象是从许多事物中，舍弃个别的、非本质的属性，抽出共同的、本质的属性的过程，是形成概念的必要手段。抽象是建立在具象的基础上的，是经过再加工的具象。

在艺术领域中，具象艺术是指基于自然对象外观的写实创作方法和创作形式，而抽象艺术指艺术形象大幅度偏离或

① 张巨青.科学逻辑.长春：吉林人民出版社，1984.
② 陈衡.科学技术研究方法学导论.石家庄：河北教育出版社，1991.

完全抛弃自然对象外观的艺术。抽象艺术根据表现形式又可以分为：半抽象作品，即对自然对象的外观加以提炼或重新组合；纯抽象作品，即完全舍弃自然对象，创作纯粹的形式构成。具象到抽象的过程是由具象提炼半抽象，在此基础上再提炼纯抽象。

科学研究也有具象、抽象之分。具象是指经验事实，而抽象则是在经验事实上提取某一特性加以认识的思维活动，其方式是分离——提纯——简略，称为科学抽象法，排除法、归纳法就是科学抽象法的一种。抽象具体可分为表征性抽象和原理性抽象①。表征性抽象是以可观察的事物现象为直接起点的一种初始抽象，它是对物体所表现出来的特征的抽象。原理性抽象是在表征性抽象基础上形成的一种深层抽象，它所把握的是事物的因果性和规律性的联系，这种抽象的成果就是定律、原理②。

建筑设计在创作手法上也有具象和抽象之分。它积聚了哲学、艺术与科学的含义，具象建立在"原型"基础上，其表达更多地从"形似"入手，机械、单一地仿照"原型"，使人"望形生意"。具象形态是透过眼睛构造，以生理的自然反应，诚实地把"原型"映入眼角膜、刺激神经后使人脑感觉到的存在形态，它比较逼真地再现了"原型"；抽象表达则利用象征、隐喻等加工手法使其神似，以型象型，并留下大量想象空间，使欣赏者通过必要的信息关联来重新解读"原型"的内涵，从而产生深层次的精神共鸣，例如伦佐·皮亚诺设计的新大都（图4-122），造型像一艘巨大的邮轮，在阿姆斯特丹的水域中，它要去哪里？它是做什么的？人们会自然而然地联系起这个地域的特征；由英国设计师汤姆·赖特设计的阿拉伯塔酒店（图4-123）位于迪拜海滨的一个人工岛上，建筑外观如同一张鼓满了风的帆，在景色旖旎的大海、沙滩、枣椰树背景下，显得格外迷人，被人们称为美丽的"帆船酒店"。

图4-122　新大都

具象与抽象两种方式很难严格区分，抽象中包含具象，具象中也有抽象。中国传统风水理论就以抽象的元素和具象的形式来喻示建筑与环境的合理关系，例如传统村落在布局时就以象形的概念来规划村落，契合某种文化象征；帝王寝陵也以自然元素为整体布局的某个象征单元，营造序列感强、层次丰富的空间感觉。从某种意义上说，任何一个建筑形象都是建立在具象思维的基础上的，又或多或少地包含了抽象因素。例如 FREE 事务所设计的迈阿密天主教小礼拜堂（图4-124），整个造型像一件圣女的洁白拖地百褶长裙，其灵感则源于天主教中的圣女瓜达卢佩，与天主教普世同享的主旨一致。这种裙摆式的形式不仅结构稳固，且漏斗形的形式有利于声音的传播，与礼拜堂的实际使用功能一致。与其有异曲同工之妙的是维多利亚艺术中心（图4-125），其功能是为大型交响乐及古典音乐作品演奏会提供专用演出场地。作为墨尔本的标志性建筑之一，纤细、高耸的锥形铁架勾勒出一位正在旋转舞裙翩翩起舞的芭蕾舞女，使建筑形态与建筑功能保持内在的一致。

具象与抽象两种方式并没有好坏之分。具象由于表达直接，有时能带来直观的视觉效果。而抽象则有时也会因为表达的含

图 4-123　迪拜阿拉伯塔酒店

图 4-124　迈阿密天主教小礼拜堂

图4-125　维多利亚艺术中心

糊不清使表达对象模棱两可，让人琢磨不透，更谈不上欣赏了。具象与抽象两种方式只要运用得当，都会给人带来美的效果和感受。

由表象到具象，再到抽象，实际上是从低层次的感受性情感到知悟性情感，再到高层次思维性情感的一个过程。感受性情感带有个人的迸发力和外界的介入力，而思维性情感则与个人的长期积累密切相关。一般来说，建筑从产生到发展，其过程就是一个由具象到抽象的过程，即由本能性的模仿到艺术性的加工的过程。在此过程中，一些个人和社会的情感要素被加进去，从而形成了多元的建筑形式：完全具象的模仿、半抽象的形似、深层次的抽象等。

在建筑发展历史上，有很多次具象的尝试。这些建筑受到自然美模仿、滑稽美学与波普艺术等影响，表现出夸张性和极端性。例如在泰国的曼谷，有形似大象的"象楼"（图4-126），有仿照玩具机器人建造的"机器人大楼"。在其他国家有像蘑菇、像泡泡、像眼睛、像碗、像玩偶、像鞋子（图4-127）、像书本（图4-128）、像提篮（图4-129）、像榴莲（图

建筑与美

4-130)、像黄瓜（图 4-131）、像原子弹云雾（图 4-132）、像摩天轮圆盘（图 4-133）、像人体、像外星生物等的建筑，五花八门，形形色色。

在中国，有外形为"福""禄""寿"三星像的北京天子大酒店，有五粮液集团的酒瓶和酒盒楼、形似侗族鼓的广西民族博物馆（图 4-134）、形似大脚的上海 LV 大厦（尚嘉中心）

图 4-126　泰国曼谷"象楼"

图 4-127　美国宾州"鞋屋"

图 4-130　新加坡滨海艺术中心

图 4-131　伦敦"小黄瓜"

图 4-128　美国堪萨斯市公共图书馆

图 4-132　科索沃国家图书馆

图 4-133　阿布扎比 Aldar 公司总部大楼

图 4-129　美国俄亥俄州的提篮大楼

第四章　建筑形式美的规律

图 4-134 广西民族博物馆

图 4-135 LV 大厦（尚嘉中心）

（图 4-135）、形似蝴蝶的松江新城方松社区文化中心（图 4-136）、形似钢琴和提琴的安徽淮南山南新区规划展示馆（图 4-137）、被喻为"秋裤大厦"的苏州东方之门（图 4-138）、形似"龙"形的北京盘古大观（图 4-139）、被称为"大肠塔"的北京兴创大厦（图 4-140）、被喻为"马桶盖"的浙江湖州喜来登温泉度假酒店（图 4-141）、被称为"落汤鸡的巢"的合肥滨湖美术馆（图 4-142）、被喻为"玉米棒"的郑州千玺广场（图 4-143）、形似古钱币的沈阳方圆大厦（图 4-144）、形似铜钱的广州圆大厦（图 4-145），形似孔雀的福建宝龙广场双子楼以及贵州的酒壶大楼、台湾新化的帽檐警察局等。这些具象或半抽象的建筑有的因为太像而失去建筑的属性美导致失败；有的则由于个性的凸显，满足了一定的审美需求而获得成功。例如以松江新城方松社区文化中心和安徽淮南山南新区规划展示馆作比较，虽然都采用具象的明喻，但前者对环境、功能、技术、空间的刻画远胜于后者，形式感和细部的设计也更胜一筹。当然如果前者在造型处理上更抽象一点，其建筑效果也将更好，建筑意会则会更深一点。

图 4-136 松江新城方松社区文化中心

图 4-137 安徽淮南山南新区规划展示馆

建筑与美

图 4-138　苏州东方之门

图 4-139　北京盘古大观

图 4-140　北京兴创大厦

图 4-141　浙江湖州喜来登温泉度假酒店

图 4-142　合肥滨湖美术馆

图 4-143　郑州千玺广场

图 4-144　沈阳方圆大厦

图 4-145　广州圆大厦

4.6.2　望远镜大楼

　　美国建筑师弗兰克·盖里在其建筑作品中合理运用具象和抽象手法，取得了良好的效果，著名的成功案例有望远镜大楼。望远镜大楼位于加州威尼斯城的缅因街上。建筑分为三部分，中间的入口处是一个尺度巨大的望远镜，这栋建筑被评价为"现代社会及人们矛盾价值观的独特表现"。它的成功，有几个方面的原因：一是与时代的思潮一致，盖里用夸张的望远镜直接比喻广告代理公司，符合"后现代主义"转喻甚至明喻化的思潮；二是与建筑的功能性一致，望远镜两个圆筒分别是会谈室与研究室，顶部目镜即为天窗，形式与功能契合（图 4-146）；另外，望远镜的夸张具象的造型也将趣味性从外部形态带到了内部空间中，使建筑表现出丰富的内涵。同样，盖里在1982 年设计的加州科学中心航空馆（图 4-147），将一架洛克希德 F-104 战斗机安置在入口上方，表达了科学的先进性和发展性，与航空馆的主题一致。由此看来，具象的建筑只要经过适宜的处理，就可以以它独特的个性和魅力获得成功。

　　相对于具象建筑的褒贬不一，抽象建筑由于经过艺术处理而形成一定的丰富语汇，符合人的审美的深层次要求而受到欢

图 4-146　望远镜大楼

图 4-147　加州科学中心航空馆

迎。在由具象到抽象的加工过程中，由于主体创造思维的
不同，因而创造了不同的视觉影像，就其形式来说，主要
包括半抽象的形似和深层次的抽象。

半抽象的建筑，是在对自然对象的外观加以提炼后，以
新材料、新结构、新技术等新手段对其进行重新模拟和再
现，其特点是借助原有形象的象征性和隐喻性，表达一种突
出的个性和特殊视觉冲击力，文脉主义、表现派、风格派和
未来派等先锋思潮中的一部分作品均含有半抽象的元素。例
如弗兰克·盖里为巴塞罗那体育场馆设计的鱼形雕塑，其中
鱼的头部被隐去，主要突出躯干和尾部的形态，鱼的材质则
采用古铜色的不锈钢，鱼的结构为密织网状，以金属支架支
撑，在阳光的照射下，里面的玻璃闪烁着鱼鳞的光，与地下
层的水面、旁边的塔楼形成微妙的视觉反差（图 4-148），
使建筑形态和空间表现出灵动、多变的特征。

20 世纪初开始的抽象派绘画表现为非具象、非理性的
纯粹视觉形式。其中的冷抽象，也称几何抽象、理性抽象。
其主要图式特征是有规律的点、线、面、肌理交错以及符

图 4-148　巴塞罗那体育场馆的鱼形雕塑

（a）爱因斯坦天文台

（b）受巴赫的 C 大调托卡塔
启示的草图

图 4-149　门德尔松的作品

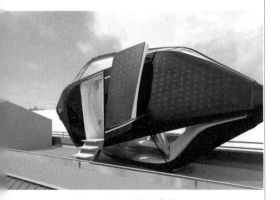

图4-150　屋顶胶囊

号重复或规则构图。冷抽象中还分为极多主义和极少主义。极多主义表现为符号重复密集或线条排列、交错反复；极少主义则表现为符号简单、明快。冷抽象对建筑风格中的表现主义、构成主义、未来主义、风格派等的抽象形式表达都有一定的影响。

表现主义的代表作品有门德尔松设计的爱因斯坦天文台（图 4-149a），建筑以表现深奥的相对论为主题，没有明确的转折和棱角，在流线形、富有雕塑感的有机形体上面开有不规则的窗洞，墙面上还有一些莫名其妙的突起，整个造型奇特，难以言状，表现出一种神秘莫测的形态美。同样，在门德尔松受巴赫的 C 大调托卡塔启示所画的草图（图 4-149b）中，抽象思维也占有主导地位。这种抽象的建筑表达方法在当代建筑中也常被使用。Nau Architects 设计的屋顶胶囊住宅（图 4-150）就是个抽象的形体，喻示人类栖居与自然的关系，表现了一种对当今居住状态的思索和未来居住模式的探索。

构成主义，又名结构主义，在初期侧重表现建筑的空间结构形式，形式象征性比实用性更占有主导地位。其代表作品有塔特林的第三国际纪念塔（图 4-151）和 Shabolovka 广播塔（图 4-152）。前者通过基本体圆筒以不同周长和不同速度的旋转，组成一个螺旋状高塔，用铁和玻璃两种材料构建出富有幻想性的现代雕塑形态，而后者则由一系列堆叠的双曲线组成精致的网状结构，塑造出一个无限想象的空间形态。随着现代技术的发展，结构主义开始强调建筑本身的实用功能和物理特征，即使结构本身成为艺术上的美学表现。

属于风格派的施罗德住宅（图 4-153）的设计明显

图 4-151　第三国际纪念塔

图 4-152　Shabolovka 广播塔

地受到荷兰风格派代表人物、非具象绘画创始者之一彼埃·蒙德里安的几何抽象派绘画（图 4-154）的影响，整个建筑的外形是由简单的立方体、光光的板片、横竖的线条和大片玻璃错落穿插组成。它可以说是蒙德里安几何形体派绘画的立体化。这种几何构成的方法对现代建筑影响深远，隈研吾设计的陶瓷云（图 4-155）就是运用了此种方法而取得丰富的韵律变化。

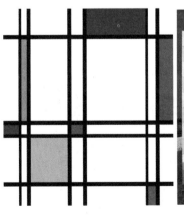

图 4-154　蒙德里安的作品

图 4-155　陶瓷云

图 4-153　施罗德住宅

4.6.3　悉尼歌剧院

人的审美感受之所以不同于动物性的感官愉快，正是在于其中包含有观念、想象的成分[1]。黑格尔认为，建筑的表现本来就是抽象的。有的建筑采用奇特、夸张的建筑形体来表现某种思想情绪，象征某种时代精神，而有的建筑在基于建筑本质的理性思考基础上，通过形似到神似，达到深层次的抽象美，这在现代主义、后现代主义和晚期现代主义中都有体现。例如柯布西耶设计的朗香教堂、夏隆设计的柏林爱乐音乐厅、埃尔·沙里宁设计的耶鲁大学冰球馆、环球航空公司候机楼等，都表现出追求个性与象征意义的倾向。其中，最引人瞩目的是丹麦建筑师约翰·伍重设计的悉尼歌剧院（图4-156）。

悉尼歌剧院位于澳大利亚悉尼市贝尼朗岬角，旁边是著名的悉尼海港大桥。悉尼歌剧院是澳大利亚的象征，也是现代建筑史上的经典作品。据设计者约翰·伍重晚年时说，他当年的创意其实是来源于橙子，正是那些剥去了一半皮的橙子启发了他。

图4-156　悉尼歌剧院

① 李泽厚. 美学三书. 合肥：安徽文艺
　　出版社，1999.

正是这个具象的想法经过设计师的艺术加工，转变成为美轮美奂的建筑形象，让人浮想联翩。

悉尼歌剧院的外观为三组巨大的贝壳形壳片，耸立在宽阔的钢筋混凝土结构基座上。三组壳片有大有小，方向、位置各有不同，有的连续，有的断开，形成丰富的韵律和层次美。悉尼歌剧院坐落在悉尼港湾，三面临水，高低错落的白色贝壳形群体与蔚蓝色的水面对比强烈，在阳光照映下，远远望去，像准备启航的风帆（图 4-157），表现了建筑的抽象美。

世界遗产委员会这样评价它："于 1973 年开始启用的悉尼歌剧院由于糅合了'创造'与'革新'等多样性元素，并应用于建筑形式与结构设计上，因而造就它成为 20 世纪最伟大的建筑工程之一。"这也正是悉尼歌剧院的魅力所在——以抽象与技术为手段，以象征与艺术为目的，造就了非凡的建筑。

图 4-157　悉尼歌剧院的外观

4.7 虚实与层次

——从形体到空间

轩楹高爽，窗户邻虚，纳千顷之汪洋，收四时之烂漫。

——计成

风景中的美丽之处，正是建筑中的美丽之处，是空气，是无人赏识的空气，即深度。深度诱惑心灵，使心灵听任它的驱使。

——【法】奥古斯都·罗丹

在各种艺术门类中，"虚"、"实"的概念各有不同。在建筑中，"虚"代表方向、通透，是行为或视线可以通过或穿透的部分；"实"代表遮挡、隐蔽，是行为或视线不能通过或穿透的部分（图4-158、图4-159）。建筑的虚实包括实体的虚实和空间上的虚实，实体的虚实包括立面上的虚实和形体上的虚实，而空间上的虚实则是由实体、空间的对比造成的感觉层次。

4.7.1 立面的虚实

立面的"虚"与"实"用物质实体和空间来表述。"虚"指的是立面上的空虚部分，如玻璃、门窗洞口、廊等，它们给人不

342

建筑与美

图 4-158　美秀博物馆

图 4-159　西安金地湖城大境

同程度的空透、开敞、轻盈的感觉。"实"指的是立面上的实体部分，如墙面、屋面、栏板等，它们给人以不同程度的封闭、厚重、坚实的感觉。立面的虚实是二维的，其"虚"、"实"又可具体到点、线、面等要素上，即柱子、墙体、洞口这些要素通过处理，可形成"虚"、"实"的效果（图 4-160）。从开放度的比较来看，封闭性强的为"实"，开放性强的为"虚"（图 4-161）。

　　立面上的虚实关系与点、线、面的排列规律密切相关，它

（a）Josephine　Baker　School

（b）莫地那大教堂

图 4-160　立面的虚实

图 4-161 "实"与"虚"（Vennesla 图书馆和文化中心）

（a）太和殿

可以归纳为三个方向上的关系，即水平对比关系、竖直对比关系、斜向对比关系（排除在水平对比关系和竖直对比关系之外的，包括斜向的直、曲、交叉、缠绕等多重对比关系）。水平对比关系（图 4-162）使建筑显得平缓、安静，竖直对比关系（图 4-163）使建筑显得挺拔、有力，而斜向对比关系（图 4-164）使建筑显得活泼、动态。在一般的建筑中，这三个方向的关系往往复合使用，形成复合的虚实关系，以达到丰富立面的效果（图 4-165）。

虚实的处理手法有：以虚为主、以实为主和虚实相间。以实为主（图 4-166），"实"多"虚"少，建筑则显得厚

（b）美国国家美术馆东馆

图 4-162　水平方向的虚实对比

（a）意大利比萨主教堂

（b）南京佛手湖会议中心

图 4-163　竖直方向的虚实对比

(a) 西雅图图书馆

(b) 丹佛艺术博物馆

图 4-164　斜向的虚实对比

(a) 沈阳故宫

(b) 银川国际会展中心

(c) 常州规划馆与博物馆

(d) 扬州大学昭文图书馆

图 4-165　立面虚实复合关系

重、封闭；以虚为主（图 4-167），"虚"多"实"少，建筑显得轻盈、开放；虚实相间（图 4-168），"虚""实"交错呈现，建筑则富有节奏感和韵律效果，强烈的虚实对比可以突出重点、丰富立面。

4.7.2　形体的虚实

形体的虚实关系与体的性质及其规律密切相关，它指的是形体的材料通透性、疏密等，以及形体的组成规律，即前后、凹凸关系。材料通透为"虚"，封闭为"实"；疏为

(a) Ecohotel：Friend House

(b) Aggrenad Hotel

图 4-166　以实为主

(a) 柿子林会所

(b) Capilla del Lago

图 4-167　以虚为主

(a) 深圳建科大楼

(b) 牛津大学萨默维尔学院学生宿舍

图 4-168　虚实相间

"虚"，密为"实"；凸为"实"，凹为"虚"；前为"实"，后为
"虚"。但这些只是相对的，只有在不同的对比中才能准确的定
义是"实"还是"虚"（图4-169）。

形体上的凹进部分和凸出部分大都是根据功能上、结构构
造上的需要形成的。形体上的虚实是三维的，在建筑中，通过
各种凹凸部分的处理可以丰富轮廓，加强光影变化，组织节奏
韵律，突出重点，增加装饰趣味等（图4-170）。

（a）卢浮宫　　　　　　（b）长春科技文化综合中心　　　（c）Giants Causeway Visitor Centre

图4-169　形体的虚实

（a）敦煌莫高窟　　　　　　　　　　（b）国家贸易银行

图4-170　建筑形体的凹凸处理

(a) 母亲住宅   (b) Josephine Baker School

图 4-171 凹凸与光影

形体的虚实需要通过形体的变化和组合达到。其处理方法同立面的虚实处理一样，只是把点、线、面形式替换成体的形式，比如墙面利用立面的凸出部分（如阳台、雨篷、楼梯间）与凹入部分（如门洞、凹廊）的规律性变化，取得生动的光影效果，从而获得立体感和雕塑感（图 4-171）。

从视觉上看，形体的"实"是视觉上可以明确感知的，结构、视觉中心是"实"存在的基础。而"虚"则是视觉上暂时达不到的，有时需要通过"实"来想象。"虚无常形"，也就是说虚没有固定的形态，这种未知的形态赋予了形体更多的趣味性（图 4-172）。

(b) 绿地重庆海外滩项目体验中心

(a) Slit House 狭缝屋

图 4-172 虚的趣味

建 筑 与 美

4.7.3　空间的虚实

对于建筑来说，形体塑造并不是唯一的目的，空间才是建筑的主角。形体造就了空间，形体与空间之间本身就是一组虚实关系。虚实相生，有形体才会有空间，空间依赖于形体，并通过形体来表现，这种虚实关系让空间成为形体变化的产物。

空间的虚实由于加入时间元素，变成四维的模式，这种时间轴线上的对比让空间延伸，从而造就了空间丰富的层次（图4-173）。空间的层次可以分为单视场层次和多视场层次。单视场层次是指通过人的同一视野见到的层次，是通过立面、形体虚实对比等基本手法达到的。多视场层次，是指人对建筑作多视点感受时的形态印象，其多层次感受是通过记忆形象和逻辑思维的前后对比来完成的。

以中国古典园林来看，其单视场层次中就有很多处理空间的手法，如框景、借景等。框景（图4-174）就是对已有的景色设置景框，景框可以是门、窗或者建筑轮廓等。框景让人的居点与景点之间的空间距离加大，通过实框和虚景的对比，从而增加空间的层次。借景（图4-175）则是将他处的景色（建筑、自然、框景等）纳入到已有的景物层次，通过增加空间的延伸度，以获得远、中、近多层次的空间效果。最绝妙的框中有框（图4-176），是框景和借景的结合，所谓"画中有画，余味无穷"。

宗白华曾经这样描述中国古典园林的虚实和层次美："玉泉山的塔，好像是颐和园的一部分，这是'借景'。苏州留园的冠云楼可以远借虎丘山景，拙政园在靠墙处堆一假山，上建'两宜亭'，把隔墙的景色尽收眼底，突破围墙的局限，这也是'借景'。颐和园的长廊，把一片风景隔成两个，一边是近于自然的广大湖山，一边是近于人工的楼台亭阁，游人可以两边眺望，丰富了美的印象，这是'分景'。《红楼梦》小说里的大观园运用

（a）天坛

（b）故宫

（c）嘉峪关

图4-173　空间的层次

园门、假山、墙垣等，造成园中的曲折多变，境界层层深入，像音乐中不同的音符一样，使游人产生不同的情调，这也是'分景'。颐和园中的谐趣园，自成院落，另辟一个空间，另是一种

(a) 古猗园

(b) 太仓弇山园

图 4-174　框景

图4-175　借景（拙政园）

图 4-176　多重框景（杭州郭庄）

趣味。这种大园林中的小园林，叫做'隔景'。对着窗子挂一面大镜，把窗外大空间的景致照入镜中，成为一幅发光的'油画'，'隔窗云雾生衣上，卷幔山泉入镜中'（王维），'帆影都从窗隙过，溪光合向镜中看'（叶令仪），这就是所谓'镜借'了。'镜借'是凭镜借景，使景映镜中，化实为虚（苏州怡园的面壁亭处境偏仄，乃悬一大镜，把对面假山和螺髻亭收入境内，扩大了境界）。园中凿池映景，亦此意。"①

"无论是借景、对景，还是隔景、分景，都是通过布置空间、组织空间、创造空间、扩大空间的种种手法，丰富美的感受，创造了艺术意境。中国园林艺术在这方面有特殊的表现，它是理解中华民族的美感特点的一项重要的领域。概括说来，当如沈复所说的：'大中见小，小中见大，虚中有实，实中有虚，或藏或露，或浅或深，不仅在周回曲折四字也'（《浮生六记》）。这也是中国一般艺术的特征。"②

这种虚实相间的处理手法使中国古典园林充满了小中见大、步移景异的丰富空间感。《江南园林》有这样的文字："盖为园有三境，评定其难易高下，亦以此次第焉。第一，疏密得益；其次，曲折尽致；第三，眼前有景。可见，庭院中有了迂回曲折便不至于一目了然，索然乏味，而是处处有景，景移步移，令人游兴盎然。"与中国古典园林通过有意设置"实"与"虚"的手法一致，技术的发展使现代建筑围护构件可以灵活"分隔"、空间可以自由"流动"，原有相互隔绝的封闭空间可以通过相互之间的渗透，并通过虚、实的对比，增加空间的深度和层次（图4-177）。

中国古典建筑、园林还注意多视场层次（图4-178）的塑造。"庭院深深深几许"，深的不仅仅是景色，而且包括空间的丰富层次，也就是这一居点和另一居点的空间感受是不同的，这种不同带来了观者情绪的跌宕起伏。所谓曲径通幽，

①② 宗白华. 美学散步. 上海：上海人民出版社, 2005.

也是这个道理，未知的虚空间的存在、到达这个虚空间的曲折、视觉层次的增加，都让整个空间变得幽深而绵长。

图 4-177　现代空间的虚实（美秀博物馆）

建筑与美

图 4-178　多视场层次（中国古典园林）

在古典建筑、园林中，空间的一抑一扬、一遮一现、一收一放、一停一行，给居者丰富的空间体验，足不出户而感四时之变化、自然之多彩。这种空间体验就是通过形体和空间的前后对比和序列变化整体呈现的（图 4-179）。"在中国园林中，往往以建筑物与山石作对比，大与小作对比，高与低作对比，疏与密作对比，等等。而一园的主要景物由若干次要的景物衬托而出，使主次分明，像北京北海的白塔、景山的五亭、颐和园的佛香阁便是"（陈从周）。

从北京故宫的空间序列组织可看到：经金水桥进天安门空间极度收束，过天安门门洞又复开敞。接着经过端门至午门则是两侧朝房夹道，形成深远狭长的空间，至午门门洞空间再度收束。这两段是进入三大殿的序幕。过午门穿过太和门，至太和殿前院，空间豁然开朗，达到高潮。往后是由太和殿、中和殿、保和殿组成的"前三殿"，接着是"后三殿"，同前三殿保持着大同小异的重复，犹如乐曲中的变奏。再往后是御花园。至此，空间的气氛为之一变——由雄伟庄严而变为小巧、宁静，表示空间序列的终了[①]。"深刻的印象，必须亲自进到那动人的环境中，才能体会得到"（林徽因）。同样，颐和园的空间序列也呈现出这样的连续对比、虚实变化（图 4-180）。

图 4-179　空间的对比
（中国古典园林）

① 曾坚，蔡良娃.建筑美学.北京：中国建筑工业出版社，2010.

(a) 颐和园

(b) 北京故宫

图 4-180 空间序列

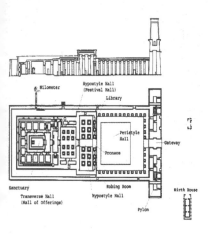

图 4-181 埃德夫的荷鲁斯神庙（完整、连续的空间序列）

　　建筑空间序列的体验是动态的，只有在完整、连续的过程中，空间的封闭与开放，尺度的大与小、紧凑和疏朗等通过前后的对比和节奏变化才得以展现，空间的完整序列才得以感受。在此过程中，单视场层次和多视场层次都要兼顾，沿着一定的序列，能感受到既和谐一致，又富于变化的体验（图 4-181）。空间序列有两种基本类型：规整的序列空间让人感到庄重，如神庙、宫殿空间（图 4-182）；而自由的序列空间让人感到活泼，如园林空间。

图 4-182　日本枥县的东照宫神社

　　建筑的虚实关系是可以相互转换的，这种虚实关系的转换可以是建筑实体和空间的转换，这种转换关系表现在平面上，被称为图底关系，例如圣马可教堂的建筑与广场空间之间的关系（图 4-183）；也可以是虚实关系在时间轴线上的转换，随着时间的变化，建筑的虚实产生变化，例如晴朗、雨雾天气让建筑分别呈现出清晰分明或若隐若现的效果，充足、混浊的光照分别勾勒出建筑的不同轮廓，白天和夜晚建筑内外空间呈现的不同对比（图 4-184）。

　　建筑的虚实使建筑的形体和空间得以产生，也使形体和空间更富有变化和趣味。可以说，建筑的虚实处理是建筑得以成为空间艺术的核心。

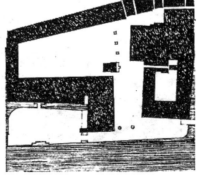

图 4-183　图底关系

(a) 云南昆明"隐舍"

(b) 沃夫兹堡现代美术馆

(c) Hotel Refugia

图 4-184 时间轴线上的虚实转换

第五章 建筑审美心理

建筑审美心理是指审美主体（人）在审美实践（建筑欣赏）中面对审美对象（建筑）以审美态度感知对象从而在审美体验中获得情感愉悦和精神快活的自由心情。建筑，从满足人的基本生理需要发展到满足公众的心理需要的过程中，已从建造构筑物上升到了艺术。建筑不仅仅是遮风避雨的物质实体，更是寄托着人类情感的诉求载体。

本章从建筑审美心理入手，通过对建筑审美的发展过程的分析，探讨了审美主体从个体到群体的心理历程和从低级到高级的演变过程，从而帮助人们更深层次地认识建筑美。

5.1 从生理到心理
——边界、屋顶和墙壁

首先，墙都是厚厚的，它意在保护人的人身安全。然而对自由以及对外部世界的渴望使人首先在墙上弄了一个粗糙的出口。

——【美】L.I.凯恩

人们布置直墙、平展的地面、过人或进光线的洞口（门或窗）。洞口是明亮的或者黑暗的，导致愉快或愁苦；墙面是明亮放光的，或是半暗的，或是全在阴影之中，导致愉快、宁静或愁苦。

——【法】勒·柯布西埃

5.1.1 建筑与心理需求

人是一种高级动物，人除了有基本生理活动外，还有基础性心理活动（感觉、知觉）和高级心理活动。以汉字的"福"字为例，"福"从"衣"从"畐"（图5-1）。"畐"，本象形，是"腹"字的初文，上像人首，"田"像人的腹部。其腹中的"十"字，表示充满之义，因此"畐"有腹满之义。可见物质生活的满足是当初人们追求的首要目标。"福"字在甲骨文中的形状：一人两手捧酒做祭祀之态。人们以酒肉作为祭祀用，不仅意味着要有充足的物质生活，也期盼得到更多的内心满足。这种内心满足的心理需要逐渐演化，便成为人们对"福"的期盼。"福者，百顺之名也"（《礼记》），百事顺利不仅是指物质生活的如意，也包括精神生活的满足。

图 5-1　"福"的写法

　　与"福"字的丰富内涵相似，建筑，从遮风避雨的庇护所发展到社会文化的表征物，也经历了从满足生理需求到满足心理需求的漫长发展过程。建筑可以满足人的基本物质需求被视为建筑营造的目的。传统的建筑空间尺度体系，是以人的物质需求尺度来衡量的，人的需求的拓展则促使建筑发展出丰富的内容和形式。

　　建筑不仅要满足人的各种物质需求，同时还要满足人的精神需求。柯布西埃曾经这样说："建筑是一种艺术行为，一种情感现象，在营造问题之外，超乎它之上。营造是把房子造起来；建筑却是为了动人。当作品对你合着宇宙的拍子震响的时候，这就是建筑情感，我们顺从、感应和颂赞宇宙的规律。当达到某种协律时，作品就征服了我们。建筑，这就是'协律'，这就是'纯粹的精神创作'"。

　　以门和窗为例，门窗是封闭空间的生命之洞，赋予建筑以生命力。门主要是为了满足内外交通便利而设计的开口，为了防止外界入侵而限定的出入口，为了封闭的目的而设立的界限。而另一方面，门也有着象征性的符号作用，"巴厘岛的割门是圣域的象征；印度的阳台是为了男性之间进行交流而设计的小的世俗的领地；照壁在具有宗教意义的同时，还是一扇面向住宅内部的有遮住视线作用的小墙壁；刻在姆扎卜山谷的住宅入口处用来驱魔的'法蒂玛之手'，与其说是门，倒不如说是象征性符号，它充分地表明了门的意义，即门具有阻止外面的混沌世界进入内部的符咒般的功能"。①

　　我们再来看窗户，窗户本是建筑封闭空间的开口，用来采光、通风以及眺望远处的景色，以满足使用者的基本生理需求（图5-2）。在此基础上，为了满足人们心理上的视觉欣赏要求，窗户的形状、位置和大小等开始被推敲，以达到方便、合理地

图 5-2　窗的生理作用

采纳美景的目的。例如中国园林中称"尺幅窗，无心画"（李渔）即以合适的窗户纳窗外之景。"窗户并不单为了透空气，也是为了能够望出去，望到一个新的境界，使我们获得美的感

① （日）原广司. 世界聚落的教示100. 北京：中国建筑工业出版社，2003.

受"（宗白华）。随着人们对建筑的认知和自身心理需求的扩大，窗户的外形也开始被装饰，并与特定的文化心理需求相联系，逐渐发展成为建筑文化的一种符号（图5-3），人们看到它，总会联想到不同的文化背景。

图5-3　窗的文化作用

建筑是由物质实体组成，建筑的形状、尺寸、色彩、排列、质感等外部特征总会给人们一定的感觉刺激，并发展成知觉感受。这种对主要或选择性特征的整体把握，随着人们对知觉对象理解的不断加深，并与已往的印象、知识、经验对比，从而形成对建筑的整体外在知觉，我们可以称为建筑的外在表情。此外，建筑围合的空间的大小、高低、宽窄、明暗、虚实、对比、序列等，同样给人们一定的知觉感受，这种知觉感受赋予建筑不同的体验空间，我们可以称为建筑的内在性格。建筑的外在表情与内在性格的不同使建筑得以区分，从而演绎出丰富多彩的建筑性格（图5-4）。

建筑与美

（a）上海世博会安哥拉展馆　　　　　　　　（b）迪拜帆船酒店

图 5-4　建筑性格

生态知觉理论认为：使用者感知到可能存在的功能更甚于空间实际的功能。基础性心理需求的感知，是体验空间的前奏。建筑感知可以从建筑的形状、尺寸、色彩、排列、质感等外部特征入手。建筑的形状是高耸还是低矮，是稳定还是动态，是规整还是自由，会给人造成亲切或压抑、呆板或变化、和谐或活泼等各种不同的心理感受。建筑的尺度是否宜人不仅取决于建筑的尺寸能否达到人的生理尺寸，还必须考虑能否达到人的心理尺度以及人在建筑中是否能感受自己所期盼的尺度关系。建筑的视觉排列是有序、无序，同样给人一定的心理暗示。排列方式的合理安排，在某种程度上是建筑的二次设计。建筑空间的大小、高低、宽窄、明暗、虚实、对比、序列等内在特征，同样是通过感知的对比造成人的心理变化（图 5-5）。

人在基础性心理需求基础上，开始认识自己，认识社会，逐渐发展成高级心理需求即安全、私密、人际交往、社会展示等需求。建筑要满足人的各种心理需求，便需要塑造出不同类型的空间形式：个人空间、公共空间。个人空间是个人心理上所需要的最小的空间范围，"一片封闭的墙体并不仅仅是防御性的，它也是入侵性的，表现着占有者在城市中居住的强烈意愿。同时，它提供了一个私密生活在内部得以展开的场所"（安藤忠雄）。他人对个人空间的侵犯与干扰会引起空间占有者

（a）Dream Downtown Hotel

（冰冷的墙面与温暖的入口）

(b) 伊斯坦布尔防灾教育中心

（深色、巨大的形体让建筑的心理塑造力大大增加）

(c) 索玛亚博物馆

（巨大的尺度和梦幻的室内空间塑造了建筑的纪念性）

(d) 透视门

(层层缩进的入口，增加了内部空间吸引力)

图 5-5　建筑感知

的焦虑和不安。范斯沃斯住宅（图 5-6）是德国现代建筑大师路德维希·密斯·凡德罗 1945 年为美国单身女医师范斯沃斯设计的一栋住宅。住宅坐落在风景秀丽的自然环境之中，并以钢材框架和大片玻璃筑造了一个"看得见风景的房间"。但这座现代主义风格的玻璃盒子由于将居住作为公共性行为和缺乏对个人私密性空间的设计，受到使用者的排斥，建筑也注定只是建筑师个人的试验品。作为成功塑造个人空间的案例之一，造型独特的金华建筑公园 6 号厕所（图 5-7）位于公园内一个开放的场地上，设计者把公厕从传统的一体空间分解成若干相对独立的小空间组合，从而最大限度提高厕所内部的私密性，使使用者有了安静悠闲的个人化感受。上端开放的弯曲"烟囱"不仅能保持良好的采光和通风作用，同时能引入天空以及公园景观，

图 5-6　范斯沃斯住宅（私密空间的缺乏）

图 5-7　金华建筑公园 6 号厕所（私密空间的塑造）

避免压抑感，形成与自然的融合。当然最重要的是建筑塑造出了满足私密性要求的个人空间。

人不仅需要安全感和私密性强的个人空间，也需要满足人际交往需求和社会展示需求的公共空间，公共空间可分为半公共空间（图 5-8）和公共空间（图 5-9），前者介于私密空间和公共空间之间。在建筑设计中，通过采用限定的建筑边界、合

图 5-8　半公共空间（澳大利亚 K3 住宅）

适的依靠高度、可以停留的等待空间等方式，都可以加强空间的领域感（图 5-10）。

5.1.2　建筑边界

建筑边界是保证建筑安全、界定建筑领域空间的抽象符号，芦原义信在《街道的美学》中这样描述中东沙漠地区的建筑边界："达官富豪们在沙漠中划出了广阔的土地，对他们来说，头一件大事就是在一望无际的沙漠中建立起表示'边界'的围墙。其理由，一方面是标明占地边界以防他人侵入，另一方面是有防止风沙漫卷的功能作用，不过更重要的是对他们这种没有边界就无法安定生活的民族来说，这还是一种精神结构。"

从物质实体来看，建筑边界一般是由墙、栏杆、门窗等建筑构件围合的。在生理上，跨越建筑边界总是有一定难度的，需要具备一定的能力；在心理上，这种物质实体构成的视觉障碍造成围合空间的纵深，增加了其神秘性。这种障碍越封闭，层次越多，其空间神秘性越强，空间越内向，心理上则越安全；反之，障碍越通透，层次越少，其空间神秘感越弱，空间越外向，心理上则越不安全（图 5-11）。

建筑边界划分了内外，标识了私有（个人或群体）或公共的领域范围。围以栅栏，原始自然就成了园囿；围以墙体和屋

图 5-9　公共空间

（德国 Magdeburg 露天图书馆）

(a) 德高贝登数码港

(b) La Fabrique 表演艺术中心

(c) 阿根廷 Concrete House in Buenos Aires

图 5-10　空间的领域感

(a) 美国圣路易丝拱门

(c) 哈桑二世清真寺

(b) 天坛圜丘

（d）阿格拉堡

图 5-11 建筑边界

顶，原始自然就成了建筑；围以建筑，原始自然就成了庭院。
建筑边界是生理上的防卫界限，同时也加强了心理上的安全感。
例如碉堡（图 5-12）通过以封闭的墙体、向外的防御小孔洞来
加强防卫，并划分领域空间，给人强烈的牢固感；关隘（图 5-
13）以厚实的墙体、窄小的门洞使其能够做到"一夫当关，万

图 5-12 碉堡

夫莫开"。这种居内窥外的模式不仅起到了界定和防御作用，也使防御者的心理更安定，从而增强了安全感。

在中国古代城市，城池起到防守的作用，城池以城墙和护城河等建筑边界来界定、防守。《礼记·礼运》："城郭沟池以为固。"要想城池牢固，则城墙必须高大、护城河必须宽深，这样不仅造成进攻者在实际进攻时攀爬、翻越的困难，而且进攻者在进攻前因城墙的高耸、坚固会有所畏惧，这种心理的压迫感会加大进攻者攻城的难度。稍大主城的外面一般还设有小城，称瓮城、月城，其功用主要是增加防御层次（图5-14）。内向围绕、窄小的瓮城（图5-15）对于防御是有利的，因为"瓮中捉鳖"的心理不仅让进攻者胆寒，也让守城者信心十足。

5.1.3　屋顶

屋顶是建筑的重要组成部分，也是建筑边界的一种特殊形式。作为承天接地的建筑构件，屋顶是保护人类生存的基本建筑元素之一。没有屋顶，建筑可以方便地观察天空和云彩；有了屋顶，建筑可以遮风避雨，让居住者在生理上、心理上感觉更安全。中国古代人们以厚实的材料覆盖屋顶，目的是希望它能更有力地阻挡风雨。随着社会的进步和发展，屋顶逐渐地被装饰，并与社会文化心理相结合，演化出不同规格、不同层次的屋顶风格，屋顶已成为中国传统建筑所特有的建筑元素和符号，因此，中国传统建筑的屋顶也被称为建筑的"第五立面"（图5-16）。

随着现代材料和建筑技术的发展，屋顶与自然的联系变得更紧密，钢和玻璃的架构使屋顶变得开敞、透明，阳光和雨露可以轻易地洒进建筑里，人们渴望自然的心理得以满足。技术的成熟不仅使人的生理满足得以实现，而且

（a）阳关

（b）嘉峪关

（c）玉门关

图5-13　关隘

371

第五章　建筑审美心理

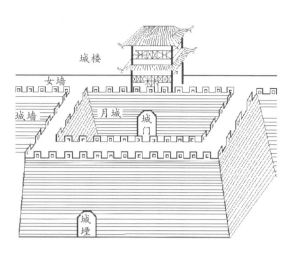

图 5-14　城池结构

图 5-15　瓮城（襄阳老城）

还可让屋顶以各种现代和丰富的审美形态呈现。屋顶现已成为人们仰视天空、体验自然的界面（图 5-17），人类和自然与科技的关系显得更加密切。另一方面，传统屋顶的规则、线性、单一被打破和颠覆，从而以新的结构方式和面貌出现（图 5-18），使屋顶语言的含义更加模糊和多元（图 5-19、图 5-20、图 5-21）。

（a）北方屋顶

（b）南方屋顶

图 5-16　中国传统建筑的屋顶

图 5-17 现代屋顶（仰视天空、体验自然的界面）

（a）韩国 Z-house

（b）哥伦比亚 Four Sport Scenarios

（c）内蒙古 Yellow River Hotel

（d）国电宁夏太阳能有限公司办公楼

图 5-18 传统屋顶的解构

图 5-19　作为表皮的屋顶（日本六甲垂枝天文台）

图 5-20　体现结构、材料和技术的屋顶（2000 年汉诺威世博会标志 "屋顶"）

图 5-21　代表构筑文化的屋顶（梼原木桥博物馆）

5.1.4　墙壁

墙壁的发展也顺从着从生理到心理的轨迹。作为建筑边界的一种，墙壁本是固定、限定空间的主要元素，"古人造墙，那些墙延展开来，互相衔接，以致进一步扩大了墙。这样他就创造了体形，这是建筑的基础，一种可感的感觉"（勒·柯布西埃）。墙壁在固定、限定空间的基本功能上，开始与人类的心理需求相结合，为人类提供富有安全感和存在感的心理边界。"在欧洲的住宅中，限定内部空间的墙，意义是极其重要的，由于厚墙所产生的防护性，才承认了家的存在"（芦原义信）。

随着时代的发展，人的安全、交往等心理需求被进一步延伸，对自由的渴望和对外部世界的向往使在墙壁上装饰、开口成为主角，墙壁的角色也开始转变，墙壁从固定形式变成可移动形式（图5-22），从限定空间到模糊界限，墙壁开始成为视觉和心理的体验对象。现代的结构形式和技术也使原始、传统墙壁的注解开始呈现出新的语义，墙壁开始消解和重构，丰富的现代墙壁新形式呈现出来（图5-23）。

在Malopolska艺术园（图5-24）中，建筑通透的外墙使自然与相邻建筑的印记渗透，建筑以无边界花园展示了历史与自然；比利时镂空教堂（图5-25）则以镂空方式与周围景色融为一体，模糊的墙壁增加了外部景色的层次，镂空也让阳光的照射显得变化多端；位于澳大利亚悉尼纪念公园的卫生间（图5-26），墙壁被肢解成若干片段构件，竖向线条被强调，高高低低的片段构件仿佛参差不齐的树木，显得生机勃勃、活泼有趣，也与周围环境自然融合。

从边界、屋顶和墙壁的产生和发展来看，建筑不仅仅提供一个安全、舒适的空间，更希望通过形态、空间的塑造来满足人类更深层次的精神需求，这种需求，也将随着人类的发展变得更加多元和多样。

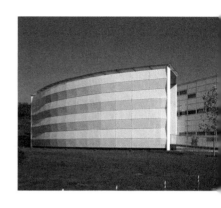

图5-22　墙壁的可移动形式
（动态幕墙大楼）

(a) 曼谷 LIT 酒店

(b) 广州天河新天希尔顿酒店

(c) John Curtain 医学研究院　　　　　　　　　　　(d) 轻井泽千住博物馆

(e) 意大利 Hotel Strata

(f) 欧共体法院

(g) 澳大利亚瓦南布尔校园建筑

图 5-23　墙壁的消解和重构

图 5-24　Malopolska 艺术园

图 5-25　比利时镂空教堂

图 5-26　澳大利亚悉尼纪念公园卫生间

5.2 审美心理结构
——台榭、长城和客家土楼

一间房屋虽只是一个相当简单的建筑，然而它却可能是个地方，因为它包含了多种因素：它提供庇护、它是符合社会需要具有阶级组织性的空间、它是关怀的园地、它是回忆和梦想的储藏库。

——【美】段义孚(《地方的塑造》)

5.2.1 审美心理结构

一般来说，审美心理结构分为三个层次：生理层次（低）、心理层次（中）、社会文化层次（高）。相应地，建筑领域的审美心理结构也可分为三个层次：维生层次、乐生层次和越生层次。维生层次，是建立在维持个人基本物质性需要基础上的，包括生存需要、安全需要、生理需要、生活需要及其他物质性需要等。在维生层次，个体与自然的关系是从畏惧到了解的过程，这时的审美心理是建立在求真（实用思维）基础上的，其审美状态是朦胧的。在维生层次，存在一种原始、朴素的审美，这种审美是在对生存、安全需要的满足基础上渐渐发展的，是一种不自觉的审美。乐生层次，是建立在个体对自我和社会的认知需要基础上的，包括自我认知的需要、归属需要、爱与尊重的需要、交往组织需要、社会和文化需要及其他个体心理需要等。在乐生层次，个体与自然的关系是征服与被征服的关系，这时的审美心理是建立在求美（感官思维）基础上的，这种审美是自觉的审美，其审美状态也随主体的不同而呈现出丰富、多元的特征。越生层次，是建立在对个体、社会价值的认知和感悟等高级需要基础上的，包括自我价值实现、信仰需要等。在越生层次，个体与自然的关系是平等的，这时的审美心理是建立在求善（德理）基础上的，这种审美不仅是自觉的审美，而且其审美带有很强的主导性，可以影响主体的物质需要和心理需要，其审美状态是一元的。

例如在英文中，"house"的释义有：覆盖；住；（养动物的）棚；房子、住宅；家庭；家人；家族（尤指皇族或贵族）；（学校的）供膳的宿舍；（学生为体育比赛而分的）组；（用于特殊目的的）建筑物；剧场；（剧场等的）观众；机构；所、社；商号；议会；议院（下院）等。从这里可以看出，作为"house"的审美心理结构就包涵三个层次：作为最基本的维生层次是提供安全（覆盖）、生存（住）和生活（畜养）的房子；而后作为乐生层次的是归属的家、爱与尊重的家庭、家人以及作为自我认知的住宅空间；最后作为越生层次的是自我价值实现和交往组织的宿舍、学校等社会场所以及作为信仰需要和文化需要的机构等。当然，这三个层次在实际的审美心理结构中并不是独立的，而是相互交叉、相互融合的。例如在地震后重建的四川孝泉小学（图5-27）的设计中，街巷、广场、庭院、台阶等城市空间概念被引入到校园中，多样的、有趣的、平等的建筑空间提供了教学、交流、游戏等多元行为场所。这样的设计不仅使孩子们得到更全面的空间体验，也从不同审美心理层次使孩子们获得了更丰富的锻炼和成长条件。

图 5-27 四川孝泉小学

作为维生层次的基本物质性需要之一，生理需要是基于本能的，即人作为有思想的自然存在体对自然影响产生的本能反映。不同于自然界一般有机体的反应，人类的生理需要是受到其思想、意识、意志的控制和支配的。人在遇到自然界的刺激影响下，会作出本能反应，并产生对于刺激的心理反映——积极或消极，并进一步产生应对的维生策略——满足下的巩固，冲突下的改良。

从建筑领域来说，建筑得以产生的根源就是对基本的物质性需要的满足。达尔文在《人类的起源》中写道：已经表明猩猩在夜晚用露兜树的树叶盖在身上。他还记录了贝布雷姆观察发现的一只狒狒为防止太阳的照射把席子盖在头上的例子。鲁道夫斯基认为许多动物早在人类开始用弯曲的树枝建造四处漏雨的屋顶前，就是熟练的工匠①。动物的本能使它们有着同样的要求，人类亦然。作为原始动物的人在受到自然界的不利刺激时，其本能反应首先是如何避免，其次才是应对，其心理历程是躲避——防御——认知。也就是说，人在自然的不利刺激下会选择在山洞、大树底下躲避风雨等灾害或以此来御寒，人在这个阶段对自然会产生恐惧或敬畏之感，包括对太阳、风、雨、闪电等自然现象产生崇拜之感，这在原始建筑遗迹中都有所体现，例如古埃及的方尖碑和金字塔就表达了人类对太阳的崇拜。随着劳动改造了人，人类逐渐进化并开始认识自然，并试图改造自己的生存环境，由此产生建筑的雏形——遮风避雨、防御自然灾害的实用空间。《韩非子·五蠹》："上古之世，人民少而禽兽众，人民不胜禽兽虫蛇，有圣人作，构木为巢，以避群害。"《孟子·滕文公》："下者为巢，上者为营窟。"穴居（图5-28）、巢居（图5-29）等人类早期的居住形式由此产生。在这一时期，建筑的生存和防御功能是首要的，所以墨子说："……是故圣王作为宫室，便于生，不以为观乐也。"

① 胡惠琴. 世界住居与居住文化. 北京：中国建筑工业出版社，2008.

建筑与美

人类在对自身生存环境改造的过程中，逐步认识到自然环境的多样性，并发展出不同的应对措施，产生了不同的建筑形式，完成了以实用为主的维生心理到审美为主的乐生心理的转变。世界各地丰富多彩的民居实例就是其最好的说明。

图 5-28 现代的"穴居"（斯德哥尔摩的地铁空间）

图 5-29 现代的"巢居"
（宾夕法尼亚大学莫里斯植物园的树屋）

5.2.2　台榭

　　维生层次的基本物质性需要包括对内的实用性和对外的防御性。有的时候，对外的防御性甚至会与对内的实用性一样重要（图5-30）。对内的实用性主要体现在使用功能上，而对外的防御性则集中体现在安全保障上。在建筑审美的维生层次，基于安全的考虑也是最重要的，特别是在人类早期恶劣自然环境和人为动乱背景下，安全目的更是建筑发展的基础（图5-31）。中国古代的台榭建筑的发展就是建立在安全防御的基础上的。

　　盛行于战国到西汉时期的台榭建筑是以高大的夯土台为基础和核心，在夯土版筑的台上层层建屋，木构架紧密依附夯土台而形成的土木混合结构体系。早期的台榭建筑包括"台"和建于其上的"榭"。"台，观四方而高者"，"榭，台有屋也"（许慎《说文解字》）。《楚辞招魂》中"层台累榭，临高山些"

图5-30　中巴车house

（为家庭提供一个居住和庇护的场所的意义远大于外界给予的新奇解读）

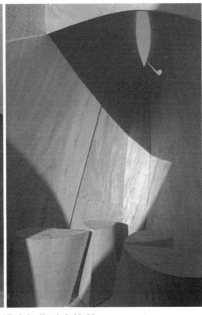

图 5-31　温尼伯滑冰场临时庇护所

（为滑冰者提供一个躲避严寒的保护性空间）

即指堆土成台、架木成榭。这种由高出地面的"台"和木构的"榭"组合成的台榭建筑满足了人类亲近上天和俯瞰大地的需求，并随着高度的增加而加强了心理的崇高感和满足感。这种建筑，其外观宏伟、位置高敞、居高临下的特点十分符合帝王的心理需求，所以适合作为礼仪建筑，即"高台榭、美宫室，以鸣得意"。又据说古代的天子有"三台"即灵台、时台、囿台。"灵台以观天文，时台以观四时施化，囿台以观鸟兽鱼鳖。"这其实就是建筑的乐生层次的需要。

① 尚学锋，夏德靠译注. 国语·楚语. 北京：中华书局，2007.

如果从维生层次的防御性角度看，高台建筑相对于平地的建筑，其防御性能更佳，特别在早期社会复杂的自然环境和社会环境中，防御性目的是最重要的。这种防御性目的使台的坚固要求最为突出，"台者，持也。言筑土坚高，能自胜持也"（《园冶·屋宇》）。这里的防御性包括对自然的防御和对人类的防御。对自然的防御包括对水患、动物等防御，这其中还包括对自然天象的观测，"故先王之为台榭也……台不过望氛祥……台度于临观之高"。对人类的防御则是应对部族间的相互征战，居高临下总是占有绝对优势的，早期的高台还可以在上面检阅军队，起到战备的作用。"……榭不过讲军实……故榭度于大卒之居。"①在防御的基础上，才会有求美的产生，如台榭可眺望景色、可作为识别性强的核心等。"灵王为章华之台，与伍举升焉，曰：'台美夫！'"台榭建筑对中国宫廷建筑影响深远，例如我们现在还可以从邯郸赵国古城建筑——邯郸武灵丛台和古邺城三台之——金凤台遗址（图5-32）中找到台榭的影子。"台上弦歌醉美人，台下扬鞭耀武士"的作用虽已

（a）邯郸武灵丛台

（b）古邺城的金凤台

图5-32 台榭

不存在，但其巍峨的气势还遗存至今。台榭建筑对于民间建筑也有一定影响，很多民间建筑（例如我国的客家土楼）都是从台榭建筑的防御特点中汲取经验和智慧的。

5.2.3　长城

生存需要和安全需要是维生层次的基础，这点我们还可以从长城的作用看出来。长城是古代中国在不同时期为抵御塞北游牧部落联盟侵袭而修筑的军事工程，由于受到不同历史时期的社会条件和要求制约，其修筑特点有所不同，但其最终目的都是为了生存和安全的心理需要，其后的文化需求和美学价值也是建立于此基础之上。

长城作为安全防御工程，首先必须要求其完整和周密。长城是作为一个防御体系来设计和建设的，烽火台、城墙以及沿线的隘口、军堡、关城和军事重镇组成一个点、线、面交叉的完整系统工程，我们看到的绵延万里、跨越起伏的视觉形象正是这样建立的，如果没有防御的整体性和周密性，其美学价值也无从谈起。

其次还要求其坚固和稳定。"因地形，用险制塞"是长城修筑的一条基本原则。长城的关城、隘口、城堡或烽火台多是选择在峡谷之间等险要之处，利用山峦、河流作屏障，以达"一夫当关，万夫莫开"的目的。修筑城墙，更是充分地利用地势山形，做到外侧险峻、内侧平缓、陡峭地墙低、平坦地墙高，以达"易守难攻"的目的。墙体的收分增加了墙体下部的宽度，使墙身稳定性和坚固性增强。视觉上所感受到的长城厚实稳重、雄伟壮观及蜿蜒的气势都是建立在其坚固性的基础上的（图5-33）。

此外，长城城墙的材料和构筑方式是根据各个地方的不同

第五章　建筑审美心理

图 5-33 长城

自然气候条件而定的，例如版筑夯土墙、土坯垒砌墙、青砖砌墙、石砌墙、砖石混合砌筑墙等，将其用在不同的区域和地段，就形成了长城不同时期、不同地段的多维美。另一方面，基于安全的要求也促进了材料美学和技术美学的发展——砖、瓦材料的大量生产，拱门技术的发展，砖雕技术的细致化，等等。

"岭坂风回树郁盘，长城如带雾中看"（丁澎）、"鞭石千峰上云汉，连天万里压幽并"（康有为），长城以它蜿蜒曲折、山峦齐鸣的磅礴气势，展现了建立在维生层次上的朴素美学神韵。

5.2.4 客家土楼

维生层次不仅包括生存需要、安全需要，还包括生理需要、生活需要及其他物质性需要等。在生存、安全需要的基础上，主体产生对所在的生存自然环境的认知，由此发展出带有本能性的生存需要、安全需要、生理需要、生活需要以及其他物质性需要相互交叉的应对措施，达到对内的实用性和对外的防御性的统一，完成了以实用为主的维生心理层次到以审美为主的乐生心理层次的初步转变。客家土楼就是这样的例子。

客家土楼（图5-34），也称客家土围楼、客家围屋，客家土楼以其独具的地域特色在中国传统民居中占有重要的位置。"客家"是古代战乱时期由中原地区汉人南徙到华南地域后与该地域原"土著"住民相对的族群。在兵荒马乱的时期，来到一个陌生的地域，作为后来者的客家人只能选择相对较偏僻的地方安居，所以客家土楼分布的主要区域为江西省、福建省、广东省等华南地区的偏远山区。

土楼或许与汉代大量出现的坞壁（堡）（图5-35）具有渊源关系。坞为防御性建筑。在历史文献中，坞又称为"堡"、"壁"、"塞"或"坞壁"、"坞候"、"堡壁"、"垒壁"等[1]。可以推测：客家土楼可能就是台榭建筑的一种发展形式。不同的是其外围夯土和内部构木，即墙体是用泥土夯筑而成，而梁、柱等全部采用木构。

从维生层次看，客家土楼的形成是安全、防御需要与生存、生理、生活等多种需要的结合，即客家族群在陌生环境中为了抵御外来入侵必须进行防御和自卫，而满足日常生活和家族交流的基本空间也需要提供，因此客家人不得不选择一种既能合理防御，又能正常生活的居住空间模式。

城市居民有"城"防卫，而乡间村民该选择什么样的安全庇护形式呢？很显然，具有防卫性的居所才是最好的选择。于是，在"防卫性"最突出的"城"与"居住性"最舒适的"宅"之间，客家人选取的是可防可居、防居兼有的"土楼"[2]。因此，防避性强的建筑形式——土楼（图5-36）诞生了，并根据不同级别的具体需要发展成三种主要类型：五凤楼、方楼、圆

图5-34　客家土楼

图 5-35　汉代坞堡模型
（中国国家博物馆）

① 周学鹰，马晓.客家人的土楼.文史知识，2006（9）.
② 陈凯峰.泉州"传统民居式"土楼特征、功能及其演变.城乡建设，2009（2）.

楼（图 5-37）。

若按照防御需要的等级，从弱到强依次是五凤楼、方楼、圆楼；若按照生活需要的等级，从弱到强依次是圆楼、方楼、五凤楼。五凤楼是中原古老院落式布局的变异体，其防御性只是局部加强；方楼由于地理条件差，受自然和人为外患影响，故生活功能减弱而防御性增强，其防御扩大到整体外围；圆楼，或者叫圆寨，它的防御功能则上升到首位，超过生活功能。

图 5-36　土楼（防避性强的建筑形式）

（a）五凤楼

（b）方楼

（c）圆楼

图 5-37　客家土楼的主要类型

建筑与美

客家土楼，作为一种特殊的居住模式，它提供了对外的安全保证和对内的舒适保证，是作为有思想的自然存在体的人在对外界影响产生的本能反应和心理反映的基础上，产生应对的维生策略，它的产生是基于维生层次的基本需要，其审美意识也是朴素、朦胧的，我们现在读到的美学评价（图5-38）只是当代人的审美意识的表现。

图 5-38 客家土楼的美

5.3　公众需要与公共空间
——街道、广场和公园

人们对交往的需求、对知识的需求、对激情的需求等，都可以部分地在公共空间中得到满足。这些需求都属于心理需求的范畴。

——【丹麦】扬·盖尔

如果要使街道和房屋表现出亲和力，通道则不应为封闭的走廊。公共和私密空间的相互渗透使它们具有活力，使人们能够体验各自空间里的生活。

——【日】安藤忠雄

5.3.1　公众需要

在心理学中，需要是个体对内外环境的客观需求在脑中的反映。它常以一种"缺乏感"体验，并以意向、愿望的形式表现出来，最终成为推动人进行活动的动机①。需要是人类在自身和环境的对话中，对于环境满足自身状态的要求的反映，包含着人的物质性需要和精神性需要两个方面。它既是一种主观意识，也是一种客观需求。人类为了求得个体和社会的生存和发展，就会有一定的需求，这些需求反映在个体头脑中，就形成

① 刘宏，高丽君.管理心理学.北京：清华大学出版社，2011.

了个体的需要。需要反映了个体对内在环境和外部条件的较为稳定的要求（图5-39）。

图5-39　个体的内、外需要

（maggie's gartnavel 癌症康复中心）

马斯洛把需要分为五个层次，即生理需要、安全需要、归属与爱的需要、尊重的需要和自我实现的需要。他认为：从最低级的生理需要到最高级的自我实现的需要是逐步上升的。实际上，在人的需要上升过程中，各种需要并没有呈现线形的模式，而呈现出网状交叉的模式，尤其是人在达到高级阶段以后。例如人类建造住宅和宫殿，并不是单纯的满足某种需要，而是几种需要的多重满足。

个体的需要积聚、叠加就成为公众需要。公众需要是群体对内外环境的客观需求的反映，表现为生理和心理的匮乏而要求获得的状态，同样包括物质性需要和精神性需要。公众需要由动机决定，"动机"这一概念是由伍德沃斯于1918年率先引入心理学的。伍德沃斯把动机视为决定行为的内在动力。一般认为，动机是引起个体活动、维持已引起的活动并促使活动朝向某一目标进行的内在作用。人们从事任何活动都是由一定动机所引起。引起动机有内、外两类条件。内在条件是需要，

(a) 沧浪亭

(b) 湘浦廊亭

(c) "treehugger" 亭

图 5-40　亭

（亭的形式满足了人类对停留、交流、
观赏等需要）

①② 张辉珍.公共关系学.北京：人民邮电
出版社，2010.
③ 吴志强，李德华.城市规划原理（第
四版）.北京：中国建筑工业出版社，
2010.

外在条件是诱因。需要经唤醒会产生驱动力，驱动有机体去追求需要的满足。比如寒冷导致身体热量的缺乏会使人类产生对热量的需要，从而驱使人类去需求热量这一行为以获得身体满足①。身体的热量保持是内在的作用，而寒冷则是外在的诱因，需要来源于其共同作用。

公众需要会演化为公众兴趣倾向，公众兴趣是指群体积极认知某种事物的倾向。公众需要是公众兴趣产生和发展的基础。由于公众需要是多种多样的，因此，公众兴趣的内容也十分广泛。但是，由一般生理性需要所引发的兴趣是暂时的，需要得到满足，兴趣就会消失或转化。而建立在高层次需要基础上的兴趣，是较为长远和持久的，一般随认识的不断加深，兴趣会变得更加强烈和浓厚②。

5.3.2　城市公共空间

由于自然恶劣条件的刺激和内在身体的作用，人类产生了建造房子的动机，以满足最基本的生理需要和安全需要。随着人类的进步和城市化速度的加快，对于更高层次的需要被唤醒和激发，人类渴望归属，渴望交往（图 5-40），渴望被外界认知，渴望参与社会活动，一系列城市公共空间（图 5-41）于是由此产生，满足了人类的更高层次的精神需要，即审美心理结构的乐生层次。

城市公共空间的狭义概念是指那些供城市居民日常生活和社会生活所公共使用的室外空间，它包括街道、广场、公园等。其广义概念，则可以扩大到公共设施用地的空间，例如城市中心区、商业区、滨水区、城市绿地等③。

图 5-41　城市公共空间的产生

（哥本哈根 "8 字住宅"，一个活跃、三维的城市社区；步行、骑单车都可以到

达各个楼层；庭院空间、底层商业则让住宅充满街道的活力）

5.3.3　街道

街道，自古就有。"街"字从"行"从"圭"。"圭"意为"平地"；"行"指"四岔路口"。"行"与"圭"合在一起表示"平地上的四岔路口"。《说文》："街，四通道也。""道"字从"辵"从"首"。"首"指"头"，"辵"指"行走"，"辵"与"首"合起来表示"从头开始行走"。《尔雅》："一达谓之道。"所以"街道"合起来基本含义就是通达的路。

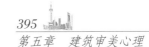

通达（即交通）只是街道的功能之一。随着城市的发展，街道除了交通等基本的物质需要之外，还要满足商业、交往、文化等其他精神需要。例如华尔街（图 5-42）由地理位置狭小的 Wall Street 演变成为美国的资本市场乃至金融服务业的代名词；百老汇（图 5-43）也由全长 25 公里的 Broadway 演变成为商业性戏剧娱乐文化的代名词；里弄、胡同、骑楼（图 5-44）则分别演变成为北京文化、上海文化和广东文化的一部分。

　　街道的多重公众需要对街道提出了多重要求。沃特森等就提出了成为出色街道的必备条件：人们从容漫步的场所、物质环境的舒适性、空间范围的界定、引人入胜的特质以及过渡性、协调性和出色的维护等。法国的香榭丽舍大道（图 5-45）就是这样一条出色的街道。香榭丽舍大道又叫爱丽舍田园大街，取

图 5-42　华尔街

图 5-43 百老汇

(a) 里弄

(b) 胡同

(c) 骑楼

图 5-44 街道成为城市文化的一部分

自希腊神话"神话中的仙景"之意，其法文是"AVENUE DES CHAMPS ELYSEES"。其中"CHAMPS（香）"意为田园，"ELYSEES（爱丽舍）"为"极乐世界"或"乐土"之意，因此，有人戏称这条街是"围墙"加"乐土"的大街，法国人则形容她为"世界上最美丽的大街"。

香榭丽舍大道东起巴黎的协和广场，西至星形广场（即戴高乐广场），地势西高东低，全长约1900米，宽100米。它是17世纪初在卢浮宫外的沼泽和荒野中修建的一条"皇后林荫大道"，其功能是满足基本的交通需要。到17世纪中叶，设计

图 5-45　香榭丽舍大道

建 筑 与 美

师勒诺特将其延伸到星形广场，街道的功能也扩大到满足公众的社会需要——作为举行庆典和集会的主要场所。18世纪末，街道上开始出现住宅和商店，以满足日益增加的公众的生活需要。而在1828年香榭丽舍大道成为市政府的资产后，市政府开始为它铺设人行道，并安装路灯和喷泉等市政设施，满足公众更多元的出行需要（图5-46）。

在拿破仑三世时，巴黎行政长官奥斯曼将星形广场原有的5条大道拓宽，又增建7条，使星形广场成为12条呈辐射状大道的交通枢纽（图5-47）。香榭丽舍大道成为12条大道中的一条，这样满足了城市快速发展的多样化交通需求。同时扩建了许多街头广场，如巴士底广场等，以满足公众交往、聚会等需要。由于交通、环境和设施的完善，商店、银行、娱乐等公共建筑大量建设，西段成为重要的商业大道，公众的消费、休闲、娱乐等需要得到了满足。

图5-46　香榭丽舍大道
可以满足公众的各种社会需要

现在的香榭丽舍大道以圆点广场为界分成两部分：东段是条约700米长的林荫大道，以草坪、绿树等自然风光为主，环境优雅，恬静安宁。西段是长约1200米的高级商业区，以高级商店、银行、剧院、酒店为主，气氛热烈，雍容华贵。

香榭丽舍大道满足了公众的交通需要和生活需要，同时还提供休闲、娱乐、聚会、交往、庆典等精神需求。香榭丽舍大道上的协和广场、星形广场、巴士底广场、方尖碑、波旁宫、卢浮宫、市政大厦、凯旋门等广场和建筑也满足了公众文化认知和精神的需求。历史和现代交融，让香榭丽舍大道成为法国的第一美丽大道。

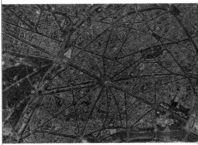

图5-47　香榭丽舍大道
成为法国文化的一部分

5.3.4　广场

在汉语中，"广场"指广阔的场地。其出处来自汉代张衡《西京赋》："临迥望之广场，程角觚之妙戯。"西方的"广场"一词则源于古希腊，是人们进行户外活动和社交的场所。而如今的"广场"则特指城市中的活动场地，广场不仅为人们提供交通、聚会等基本功能，还有经济、社会和政治等其他之用，不仅提供物质需要，更重要的是提供精神需要，所以在西方，广场也被称为城市的客厅。

广场是西方历史文化的重要组成元素之一，其发展历程也与西方历史文化息息相关。古希腊和古罗马的城市广场是商业、集会、庆典及宗教、政治活动的场所；中世纪的城市广场则主要以宗教活动为目的；文艺复兴时期，由于思想文化的发展，广场的功能趋向公共生活化，这其中则以圣马可广场等为典型代表。

圣马可广场（图 5-48），又称威尼斯中心广场，广场成型于 12 世纪。圣马可广场主要是为公众提供交往、集会、庆典、商业及宗教、政治等活动的平台。威尼斯特定的地理位置决定了其"水城一体"的优美风格，圣马可广场作为威尼斯的中心广场，拥有典雅的风情，所以被拿破仑称为"欧洲最美的客厅"和"世界上最美的广场"。

圣马可广场是由公爵府、圣马可大教堂、圣马可钟楼、行政官邸大楼和圣马可图书馆等建筑围合而成。圣马可广场上的建筑风格也是多样的。例如威尼斯公爵府属于欧洲中世纪罗马风建筑，立面则受到伊斯兰建筑的影响；圣马可图书馆是文艺复兴建筑；圣马可大教堂则融合了东西方的建筑特色，是东方拜占庭式和西方罗马风、哥特式、巴洛克式以及文艺复兴风格的集合。圣马可广场上的建筑虽然先后跨越 800 余年，但却由于尺度和元素的合理设计，新老建筑之间显得十分和谐统一。

建筑与美

圣马可广场是个组合式广场，它主要由主广场、次广场和小广场构成。人们的视线被圣马可钟楼引导，由狭小的威尼斯街巷进入主广场（图5-49），产生狭小空间与宽大空间的对比，放大了主广场"大"的空间感受。位于主广场和次广场交接处的圣马可钟楼，又将人们的视线引到次广场，次广场的两个立柱恰好起到了景框的作用，将优美的外景借入到广场（图5-50）。次广场直接对着开阔的水面，人的视线由压抑到开阔，产生了丰富的空间层次感受。

(a) 远观

(b) 鸟瞰

图 5-48　圣马可广场

图 5-49　主广场

图 5-50　景框

5.3.5　公园

图 5-51　伯肯海德公园

公园，即公共园林，在中国古代，公园则专指官家的园林。在西方，公园最早只有私家花园的功能，西方资产阶级革命后，在"自由、平等、博爱"的口号下，新兴的资产阶级没收了封建领主及皇室的财产，把大大小小的宫苑和私园都向公众开放，并统称为公园。1843 年，英国利物浦市动用税收建造了公众可免费使用的伯肯海德公园（图 5-51），标志着第一个城市公园正式诞生。

现代意义上的城市公园起源于美国。在城市兴建公园的伟大构想，最先由美国景观设计学的奠基人弗雷德里克·劳·奥姆斯特德提出。早在 100 多年前，他就与沃克共同设计了纽约中央公园（图 5-52）。随着时代的发展，公园开始逐渐成为满足城市公众需要的重要场所，也就是说，公园已不再是供少数人赏玩的奢侈品，而是让普通公众身心愉悦的空间。19 世纪中叶，欧洲、美国和日本都出现了经设计后专供公众游览的近代公园。

图 5-52　纽约中央公园

公园的英文为"a park；a public garden；a pleasure garden"，其涵义包括："停"——停留的场地；"公共"——一个公共的花园；"美"——一个使人愉悦的花园。可以看出公园的作用是供公众停留、游玩、娱乐和观赏。城市公园作为城市公共空间的重要组成部分，在满足公众的休闲、娱乐、交往及文化活动需要的同时，也有改善生态、美化环境和预防灾害之用，例如纽约曼哈顿 High Line 公园（图 5-53）就是将废弃的高架铁路进行改造，不仅提供了公众需要的场所，也改善了生态环境，在保护历史遗存和满足现代需求的两者之间找到了一个平衡点。

现代意义上的公园的功能更多样，涵义更复杂。设计师往往把多重功能和形式设计在一起，以满足城市中居民的多样需要。例如丹麦哥本哈根市城市公园（图 5-54）就将城市的交通（公共交通、自行车交通、步行）、文化体育活动、聚会以及艺术展示等功能相结合，塑造了一个独特、多样、满足公众多重需要的市民公园。

图 5-53　纽约曼哈顿 High　Line 公园

（废弃的高架铁路和绿色植物，现代与历史的碰撞）

图 5-54　多功能结合的丹麦哥本哈根市城市公园

图 5-55　难波公园鸟瞰

日本的难波公园也是这样的例子。难波公园（图 5-55）位于日本大阪的传统热闹商业区中，其设计者是美国捷得国际建筑师事务所。难波公园并不是传统意义的公园，而是一个将城际列车、地铁等交通枢纽功能与办公、酒店、住宅等建筑形式完美结合的城市综合体。难波公园的原址是一座棒球馆，为了在拥挤的城市中提供多功能的空间，设计者将自然环境巧妙地融入到城市各项功能之中，远看难波公园层层叠叠，如同空中花园一样。作为将公园与商业综合体良好结合的典范，难波公园因此在 2005 年获得 ULI 和 SADI 两项国际大奖。

难波公园占地 37232 平方米。整个综合体呈斜坡状，从地平面层层上升至 8 层高度，绿化相应地随着层数的推进而叠加，上下尽显郁郁葱葱，形成不同层次的自然风貌。无论在地面还是在其他不同的层次，都能直接接触到绿色，因此这里成为城市居民购物、休闲、娱乐的好地方。它仿佛是钢筋混凝土城市沙漠中的一片绿洲、嘈杂城市中的一处温馨港湾。

主要商业区采用暖色石材和曲线形的空间形式，让人感觉温暖宜人、自然有趣。商业区中的便道和平台既是公园的步行道，又可以作为聊天、聚会和娱乐场所，步移景异，到处都能看到风景，交通、休闲与购物、娱乐相结合，体现了一种自然生态的公众生活方式，满足了公众多种需要（图 5-56）。

街道、广场和公园等城市公共空间满足了公众的多方面需要，使人们从狭小的个体家庭空间走向社会公共空间，体现出和谐的社会美。

（a）外部

（b）内部

图 5-56　难波公园局部

5.4 建筑与社会文化结构
——宏村的诗意栖居

西方人心目中的美术，只有绘画为中国人所承认，雕塑、建筑以及工艺品都被人认为是一种匠人的制品。艺术是一种诗意的（感情上的）而不是物质上的，中国人醉心于自然的美而不重视由建筑带来的感受，它们只不过是被当作一种生活上的实际需要而已。

——【英】Fletcher

如果生活全然是劳累，那么人将仰望而问，我们仍然愿意存在吗？是的，充满劳累，但人，诗意的栖居在此大地上。

——【德】荷尔德林

5.4.1 建筑与社会文化结构

从审美需要角度看，建筑审美心理结构的越生层次一般是建立在维生层次和乐生层次的基础上，即个体只有对自然、自我和社会的认知有了一定的基础，才会对价值有所认知和感悟；只有认识自然、征服自然，才会在此过程中，对个体与自然的关系产生新的思考和权衡；求真、求美是求善的必经之路，朦胧、多元最终归于一元。人有两个基本属性：自然属性和社会属性。在维生层次，人的自然属性较强；在乐生层次，人的社会属性较强；而在越生层次则是自然属性和社会属性的完美结合。

卡西尔认为，人除了一般生命体的感受器系统与效应器系统之外，还具有一种被称为"符号系统"的第三系统。人类正是运用"符号系统"创造了各种符号形式：物质文化——工具、器皿、服饰、建筑等，精神文化——语言、艺术、巫术、宗教、科学、伦理等，这样就构成了一个仅属于人类的社会文化领域①。在人类的漫长发展过程中，自然从陌生的未知对象开始被人神灵化和物质化，并逐渐抽象化和符号化，成为精神文化和社会文化的一部分。而建筑不仅作为体现人类生活的一种物质形体，也是一种特殊的符号形式，承担着精神塑造的重要角色。"每一个伟大的时代，伟大的文化，都欲在实用生活之余裕，或在社会的重要典礼时，以庄严的建筑、崇高的音乐、闳丽的舞蹈，表达这生命的高潮、一代精神的最深节奏"②。在人类的社会文化世界中，建筑起到了表达人类基本信息（物质和精神）的符号作用。"人类最初传送消息的手段出现于原始时代，那时的人们学会了把文字刻在木头、黏土和石块表面。例如在垂直安置的石头表面刻有卓越事件的象征性图案和符号，这可以认为是表现在建筑中视觉接受信息的最初形式"③。因此，从古至今，从建筑局部空间塑到整体空间组织，从墙壁、天花、门窗等建筑构件到建构形式，从单体建筑到群体建筑、城市空间环境，都承载着丰富的建筑美学信息④。建筑意义的表达与建筑形式美通过符号达到统一。

例如太阳首先是为人类提供物质（光、热、能量等）需要，满足人在维生层次的需求。由于人类在启蒙期认知的不足，"太阳"被视为崇拜对象，并逐渐符号化，成为神话起源和祖先崇拜的动力，提供了越生层次的精神需要。在古埃及，太阳是为农业社会的人们提供生产和生活的能源（图5-57），这种独特的功能与统治者的精神控制需要相结合，使太阳成为拟人化

① （德）卡西尔. 李化梅译. 人论. 北京：西苑出版社，2009.
② 宗白华. 美学与意境. 北京：人民出版社，1987.
③ （苏）A·R·科斯缅科. 毛家泉译. 信息手段与建筑. 南京：江苏科学技术出版社，1991.
④ 冒亚龙. 独创性与可理解性——基于信息论美学的建筑创作. 建筑学报，2009（11）.

图 5-57 尼罗河与太阳

图 5-58 埃赫"那吞"全家
献祭太阳神阿吞碑刻画
（公元前 1372—1355 年）

的太阳神。古埃及有很多太阳神，例如"拉"、"阿吞"。以"阿吞"（Aten）为例，"阿吞"（Aten）原本只是太阳的象征，在古埃及新王国时代被神化，第十八王朝的埃赫那吞法老又将其奉为绝对、唯一的神。在埃赫那吞全家献祭太阳神"阿吞"碑刻画（图 5-58）中，我们可以看到"阿吞"神是以太阳圆盘和手形阳光形象出现，金色的阳光和光芒蕴含着太阳带来的生命、希望和繁荣。在古埃及的建筑形式中，除了金字塔以外，方尖碑（图 5-59）也是作为太阳崇拜的一种符号形式，巨大、粗犷的石质方尖碑竖直向上，面对太阳的光芒，赋予静谧的神庙以神秘、意动的灵气；在"诸神之都"的特奥蒂瓦坎古城的城北有太阳塔和月亮塔（图 5-60）两种建筑，它们的功能，很多学者认为是作为住所、墓穴或观测天象之用，从审美需要角度来看，也许将它们的功能解释为祭祀太阳神和月亮神的符号化场所更确切——居住或农业的功能已退后，而作为精神的社会功能突出；在咸阳博物馆保存的秦代瓦当（图 5-61）上，太阳纹路表现了对太阳神的崇拜，其中心的点状和放射状

（a）卡耐克神庙

（b）卢可索神庙

图 5-59 方尖碑

建筑与美

图 5-60 太阳塔和月亮塔

图 5-61 秦代瓦当的太阳纹路

的纹路寓意太阳的勃勃生机以及带给人们的欢悦，这种基于崇拜基础上的欢悦便是越生层次的审美；中国古代宫殿建筑的屋顶角脊都设有飞禽走兽（图 5-62），其形态模仿得惟妙惟肖，增加了建筑整体的层次感和屋顶的细部美，而其精神功能则是人们将避免火灾的心理愿望寄托在建筑构件的造型塑造上。

审美主体的社会文化结构，存在于两种不同的意识状态中：

图 5-62 屋脊上的飞禽走兽

（a）

存在于意识中的，谓之表层社会文化结构；存在于潜意识中的，谓之深层社会文化结构。表层社会文化结构常常是深层社会文化结构的反映。

"形而下者谓之器，形而上者谓之道"（《周易·系辞》），建筑是载"道"之"器"。作为社会文化的载体，特定时期、特定地域、特定族群的建筑总是反映相应审美主体的深层社会文化结构。例如位于中欧的波兰，西面与德国接壤，南部与捷克和斯洛伐克为邻，东部与乌克兰和白俄罗斯相连，东北部与立陶宛和俄罗斯接壤，北面濒临波罗的海。波兰重要的地理位置以及悠久、复杂的历史也给其带来了多元的文化。因而这里哥特式、文艺复兴式、巴洛克式、古典主义以及现代主义、后现代主义等风格的各种精美建筑，为数众多，应有尽有，建筑色彩丰富、大胆、外向（图 5-63）。这不仅与波兰的地理位置、

（b）

（c）

（d）

(e)

(g)

(f)

(h)

图 5-63　波兰建筑（色彩丰富、大胆、外向）

图 5-64　"灰空间"

历史文化有关，也许与波兰人作为斯拉夫民族一支，其包容、大度、外向的性格有某种内在的联系。又例如"灰空间"概念的产生与日本的传统社会文化结构密切相关。"灰空间"是与"实空间"、"虚空间"相对的一种空间形式，这种模糊、中间的空间形式与日本传统的"道空间"、"缘侧"相似。"灰"也是日本的一种文化特性。本尼迪克特在《菊花与刀——日本文化的诸多模式》中曾指出："日本人既好斗又和善，既尚武又爱美，既蛮横又文雅，既刻板又富有适应性，既顺从又不甘任人摆布，既忠诚不二又会背信弃义，既勇敢又胆怯，既保守又善于接受新事物，而且这一切相互矛盾的气质都是在最高的程度上表现出来的。"这种矛盾、摇摆的"灰"文化心理造就了一种介于"实"与"虚"之间的中间状态，在建筑空间塑造上就表现出模棱两可、界限不清的特点（图5-64）。

当然，从根本上讲，日本传统文化的根源在中国传统文化。"灰空间"本来源于中国的模糊空间，所不同的是，日本传统文化是道与佛的结合，其文化内省性更强，比如"奥"空间就基于日本传统美学的"幽玄"，"间"空间则受到日本传统"能"剧中"静隙"的概念影响，这些都可追溯到日本传统文化对于道学的"无"和佛学的"玄"的结合，从而形成的佛教教义在外、老庄智慧在内的禅宗文化。

5.4.2　宏村的诗意栖居

中国的传统民居中也处处体现着中国的文化内涵，徽州民居就是这样的例子。徽州民居是特定时期的产物。在明朝中叶徽商崛起后，富庶的徽商将大量资本投入到家乡的建设中。"宅者人之本。人因宅而立，宅因人得存。人宅相扶，感通天地"（《黄帝·宅经》）。"贾而好儒"的徽商们在建筑中注入了自己对物质需要和精神需要的思想，使徽州民居实用与审美兼具，逐渐形成独特的风格体系。这里以徽州民居的代表性村落——宏村来说明受到中国传统社会文化结构影响的审美心理结构。

宏村（图5-65）位于安徽省黄山西南麓，始建于南宋年间，距今约有900年的历史。宏村最早称为"弘村"，据《汪氏族谱》记载，当时因"扩而成太乙象，故而美曰弘村"，清乾隆年间更为宏村。整个村落占地30公顷，山清水秀，粉墙黛瓦，恰似自然和人文融合的山水长卷，被誉为"中国画里的乡村"。1999年与西递一起被被列入世界文化遗产，这是世界上第一次把民居列入世界遗产名录。

从维生层次上看，宏村整体以传统风水学的趋利避害为主旨，村落整体呈"牛"型结构，后山雷岗为牛首，村前古木为牛角，错落有致的民居为牛躯，村西北一溪绕屋过户，九曲十八弯后合蓄成"月沼"，形如牛肠和牛胃，最后注入的南湖为牛肚。

宏村"牛"型结构布局，不仅解决了安全防御和生活的问题，也创造了适宜的生存环境。牛首和牛肚提供了背山面水的有利位置，牛躯则提供了居住的空间，牛角、牛肠和牛胃解决了生活、生产、消防和环境调节等问题。建筑各个组成部分都有各自的功能：马头墙防御火灾，天井用来采光、通风。街巷婉蜒曲折，依水而建，与高大的墙一起，对外部起到防御作用。整个村落以高山为屏障，可阻挡北面冬季寒风，加之地势较高，可避山洪之险，源源不断之水可解衣食之忧。宏村的确是一个生存、生活的理想之地。

从乐生层次上看，为强调家族的内聚性，宏村是以祠堂、书院为中心发展的，建筑组群围绕中心聚合。村落中，水与建筑相互依存，秀气十足。建筑单体既古朴又典雅，注重细部雕饰。建筑单体则围绕院落中心——天井进行组织，引水植树，养花赏鱼，满足各自的生活需求和审美需求。

图 5-65　宏村的山水长卷

图 5-66　宏村

① Allen Carlson. Reconsidering the Aesthetics of Architecture. Journal of Aesthetic Education, 1986, 20 (4).
② 曾繁仁. 生态美学导论. 北京：商务印书馆，2010.

从越生层次上看，"山环水抱必有气"，秀丽的自然环境与粉墙黛瓦的建筑意象交相辉映，人、建筑、自然山水融为一体，体现了中国传统文化"天人合一"的整体美。正如艾伦·卡尔松所说："作为建筑物，它们具有许多功能，因此，它们与人以及使用者的文化内在地相关，作为建筑物，它们亦与其他建筑物相关。它们不只在功能上与那些有相似用途的建筑物相关，并且在结构上相关于那些有着类似设计与构造的建筑物，甚至在物质上和与之相近的建筑物相关。再者，作为建筑，它们被建造于某处，因此它们也就不只与邻近的物理建筑物，也与存在于其间的都市风景和景观密切相关。"①宏村人在外经商营业，强调家国一体，在内则寄情山水，强调自然无为，体现了亦动亦静、亦俗亦雅的中庸美；内部以天井为中心，外部以祠堂为中心，体现了伦理有序的儒家之道；"牛"型结构布局则是传统风水文化的体现，反映了对自然和社会价值的思考。宏村以其独特的生成环境和山水意境，体现了中国传统文化的模糊性与感悟性，体现了中国人对于精神的依赖感和对越生层次的审美价值的追求。正如海德格尔所说："一切劳作和活动，建造和照料，都是'文化'。而文化始终只是并且永远就是一种栖居的结果。这种栖居却是诗意的。"②宏村是在中国传统社会文化结构下一个诗意的栖居地（图 5-66）。

第六章 当代中国建筑审美意象

审美意象是指在对客观世界审美感知与体验的基础上，融会主观的思想、感情、愿望、理想，在头脑中经过艺术创造形成的意象。这种主客体统一的审美意象，一旦经过媒介或艺术语言等物质手段传达出来，就成为艺术作品的艺术形象。

审美意象是整体、抽象的，对于中国建筑来说，漫长的发展历程中，形成了稳定的审美意象。但在当今复杂、变化的社会背景下，中国建筑从哪里来？又到哪里去？它有着怎样的表现特征？这些都是大家关心的问题。

本章从传统建筑美学的现代表达、新时代的技术美学、绿色美学等几个特殊的角度，探讨当代中国建筑的审美意象，力图一窥中国当代建筑创作和实践中的建筑审美方向。

6.1 原之美
——中国传统建筑美学和现代表达

　　这个民族有他自己的文化历史，有他自己的乡风土俗，这若不是一个民族的一种标志，那什么还是呢？历史的时间长河是望不到尽头的，时代要前进，科技要发展，文明要进化，社会要变迁……但不管怎么进展变化，中华民族的根本质体与精神是不会变"土"为"洋"的。以此之故，后人一定要了解先人的"乡土"，知道他们是怎样生活、为什么如此生活的深刻道理，才能够增长智慧，更加爱惜自己民族的极其宝贵的文化财富，对于"古今中外"的关系，才能够认识得更正确，取舍得更精当，而不致迷乱失路，不知所归。

——周汝昌

6.1.1　中国传统建筑美学

　　"原"同"源"，本义为水源、源泉，《说文》："原，水泉本也。""原"在金文中是个象形字（图6-1），其中的"厂"为前突山崖，山崖石穴下是流出的泉水。"原"的引申义为：起源；根本；根由。《管子·水地》："地者，万物之本原。"万物都有其原，中国建筑美学也是这样。

中国建筑，具有悠久的历史和光辉的成就。从原始社会的"巢居"、"穴居"形式发展到现在丰富多彩的建筑形式，已有六七千年的历史。无论是城市、宫殿、坛庙，还是园林、民居等，都体现了独特的传统美学意蕴。那么，中国传统建筑美学的意蕴在哪呢？或者说中国建筑美学的"原"在哪呢？

(a) 金文   (b) 小篆   (c) 楷书

图 6-1 "原"字

说到中国建筑美学的"原"，则需要探求其传统性和民族性。李泽厚曾经这样谈道："民族性不是某些固定的外在格式、手法、形象，而是一种内在的精神，假使我们了解了我们民族的基本精神，又紧紧抓住现代性的工艺技术和社会生活特征，把这两者结合起来，就不用担心会丧失自己的民族性。"[1]所以研究中国传统建筑美学，有助于正确认识中国建筑的继承和发展问题。那么中国建筑美学的"原"在哪里呢？王国维在《殷周制度考》中曾称"都邑者，政治与文化之表征也。"说起中国建筑美学的"原"，则涉及中国传统社会文化结构。

中国传统社会文化结构由道、儒、佛三种文化基因组成，其

①李泽厚. 美的历程. 天津：天津社会科学院出版社，2002.

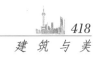

共同的"原"在《易经》。《易经》的中心思想在于"道","立天之道，曰阴与阳；立地之道，曰柔与刚；立人之道，曰仁与义"（《周易·系辞上传》）。《易经》将天、地、人分为"三道"，人在天地之间，所以人集三道于一身。道在于悟，悟出道，则万变不离其宗。道无形、混沌，其目的在于和，和又可以包括：人与自然的和，人自身的和，人与人的和。道家继承了天地之道，庄子曾说过"天地与我并生，而万物与我为一"，人是自然的一部分，所以道家强调自然无为，强调天地混沌的状态，以达到人与自然的和，突出表现在"气"思想上；儒教则继承了立人之道，强调仁义，从而达到伦理有序、家国同构。仁义的外在表现是礼乐，《乐记》称："乐者，天地之和也；礼者，天地之序也。"可以看出，"礼""乐"其实是人与自然同步调的体现，以乐达和，以礼达序。故仁义不仅可以达到人与自然之和，还可以达到人与人之和，突出表现在"中"思想上；佛教则强调内省性，糅合了道教思想，比较注重人自身的和，突出表现在"心"思想上。

传统建筑美学"传"其"原"，即"道"的思想。《黄帝内经》序文开宗明义："夫宅者，乃阴阳之枢纽，人伦之轨模。"即建筑应该体现"道"——不仅是沟通阴阳的枢纽，而且是规定人伦的轨模。从建筑"空间"的词义上也可以看出，"空间"是"空"的"间"，老子说："埏埴以为器，当其无，有器之用。凿户牖以为室，当其无，有室之用，故有之以为利，无之以为用。""空"是一种自然混沌状态，在这种状态下，实体（"间"）才有意义。"空"又由实体"间"构成，建筑构件——窗户、墙体等只是构成"间"的物质构件，由"间"所围合的"空"才是人们真正追求的。"道"可以衍生出无限的形态，所以"空"也可以衍生出无限的形态，窗户可透可闭，墙可拆可装，并根据实际需要而重新组合，组合的目的在于达到无限"空"间的营造。所以在一定条件下，物质构件的增减与变化可以产生空间的变化。

　　传统建筑美学在于道，道在于"悟"，所以传统建筑美学的特点首先在于"悟"。"悟"由于带有主观的情感性，所以在建筑上也表现出朦胧感和不明确性，即强调边界的模糊、空间的层次性，重在生成"气韵"和"意境"。正如沈复所说："大中见小，小中见大，虚中有实，实中有虚，或藏或露，或浅或深，不仅在周回曲折四字也。"①无论是园林建筑的含蓄美，还是帝王宫殿的磅礴美，传统建筑美的内在气韵和意境远高于外在的形态表观。

　　道在于人和自然的和。老子说："人法地，地法天，天法道，道法自然。"所以传统建筑强调师法自然，与自然融合。传统建筑上的"巧与因借"、"因地制宜"均强调自然与建筑相互依存的意义，自然应该是建筑的原型，借鉴、模仿、尊重自然才是建筑之道。例如古代礼制建筑——明堂的型制（图6-2）就是对自然的象征表达，《礼记明堂阴阳录》中这样描述明堂型制："明堂之制，周旋以水，水行左旋以象天，内有太室，象紫宫，南出明堂，象太微，西出总章，象玉潢，北出玄堂，象营室，东出青阳，象天市。"不仅宫殿建筑，中国古典园林也是在这一思想下建造和发展的。在中国古典园林中，"堆石造山，掘池为水"的目的在于"虽由人作，宛如天开"。运用框景、借景等设计手段的目的在于借鉴自然，从而再现自然之态。自然是变化的，但道是唯一的。"道生一、一生二、二生三、三生万物，万物负阴而抱阳，冲气从为和"（老子），中国建筑以"间"为基本单位，"间"可以由一生万，组成群体，但其道不变，这也是中国群体建筑之妙。中国的建筑风水思想也正是基于道的理念，认为尊重自然，以自然为依托，只要留住天地之"气"，"气"可以载万物，则建筑与自然环境都是有序和谐的。

　　道在于人与人的和，即儒家强调的伦理有序。在建筑上表

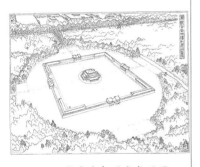

（a）"辟雍明堂"四神规矩镜

（b）汉长安南郊明堂复原图

图6-2　明堂

① （清）沈复. 朱奇志校译. 浮生六记. 北京：中国青年出版社，2009.

现出崇"中"和强烈的主次性的特点。《尚·周书·召诰书》中记载："王者来绍上帝，王自服于土中（土中乃地之中心）。""夫天处乎上，地处乎下，居天地之中者曰中国，居天地之偏者曰四夷"（石介《中国论》）。中国历史上每个朝代的国都大多被视作"土中"，而国中建筑又无不在布局安排上追求"中"的效果。"中也者，天下之大本也；和也者，天下之达道也。致中和，天地位焉，万物育焉"（《中庸》）。"中"才能"正"，所以强调重要的建筑必须居"中"，并且不偏不倚，以强调其位置之正统——"正"。群体布置也必有衬托的中心主体，通过层层衬托让中心主体的形象慢慢地展现，从而增加中心主体的重要性，例如故宫型制（图6-3）和天坛型制（图6-4）。

道在于人自身的和。当然个人的情感不过是自然的内在反映。所以人自身的和不过是人与自然之和的内在表现。"佛"的内在人格要求与"道"的自然无为要求相结合成为对人自身之和的要求，反映在建筑上则是要求建筑能提供人内心栖居的

图 6-3 故宫

图 6-4　天坛

场所，要在方寸间能呈现出"濠濮之乐"。从身体漫游、精神居家到身体居家、精神漫游，中国人都希望在建筑中体现自在的状态和个人的情趣，模仿自然则是最好的办法。"饮吸无穷时空于自我，网罗山川大地于门户"，"不出户，知天下。不窥牖，见天道"①。建筑是张外在的皮，内心终将归于道，个人的生活状态不过是对自然状态的认同。

当然，由于"道"的模糊与多义，中国传统建筑美学也表现出"道"、"儒"、"佛"思想的相互交融。以中国传统建筑的大屋顶为例，作为人的居所的建筑居于天地之间，自然要与天地相通。屋顶作为建筑最直接承接天的构件，其造型采用内凹的曲面形式，这种形式的屋顶带来了良好的视觉效果，"屋顶的曲线向上微翘的飞檐（汉以后）使这个本应是异常沉重地

① 宗白华. 艺境：中国诗画中所表现的空间意识. 北京：北京大学出版社，1989.

往下压的大帽，反而随着线的曲折显出向上挺举的飞动轻快"（李泽厚）。从另一方面来看，向上的屋顶形式目的是"反宇向阳"，反映了中国人对自然之神的崇拜和感谢；同时大屋顶又将承接的雨水投入到大地上，达到生生不息。另一方面，中国传统建筑的大屋顶根据礼制要求，可采用不同形式，反映出尊卑高低，因此与儒家提出的伦理有序要求契合。

院落也反映了这一特点。《黄帝内经》说："人生于地，悬命于天，天地合气，命之曰人。"院落为人所使用，又与自然相通，承接阳光、雨露，是藏风聚气的场所，其目的是通天接地，阴阳交会，是道教和儒教"天人合一"意象的折射；同时，院落也是内省性的空间，与自然的沟通使人的内心更趋于佛教所说的"自然"、"宁静"。红学家邓云乡曾这样描写四合院："北京四合院好在其合，贵在其敞。合便于保存自我的天地；敞则更容易观赏广阔的空间，视野更大，无坐井观天之弊。这样的居住条件，似乎也影响到居住者的素养和气质。一方面是不干扰别人，自然也不愿别人干扰；二方面是很敞快、较达观、不拘束、较坦然，但也缺少竞争性，自然也不斤斤计较；三方面是对自然界很敏感，对春夏秋冬岁时变化有深厚情致。"另外，院落的严格划分也使尊卑高低排列有序，院落的层层组合使建筑群主次分明、中心突出，反映了儒家的思想。

6.1.2 中国传统建筑美学的现代表达

中国传统建筑表现出一脉相承、世代相袭的特点，由于社会文化根基的深固，因此建筑创新相对比较缓慢。中国现代建筑由于受到西方建筑思想的强烈冲击，呈现出多元化的风貌，但中国建筑师们并没有放弃对中国建筑美学之原的探索。这一点在近三十多年来的中国建筑表达上尤其明显。这种表达追求主要体现在以下两个方面：

一是追求形似，即建筑表现出传统文化形态、元素的符号化和抽象化。例如上海金茂大厦（图6-5）借鉴了传统建筑"塔"的抽象形态塑造建筑造型；香港中国银行大厦采用传统文化中"竹子节节高"的寓意塑造建筑形态；香山饭店的设

图6-5　上海金茂大厦

图6-6　徐州博物馆

计采用了传统的菱形窗、海棠窗和白墙灰瓦等建筑语言，以寓意传统建筑意象；徐州博物馆（图6-6）采用近似盝顶的斜墙隐喻徐州深厚的汉文化底蕴；而河南博物馆则以覆斗形作为对河南中原文化的回应；富园贸易市场将江南传统建筑语汇符号化后重组；绍兴震元堂的设计从挖掘"震元"两字的文化内涵入手，以圆象征之，从而将店设计成圆柱形，店内楼地面置六十四卦图，外墙以汉画像石的新浮雕表现中药制作史及震元堂历史，竭力体现传统医学中"医、药、易"一体的精神①；北京丰泽园饭店则以正方形和菱形构图及局部的盝顶表现了建筑的古典气质；北京奥林匹克体育中心用新的结构形式表达了对传统屋顶的礼赞。

二是追求神似，即建筑注重追求传统建筑形体和空间的内

图6-7　广州白天鹅宾馆

① 潘谷西. 中国建筑史（第五版）.
　北京：中国建筑工业出版社，2004.

424

建筑与美

涵与意境。例如广州白天鹅宾馆（图6-7）继承了中国传统园林与岭南传统园林设计的精华，中庭以壁山瀑布为主景的焦点，形成别有洞天的岭南风情；浙江省联谊中心和黄龙饭店借鉴了古代建筑小中见大、化整为零的做法；同里湖度假村以清新的格调、淡雅的色彩、精巧的细部表现了江南建筑文化；香山饭店借鉴中国古典园林的层次性，用借景、框架等方法表达了古典园林的意境美；台北善导寺慈恩楼是对传统宫殿和传统楼阁的一种新解读；台北宏国大厦（图6-8）则将传统木结构与石雕楼的趣味集于一身，新颖别致而不失古典美。

图6-8　台北宏国大厦

随着时代的发展和对建筑探索的深入，当代的一些建筑不仅仅表现在对传统建筑符号的概括和抽象化上，也表现在对建筑意向的提炼和空间的再塑造上，且这种理念逐渐成为主角，材料、技术、手法的传承与运用使传统建筑美学强调的"气"、"中"、"心"等深层表达成为建筑创作的追求对象。

在公共建筑中，四川博物馆（图6-9）以院落组织序列空间，造型继承传统"举折"、"抱厦"意象，结构则借鉴传统民居的"抬梁"、"穿斗"木构做法；苏州博物馆（图6-10）采用古典的简化符号和白墙灰瓦的建筑意象，结合园林的布置，并通过现代结构和新材料技术的合理表达，使空间体现出独特的古典韵味。

图6-9　四川博物馆

大唐西市博物馆（图6-11）、苏州火车站（图6-12）则是对苏州博物馆的呼应。其中苏州火车站以白墙灰瓦的色调结合现代的仿木钢构、玻璃，刻画出轻盈的水乡新建筑；大唐西市博物馆则借鉴隋唐长安城的里坊布局和棋盘路网，采用12m×12m的方形为基本展览单元来组织空间，创造出丰富有序的空间。

图6-10　苏州博物馆

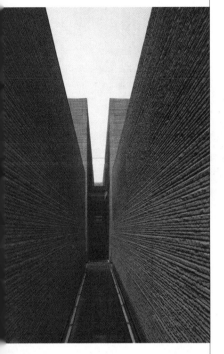

中国古典园林的布局方式和取景手法也被运用到当代建筑设计中。在成都兰溪庭（图6-13）的设计中，轴线和庭院的运用延续了传统建筑空间模式，连绵起伏的屋顶和波纹墙则是对自然山水形态的隐喻；北京地铁四号线地面出入口建筑（图6-14）以方形、菱形为基本形，使建筑较好地融入历史地段，并用园林"对景"的意象作为出发点，菱形网格中不同透明度的

图 6-11　大唐西市博物馆

图 6-12　苏州新火车站

玻璃窗"画"出了一幅幅最具特色的城市"框景";中国美术学院南山校区（图6-15）采用园林式的布局方式，将建筑架空作为整座园林的景观节点，广场被院落化处理，传统典雅的砖瓦、门窗等建筑符号被现代材料改写，富含中国元素而不失时代特点。

图 6-13 成都兰溪庭

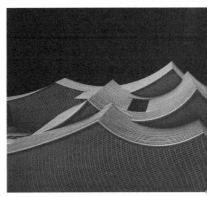

图 6-14 北京地铁四号线地面建筑

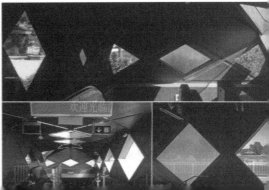

不仅如此，中国古典园林的景物交融、身心交汇的思想也被借鉴到当代建筑创作中。在青浦浦阳阁图书馆（图6-16）的设计中，建筑的弱化和消失让建筑成为自然景观的一部分，中国园林中的可观、可游、可居的风景哲学自然融入其中，人们不禁会联想到在古典拱桥上、亭中、窗洞中观赏湖光山色的记忆；唐山城市展览馆（图6-17）则通过对旧厂区内六栋建筑的改造，借山景，造水景，形成一系列有层次的园林和庭院空间，仿佛是与自然相联系、重拾历史碎片的城市公园。

　　注重与地域传统文化紧密结合也是当代建筑师在创作时的一大思考基点。余杭博物馆（图6-18）以良渚玉器玉琮的造型，隐喻良渚地域文化；中国南通珠算博物馆（图6-19）以抽象的现代符号与园林布局相结合，在现代的铝板、石材、木构中潜隐着传统建筑的肌理。

图6-15　中国美术学院南山校区

图 6-16　青浦浦阳阁图书馆

图 6-17　唐山城市展览馆

图 6-18　余杭博物馆

图 6-19　中国南通珠算博物馆

朱家角行政中心（图 6-20）采用木、砖等传统建筑材料，以折形屋顶模仿江南民居意象，表现出江南水乡的传统意蕴；上海市北站街道社区文化活动中心（图 6-21）则从石库门的语汇中勾勒出建筑色调和屋顶形式；磁州窑博物馆（图 6-22）以院落和象形符号作为对"乡土特征"和"粗材细作"的解读；中国科学院图书馆（图 6-23）则尝试用现代元素和架构方式解读中国古典建筑文化和技术，显得"京味"十足。

图 6-20　朱家角行政中心

图 6-21　上海市北站街道
社区文化活动中心

图 6-22　磁州窑博物馆

图 6-23　中国科学院图书馆

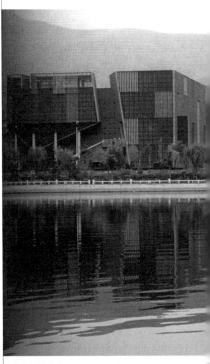

在承德城市规划展览馆（图 6-24）中，设计者从山地环境抽象出类似岩石的材质和体型，从避暑山庄、外八庙等古建筑中提取红墙和渐变方窗等传统建筑元素，并将其有机结合在一起，表达出承德传统建筑隐藏于群山之中的意境；重庆国泰艺术中心（图 6-25）建筑造型来源于重庆湖广会馆中一个多重斗拱构件，利用传统斗拱穿插和构筑新形式，以现代的手法夸张地表达了传统和地域建筑的精神内涵。

在建筑师程泰宁设计的一系列作品中，传统、地域文化被有机地运用到建筑中。例如杭州火车站（图 6-26）通过采用简化的屋顶以及大体量和小体量的结合，表现为地域性的门户建筑；绍兴鲁迅纪念馆（图 6-27）主入口采用绍兴传统竹丝台门建筑形式，延续了传统街巷的肌理；浙江美术馆（图 6-28）以现代建筑符号诠释传统建筑意蕴，白墙黑瓦和建筑丰富的轮廓，犹如西湖边的一幅江南水墨画。

当代的另一位建筑师王澍则探索了另一种可能。他设计的中国美术学院象山校区（图 6-29）借鉴民居屋顶连绵起伏的意象，并通过以连廊围绕建筑、对假山轮廓的虚构等手法，表达了

图 6-24　承德城市规划展览馆

图 6-25　国泰艺术中心

图 6-26　杭州火车站

图 6-27　绍兴鲁迅纪念馆

图 6-28　浙江美术馆

图 6-29　中国美术学院象山校区

433

第六章　当代中国建筑审美意象

对传统文化的尊重。传统材料和技艺的传承和重译也是王澍作品的一大特色，在中国美术学院象山校区、世博会宁波滕头案例馆（图6-30）和宁波历史博物馆（图6-31）中，使用了回收旧砖瓦

图6-30　世博会宁波滕头案例馆

图6-31　宁波历史博物馆

进行循环建造的"瓦爿墙"，这种浙江地区传统的"捡残砖烂瓦的建造技艺"在这些现代建筑中展现出新的生命力。

在商业建筑和住宅中，建筑师们也考虑了对传统建筑美学的借鉴。例如深圳万科第五园（图6-32）和上海九间堂都采用提炼的传统建筑元素——白墙灰瓦木构架，结合院落、园林，塑造了传统、亲切的邻里空间和内向、现代的私密空间，表现了传统建筑美学与现代功能的紧密结合。这种结合的其他例子还有北京观唐、钓鱼台·七号院等。

由张永和设计的上海涵璧湾花园（图6-33）则将传统江南园林建筑的思想运用其中，园林建筑的化整为零、不同尺度的围合及半围合院、步移景异的园林景观，都使建筑有着可居可

建筑与美

图 6-32 深圳万科第五园

图 6-33 上海涵璧湾花园

第六章 当代中国建筑审美意象

游的韵味。李晓东设计的淼庐（图6-34）虽然没有刻意使用明显的传统符号，但青灰坡屋顶、暖色木材、质朴石材却使人联想到传统和地域的形式、纹理。坡顶与山势相和，水面使建筑漂浮而轻盈，建筑隐于自然，却不与自然隔绝，并谦逊平和地与自然融为一体。建筑将"纳虚"作为主角，将自然之"气"藏于水院中，这恰与传统建筑文化"道"的思想相契合。

　　中国传统文化的厚重使得准确、合理地表达传统建筑美学的神韵变得非常难。跳出固有的表面符号形式，从深层的形态和空间上探寻中国传统建筑的特色是建筑设计者需要不断努力的。王国维在《人间词话》中提到："古今之成大事业、大学问者，必经过三种之境界：昨夜西风凋碧树，独上高楼，望尽天涯路。衣带渐宽终不悔，为伊消得人憔悴。众里寻他千百度，蓦然回首，那人正在灯火阑珊处。"探索的路是一定要走的，也许在寻他千百度的某个回首的时刻，建筑设计者就捕捉和抓住了传统建筑美学的精髓。

图 6-34　淼庐

6.2 技之美
——技术发展和当代中国新建筑

建筑可以把自身作为技术产品的属性，与特定的场所和时间联系起来，这种功能成为连接技术与文化的至关重要的节点。

——【马】杨经文

把两个弱小的东西靠在一起，便可形成一个强壮的拱圈。

——【意】达·芬奇

技术是一种解放的力量。人类经数千年的积累，终于使科技在近百年来释放了空前的能量。科教发展、新材料、新结构和新设备的应用，创造了 20 世纪特有的建筑形式。如今，我们仍然处在利用技术的力量和潜能的进程中。

——《北京宪章》

6.2.1 技术与美

一部建筑史就是一部技术史。中国古代建筑在从无到有的早期，人们只是使用土、木、石等天然材料和一些简单工具，例如从西安半坡村遗址建筑（图 6-35）看，墙以泥筑，墙内竖有木柱，屋顶则用树枝和茅草编成。后期随着砖、瓦和铁质工

图 6-35 西安半坡村房屋复原示意

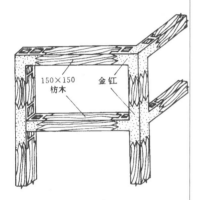

图 6-36 古代金釭木框架示意

具的出现，长城、都江堰这样宏伟的建筑才有可能建成。而木构技术由于具有其特定的优势，因此，从公元前 770 年秦襄公时期用木材和青铜制金釭做成的木框架建筑房屋（图 6-36）到很多年后的应县木塔、故宫等众多建筑中，都能看到中国悠久的木构技术。建于隋朝的赵州桥则以其成熟的石拱技术保持世界纪录 800 年，表现了中国古代石制建筑的美。

在工业革命前，西方建筑也只是在石构建筑体系上不断演变。从希腊神庙的梁柱体系到罗马公共建筑的拱券体系再到中世纪哥特式教堂的尖肋尖拱，其建筑空间始终摆脱不了建筑材料、结构和技术的限制。近代西方工业革命开始后，随着力学、结构理论的发展及混凝土、钢材、钢筋砼等新材料的出现，西方建筑技术也开始了革命性的变化。1779 年，英国人用铸铁建成一座跨度 30.5 米的拱桥；其后在 1875 年，法国人莫尼埃用加固花盆的经验建造了第一座钢筋混凝土桥。

在 1851 年世界第一次国际博览会上，英国工程师帕克斯顿运用钢铁、玻璃与预制装配的方法建造的"水晶宫"（图 6-37），开创了现代建筑技术的革命。1889 年为世界工业博览

图 6-37 水晶宫

建筑与美

会而建的法国埃菲尔铁塔（图 6-38）则高达 320.7 米。塔身全为钢铁结构，重达 7000 多吨。整个铁塔的大小钢铁构件共有 18038 件，并靠 250 万只铆钉铆成一体，建造技术精细。1886 年在美国芝加哥建成的家庭保险公司大厦则标志着现代高层建筑的开始。

由于预应力钢筋混凝土材料和悬索、壳体等空间结构的出现，高耸、大跨、巨型、复杂的近代及现代工程开始大量建造。其中 1937 年美国旧金山建成的金门悬索桥跨度达 1280 米；1925—1933 年，法国、苏联、美国则分别建成了跨度达 60 米的圆壳、扁壳和圆形悬索屋盖；1931 年，纽约的帝国大厦落成，共 102 层、378 米高。

现代建筑技术的腾飞则是 1945 年后，随着现代经济和科技迅速发展，新材料、新技术、新工艺、新设计理论不断涌现，建筑呈现高空化、大型化和复杂化的趋势。

首先是高层建筑的大量兴起，1973 年建成的纽约世界贸易中心共 110 层、411 米高。钢结构、铝板墙面、玻璃窗和电控设备使建筑成为"现代技术精华的汇集"。而 1974 年竣工的芝加哥西尔斯大厦（图 6-39）则达到 443 米高，采用了利于抗风的束筒钢框架结构体系。其外形以方形为母题并逐渐上收，既可减小风压，又取得外部造型的变化效果；1996 年在马来西亚吉隆坡建成的石油双塔大厦达到 451.9 米，其结构采用筒中筒，双塔连接处理技术先进；2004 年在中国台北落成的国际金融中心大厦（图 6-40）达到 101 层、高 508 米，为了防震和防风，采用新式的巨型结构和世界第一座防震阻尼器，并装配了世界最高速度

图 6-38　埃菲尔铁塔

图 6-39　西尔斯大厦

第六章　当代中国建筑审美意象

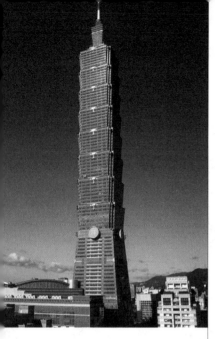

图 6-40 台北国际金融中心大厦

图 6-41 TWA 候机楼

图 6-42 杜勒斯国际机场候机楼

的电梯；2010 年竣工的迪拜哈利法塔总高达 828 米，建筑设计采用了单式结构，由连为一体的管状多塔组成，哈利法塔使用了强化混凝土、强化钢材等新材料，技术先进，造型新颖。

其次是大型、复杂建筑的大量出现。随着社会发展的要求和新材料、新结构、新技术的出现，大型、复杂建筑发展迅速。美国在 20 世纪 40 年代建造的兰伯特圣路易市航空港楼，由三组现浇钢筋混凝土壳体组成，每组两个圆柱形曲面壳体相交叉形成交叉拱，壳体边缘加厚、卷起，使造型简洁轻盈；1950 年建造的都灵展览馆采用波形装配式薄壳屋顶，自重轻，且造型流畅。

E·沙里宁是这一时期技术创新的代表人物，他尤其擅长大跨度建筑，其代表作品有耶鲁大学冰球馆、TWA 候机楼、杜勒斯国际机场候机楼等。1958 年启用的耶鲁大学冰球馆，采用悬索结构，沿球场纵轴线的钢筋混凝土曲梁拉起钢索屋顶，造型流畅奔放，表达出运动的速度和力量；1962 年建成的 TWA 候机楼（图 6-41），屋顶由四块钢筋混凝土壳体组合而成，外形像展翅的大鸟，动势很强；同年建成的美国华盛顿杜勒斯国际机场候机楼（图 6-42）同样表现了大跨度结构的技术美，候机楼前后两列巨型钢筋混凝土柱墩，前高后低，两列柱墩间悬挂钢索，其上铺屋面板，悬索结构形成凹曲线形上翻屋顶，拉动外倾的柱墩，具有静态的动感。

近二十余年来，各种类型的高大、复杂建筑发展迅速。由于采用了许多新材料、新技术以及新的空间结构形式，建筑物的跨度和规模越来越大，建筑形式也越来越丰富多彩。

建筑与美

6.2.2　当代中国新建筑

进入 21 世纪以来，随着经济、文化、技术的快速发展，我国开始大量建设高大和复杂的建筑，涌现了一大批代表世界先进水平的新建筑。特别是 2008 年北京奥运会、2010 年广州亚运会和 2010 年上海世博会的召开，一批体现高技术、新技术的大型综合性建筑顺利完工，丰富了中国建筑技术美的内容和形式。

为了迎接 2008 年北京奥运会的召开，我国先后建设了一批奥运项目，代表性的建筑有：国家大剧院（图 6-43）、CCTV 新大楼（图 6-44）、鸟巢与水立方等。

鸟巢，即国家体育场（图 6-45），为 2008 奥运会主体育场。建筑主体为马鞍形钢桁架编织式结构，看台则是钢筋混凝土框架——剪力墙结构体系。在屋顶钢结构上覆盖了双层膜结构：钢结构上部透明的 ETFE 膜和钢结构下部半透明的 PTFE 膜。建筑整体形状呈马鞍椭圆形，远看好似一个用树枝编织成的鸟巢，近看则是现代技术的集成，其密织的钢线条体现了交

图 6-43　国家大剧院

图 6-44　CCTV 新大楼

错的韵律美，表现了新结构和新技术的美。

　　水立方，即国家游泳中心（图 6-46），与鸟巢分列于北京城市中轴线北端的两侧。建筑采用了根据细胞排列形式和肥皂泡天然结构设计而成的 ETFE 薄膜结构，其材料和技术为世界首创。薄膜结构用空间钢架结构支撑，设计利用了三维坐标。从远处看，建筑呈方形，与鸟巢的圆形一起组成一方一圆的组合，与"天圆地方"的传统意象契合。在近处看，形似水泡的透明膜，给建筑带来了晶莹剔透的视觉效果。

　　2010 年广州亚运会也催生了大量新建筑，如广东奥林匹克体育中心、海心塔等。广东奥林匹克体育中心（图 6-47）采用东、西两片钢屋架屋盖，其造型突破传统体育场的圆形，采用了飘带造型，看台则形似木棉花瓣形，飘逸的造型有着强烈的运动感，塑造了活泼的体育氛围；2009年 9 月建成的广州海心塔（图 6-48），整体高 600 米，俗称"小蛮腰"，主要为 2010 年广州亚运会提供广播电视转播服务。整体造型为椭圆形渐变网格结构，两个向上旋转的椭圆形钢外壳在腰部收缩变细。格子式结构上下疏、中间密，呈现不同方向旋转变化的律动美。网状结构，既增加了细

图 6-45　鸟巢（国家体育场）

图 6-46 水立方（国家游泳中心）

部效果，又削弱了整体的笨重感，使建筑看起来像是一个轻盈的舞者，这种美感恰恰是技术之力赋予的。

综上所述，技术的发展不仅使人们在建筑的结构形式、材料选择、施工工艺等众多方面开拓了视野，也使建筑的审美形式更加多元、审美角度更加宽广，技术美逐渐成为新时代的建筑主导美学范畴之一。

图 6-47　广东奥林匹克体育中心

图 6-48　广州海心塔

6.3 绿之美
——绿色建筑和上海世博会

　　在希腊，一个剧场可以容纳三万到五万观众，造价比我们的便宜二十倍，因为一切都由自然界包办：在山腰上凿一个圆的梯形看台，下面在圆周的中央筑一个台，立一座有雕塑装饰的大墙，像奥朗日的那样，反射演员的声音；太阳就是剧场的灯光，远处的布景不是一片闪闪发亮的海，便是躺在阳光之下的一带山脉。他们用节俭的办法取得豪华的效果，供应娱乐的方式像办正事一样的完善，这都是我们花了大量金钱而得不到的。

　　　　　　　　　　　　——【法】丹纳（《艺术哲学》）

　　在人类谋求生存、争取成功并且实现自我的过程中，生态学的观点赋予了他们非凡的洞察力。它为人类——生物圈中的催化剂兼管家指明了道路，加强了人与环境之间极具创造力的适应性，实现了人类对自然的种种设计。

　　　　　　　　　　——【英】伊恩·麦克哈格（《设计结合自然》）

6.3.1　绿色建筑与美

　　在建筑创作中，自然是创作的源泉和动力。赖特在他的

《论建筑》一书中写道："大自然为建筑的主题——设计提供了素材,我们今天所知道的建筑形式正源出于此……自然的启示是取之不尽的……对建筑师来说,没有比自然规律的理解更丰富和更有启示的美学源泉。"他认为:"我们可以在所有自然生物固有的过程中演绎出规律,用作好的建筑的基本原理。"[①]随着人们对自然的认识的不断提高,建筑创作也从对自然形态的表面模仿转变到对自然内在规律的抽象模仿,其模仿的手法更丰富、更内涵(图6-49)。

① 赵榕. 当代西方建筑形式设计策略研究:博士学位论文. 东南大学, 2005.

(a) 苏州工业园区钟园路公园商业中心
(布满绿色、连续起伏的折板屋面使建筑与公园自然景观融为一体)

(b) 东海大学美术音乐系系馆
(两片布满菱形格的曲面植草墙,呼应东海路思义教堂的双曲面屋顶)

图6-49 绿色建筑与自然

要做到深层的表达自然规律，模仿只是表面的手法，更好的做法是认识自然的运行和发展规律，使建筑遵循自然规律，保持与自然的互动和共生。中国传统文化非常重视人与自然的和谐，遵循"人法地，地法天，天法道，道法自然"的法则。道家认为人来源于自然并统一于自然，人必须在自然可能的条件下才能生存，也必然遵循自然的法则才能求得发展。中国传统文化主张把自然的天然状况作为人类社会所追求的理想模式，人应该顺应并融于自然的发展。所以中国传统建筑也强调建筑与自然的统一性。"就建筑来说，在山明水秀的地方，我们若于适当地点着一亭翼然，我们会感到它融于自然，以它的线条姿式表出山水的自然姿式来。此亭确为人造的，而非自然的表现，然而吾人偏能感觉其为自然，这种矛盾心理的确是很神秘、很微妙的。何以吾人感觉它为自然，而非人工的呢？这不能不归功于古代的人，能了解自然。他们深知每一种不同的山水，均各由其不同的特有之色、线条、结构，灵魂，造就它特殊的风格"。①从中国古代的建筑风水理论到各地的传统建筑、园林都孕育着相当丰富的自然智慧——"因地制宜"表现了建筑对自然的尊重，"巧与因借"则强调建筑对自然的利用。其体现的都是对自然规律的认识和利用。

宗白华说："大自然有一种不可思议的活力，推动无生界以入于有机界，从有机界以至于最高的生命、理性、情绪、感觉。这个活力是一切生命的源泉，也是一切'美'的源泉。"②建筑在产生和发展的每个阶段都体现了对自然的认识和思考。建筑形成之初就是对自然形象的模仿，仿鸟巢、仿洞穴等。西方工艺美术运动也主张向自然学习，从自然形态中吸取营养，材料的使用要反映真实的材质感，但这些也都停留在早期的形态模仿阶段。而赖特的有机建筑理论来源于他对自然界有机生物的观察和对自然界有机生命的深刻理解，其目的在于寻求一种建筑与自然和谐共生的状态。

① 宗白华. 宗白华全集（第二卷）. 合肥：安徽教育出版社，1994.
② 宗白华. 美学与意境. 北京：人民出版社，1987.

进入 21 世纪以后，随着人口增长和经济发展，能源危机日益加重，环境日益恶化，寻求可持续的发展方式已成为当前人类社会的主题，不少建筑师对现代工业文明开始进行深刻的反思，并开始对自然与建筑的关系进行审视，提出了"可持续发展"的建筑观，"绿色建筑"的概念就是在此基础上提出的。所谓"绿色建筑"的"绿色"，并不是指一般意义的绿色，而是以"绿色"表达建筑对自然的尊重：充分利用自然，但不破坏自然，使建筑与自然和谐共生并成为"自然"的建筑。绿色建筑观可以说是有机建筑理论的继承和发展。

从美学角度看，绿色建筑应该是美的，它同一般建筑一样，应该是实用、坚固和美观的结合，是真、善、美的统一，有着一般建筑的共性美：功能美、技术美、形式美。它的美，又不同于一般建筑的美，虽然现今的绿色建筑很多都依靠技术去实施。不可否认，技术对于绿色建筑的实施有一定的促进作用，但对于我们更重要的是正确看到绿色建筑的实质，即绿色建筑发展的根源在于人类正确认识到自身和自然的关系，这也是绿色建筑之美的本质。绿色建筑之美美在自然、美在和谐。麦克哈格在《设计结合自然》中这样认为："显然，人和自然的关系问题不是一个为人类表演的舞台提供一个装饰性的背景，或者甚至为了改善一下肮脏的城市，而是需要把自然作为生命的源泉、社会的环境、诲人的老师、神圣的场所来维护，尤其是需要不断地再发现自然只是其本身的还未被我们掌握的规律，寻根求源。"在《吉尔迦美什》这部人类最早的史诗中，我们看到，为了建造乌鲁克城，伴随国王吉尔迦美什远征黎巴嫩大森林的半神恩启都，在杀死森林守护神芬巴巴的同时，也莫名其妙地杀死了自己。史诗通过这个情节，给读者留下了一个意味深长的警示：毁灭自然者最终必将毁灭自己[①]。在物质文明高度发达的当代，人们选择绿色建筑作为解决建筑与自然的矛盾的

① 万书元. 当代西方建筑美学新思维（下）. 贵州大学学报（艺术版），2004（1）.

一种途径，只是自身发展的一种思考——人类来源于自然，只有回归自然，才能获得永久的发展。

对建筑师来说，如何正确看待建筑绿之美与共性美的关系是当前建筑创作中急需的。建筑拥有共性美，并不意味着它有着绿之美，而建筑如果拥有了绿之美，从某种意义上说，它同样拥有共性美。一幢与自然和谐共处的建筑，必须具有良好的代谢功能、适宜技术以及和谐形象，所以它肯定是令人愉悦的。当代建筑师们也开始把表达建筑绿之美当成一种新的设计思路和设计准则，绿色建筑的复杂多样和丰富内涵带给当代建筑师们的是机遇与挑战并存。

6.3.2　上海世博会的绿色美学

2010 年上海世博会（图 6-50）以"城市，让生活更美好"为主题，而以"和谐城市"的理念来应对主题的诉求。其在整体规划和建筑设计上也体现了这一思想，体现了建筑与自然和谐相处的绿色美学。

在 5.28 平方公里的场馆区内，有 80% 以上的建筑在墙体和屋顶绿化上大做文章，在增强建筑物保温、隔音性能的同时，也极大地改变了建筑物的外在形象[①]。而各个建筑单体则以各自独特的方式表达了对自然美的思考。

世博轴（图 6-51）是世博园区"大动脉"——空间和景观的主轴线，分为地上两层、地下两层，其"阳光谷"以承天接地的造型表达了建筑亲近自然的概念。世博轴将自然作为建筑形态和空间的主角，而将绿色技术作为其实现的手段——通过"阳光谷"及两侧草坡把阳光、空气、雨水和绿色等自然要素引入各层空间，倒锥造型的钢构玻璃使建筑显得晶莹剔透，也改善了地下空间的压抑感，通过喷雾、自然拔风等的降温及"膜结构"的遮阳，保证了空间的舒适，使建筑整体充满自然之趣

① 祁嘉华. 世博会与中国城市的美学走向. 中国名城，2011（5）.

图 6-50　上海世博会建筑

与绿色之美。

　　世博主题馆将传统建筑造型语言与太阳能屋面、垂直生态绿墙等绿色要素进行了结合，取得了良好的视觉效果；世博文化中心的飞碟造型不仅视觉美观，且绿色节能——下层圆弧面既可遮阳，同时也为地下空间提供自然采光的渠道，绿坡–屋顶覆土技术的应用不仅为外延地下空间保温隔热，也使中心完美融入周边水景。

　　世博会中心区的中国馆（图 6-52）外观以"东方之冠"为构思主题，其上部层层出挑，承接上天，也为下部提供遮阳避雨的空间；其下部水平舒展的空间，贴入大地，也为参观者提供活动空间，整体造型表达了对自然的尊重和对人的关怀。此外，建筑采用的低能耗玻璃、太阳能板、雨水循环等节能技术，以及内部中庭、上部花园、广场和

图 6-51　世博轴

平台上的自然生态环境，充分体现了建立在传统文化结构上的建筑绿色美学思想。

其他如波兰馆（图6-53）的外表面使用的鳞状花纹纸塑复合板是一种工业再生产品，既绿色环保又显得现代美观；沙特馆的地面、屋顶栽种了热带树，成为一个树影婆娑、沙漠风情浓郁的空中花园；日本馆（图6-54）采用了环境控制技术，使得光、水、空气等自然资源被最大限度利用，成为一座外观奇特新颖却洋溢着绿之美的建筑；西班牙馆（图6-55）使用藤条、竹子等作为材料，外形呈起伏流线形，阳光可透过藤条晒进内部，体现了其建筑动态美、空间自然美和材料绿色美。

2010年上海世博会还专门开设了成功绿色案例的城市最佳实践区。在法国阿尔萨斯案例馆中（图6-56）、由电脑自动控制的水幕太阳能墙体，可随着室外温度和日照强度的变化自动开闭，既能遮阳降温，又能有效减少能源消耗，建筑表皮的绿色元素与建筑体型相结合，表现内部与外部和谐一致的绿色美。上海案例馆则借鉴地域建筑中的绿色语言——里弄、老虎窗、石库门、花窗等元素和穿堂风、自遮阳、自然光、天井绿等生

图6-52　中国馆

图 6-53　波兰馆

图 6-55　西班牙馆

态语汇，展示了未来"上海的房子"的绿色之美。

　　此外，上海世博会还注重对老厂房的绿色利用，不同时期的工业建筑及构件，则在"可持续更新"的理念下，变成各种不同的展示场馆和展品，为上海世博会注入了工业和生态融合的文化基因（图 6-57）。上海企业联合馆（图 6-58）的立面采用废旧光盘加工的再生塑料管，设备管线则在内层，形成两层皮的透视效果。其雨水回收后可作"喷雾"之用，不仅能营造舒适小气候，更使建筑外观呈现朦胧美，建筑因此被称为"魔方"。

　　上海世博会建筑以其独特的绿色文化和绿色美学塑造了一个人类的美好城市样本，也寄托了人类对未来生活的良好愿景。

图 6-54　日本馆

图 6-56　法国阿尔萨斯案例馆

图 6-57　宝钢大舞台

图 6-58　上海企业联合馆

建筑与美

参考文献

[1] （德）黑格尔著.朱光潜译.美学.北京：商务印书馆，1981.

[2] （德）海德格尔著.陈嘉映、王庆节合译.存在与时间（修订译本）.上海：生活·读书·新知三联书店，2006.

[3] （法）萨特著.陈宣良等译.存在与虚无（修订译本）.上海：生活·读书·新知三联书店，2007.

[4] 章启群著.百年中国美学史略.北京：北京大学出版社，2005.

[5] 李泽厚著.美学三书.天津：天津社会学院出版社，2003.

[6] 凌继尧著.美学十五讲.北京：北京大学出版社，2003.

[7] （美）舒斯特曼著.程相占译.身体意识与身体美学.北京：商务印书馆，2011.

[8] （意大利）克罗齐著.朱光潜等译.美学原理美学纲要.北京：人民文学出版社，1983.

[9] （英）鲍桑葵著.张今译.美学史，广西：广西师范大学出版社，2001.

[10] 张法著.中西美学与文化精神.北京：中国人民大学出版社，2010.

[11] 曾坚，蔡良娃著.建筑美学.北京：中国建筑工业出版社，2010.

[12] 沈福煦编著.建筑美学.北京：中国建筑工业出版社，2007.

[13] 侯幼彬著.中国建筑美学.北京：中国建筑工业出版社，2009.

[14] （英）罗杰·斯克鲁顿著，刘先觉译.建筑美学.北京：中国建筑工业出版社，2003.

[15] （美）格朗特·希尔德布兰德著.马琴，万志斌译.建筑愉悦的起源.北京：中国建筑工业出版社，2007.

[16] （美）阿恩海姆著.宁海林译.建筑形式的视觉动力.北京：中国建筑工业出版社，2006.

[17] （日）小林克弘编著.陈志华，王小盾译.建筑构成手法.北京：中国建筑工业出版社，2004.

[18] （日）芦原义信著.尹培桐译.街道的美学.北京：百花文艺出版社，2006.

[19]（丹麦）扬盖尔著，何人可译.交注与空间（第四版）.北京：中国建筑工业出版社，2002.

[20]（美）阿摩斯·拉普卜特著.常青等译.文化特性与建筑设计.北京：中国建筑工业出版社，2004.

[21]（美）阿摩斯·拉普卜特著.黄兰谷等译.建成环境的意义（非言语表达方法）.北京：中国建筑工业出版社，2003.

[22]彭一刚著.建筑空间组合论（第三版）.北京：中国建筑工业出版社，2008.

[23]（美）拉索著.邱贤丰等译.图解思考——建筑表现技法（第三版）.北京：中国建筑工业出版社，2002.

[24]（美）爱德华·T·怀特著.林敏哲，林明毅译.建筑语汇.辽宁：大连理工大学出版社，2001.

[25]程大锦著.建筑：形式、空间和秩序（第三版）.天津：天津大学出版社，2008.

[26]李允鉌著.华夏意匠：中国古典建筑设计原理分析.天津：天津大学出版社，2005.

[27]王受之著.世界现代建筑史.北京：中国建筑工业出版社，1999.

[28]潘谷西主编.中国建筑史（第六版）.北京：中国建筑工业出版社，2009.

[29]陈志华著.外国建筑史（19世纪末叶以前）.北京：中国建筑工业出版社，2010.

[30]罗小未主编.外国近现代建筑史（第二版）.北京：中国建筑工业出版社，2004.

[31]潘定祥著.建筑美的构成.北京：东方出版社，2010。

[32]诸智勇主编.建筑设计的材料语言.北京：中国电力出版社，2006.

[33]（西）布里奇特编，鄢格译.建筑立面与色彩.辽宁：辽宁科学技术出版社，2010.

[34]陈镌，莫天伟著.建筑细部设计（第2版）.上海：同济大学出版社，2009.

[35]边颖主编.建筑外立面设计.北京：机械工业出版社，2008.

[36]赵新良著.建筑文化与地域特色.北京：中国城市出版社，2012.

[37]（美）克拉克，波斯著.汤纪敏，包志禹译.世界建筑大师名作图析（原著第三版）.北京：中国建筑工业出版社，2006.

[38]（日）隈研吾著.陈菁译.自然的建筑.山东：山东人民出版社，2010.

[39]（美）吉沃尼著.汪芳等译.建筑设计和城市设计中的气候因素.北京：中国建筑工业出版社，2011.

[40]刘加平等编著.绿色建筑概论.北京：中国建筑工业出版社，2010.

[41]韩继红主编.上海绿色建筑成果集（2005—2010）.北京：中国建筑工业出版社，2011.

[42]（丹麦）拉斯姆森著.刘亚芬译.建筑体验.北京：知识产权出版社，2003.

[43]（美）史坦利·亚伯克隆比著.吴玉成译.建筑的艺术观.天津：天津大学出版社，2003.

[44]（挪）诺伯舒兹著.施植明译.场所精神———迈向建筑现象学.武汉：华中科技大学出版社，2010.

[45]（瑞士）卒姆托著.张宇译.思考建筑.北京：中国建筑工业出版社，2010.

[46]（瑞士）卒姆托著.张宇译.建筑氛围.北京：中国建筑工业出版社，2010.

[47]（英）麦克唐纳著.童丽萍译.结构与建筑.北京：水利水电出版社，2003.

[48]汪丽君著.建筑类型学.天津：天津大学出版社，2005.

[49]（美）费兰姆普敦著.张钦楠译.20 世纪建筑学的演变：一个概要陈述.北京：中国建筑工业出版社2007.

[50]（希）楚尼斯，勒费夫尔著.王丙辰译.批判性地域主义－全球化世界中的建筑及其特性.北京：中国建筑工业出版社，2007.

[51]彭一刚著.中国古典园林分析.北京：中国建筑工业出版社，1986.

[52]刘月著.中西建筑美学比较论纲.上海：复旦大学出版社，2008.

[53]（德）克鲁夫特著.王贵祥译.建筑理论史——从维特鲁威到现在.北京：中国建筑工业出版社，2005.

[54]王振复著.建筑美学笔记.北京：百花文艺出版社，2005.

[55]（英）帕多万著.周玉鹏，刘耀辉译.比例：科学·哲学·建筑.北京：中国建筑工业出版社，2005.

[56]（美）亚伯著.项琳斐，项瑾斐译.建筑·技术与方法.北京：中国建筑工业出版社，2009.

[57]汉宝德著.中国建筑文化讲座.上海：生活.读书.新知三联书店，2006.

[58]张先勇主编.道路与桥梁工程美学.武汉：华中科技大学出版社，2008.

[59]刘冠美编著.水工美学概论.北京：水利水电出版社，2006.

[60]（德）温克尔曼著.邵大箴译.论古代艺术.北京：中国人民大学出版社，1989.

[61]许慎撰.段玉裁注.说文解字注·卷四上.上海：上海古籍出版社，1981.

[62]肖兵著.美·美人·美神.重庆：重庆出版社，1982.

[63]王连成著.工程系统论（第一版）.北京：中国宇航出版社，2002.

[64]齐康.环境的建筑创作构思："侵华日军南京大屠杀遇难同胞纪念馆"创作设计.东南大学学报，1998（2）.

[65]何镜堂，倪阳.侵华日军南京大屠杀遇难同胞纪念馆扩建工程创作构思，何镜堂、倪阳，建筑学报，2005.（9）.

[66]董春方，李宇，陈曦.建筑设计中的非理性因素：体验柏林犹太人博物馆.世界建筑，2006.（3）.

[67]汪流等.艺术特征论.北京：文化艺术出版社，1984.

[68]尚学锋.夏德靠译注.国语.北京：中华书局，2007.

[69]周学鹰，马晓.客家人的土楼.文史知识，2006（9）.

[70]陈凯峰.泉州"传统民居式"土楼特征、功能及其演变.城乡建设，2009.02.

[71]吴志强，李德华主编.城市规划原理（第四版）.北京：中国建筑工业出版社，2010.

[72]（美）沃特森等编著.刘海龙等译.城市设计手册.北京：中国建筑工业出版社，2006.

[73]（德）卡西尔著.李化梅译.人论.北京：西苑出版社，2009.

[74] （清）沈复著.朱奇志校译.浮生六记.北京：中国青年出版社，2009.

[75] 宗白华著.艺境：中国诗画中所表现的空间意识.北京：北京大学出版社，1989.

[76] 赵榕.当代西方建筑形式设计策略研究（博士学位论文）.东南大学，2005.

[77] 万书元.当代西方建筑美学新思维（下）.贵州大学学报（艺术版），2004（1）.

[78] 祁嘉华.世博会与中国城市的美学走向.中国名城，2011（5）.

[79] （美）朱迪狄欧等著.李佳洁等译.贝聿铭全集.北京：电子工业出版社，2012.

[80] 吴焕加著.中外现代建筑解读.北京：中国建筑工业出版社，2010.

[81] （美）亚历山大·佐尼斯著.赵欣等译.圣地亚哥·卡拉特拉瓦.辽宁：大连理工大学出版社，2005.

[82] 吴焕加著.外国现代建筑二十讲.上海：生活·读书·新知三联书店，2007.

[83] 吴焕加著.20世纪西方建筑名作.郑州：河南科学技术出版社，1996.

[84] （法）丹尼尔·保利编著.张宇译.朗香教堂.北京：中国建筑工业出版社，2006.

[85] （法）德里达著.杜小真等译.解构与思想的未来（上下），长春：吉林人民出版社，2011.

[86] 尹国均编著.建筑事件，解构6人.成都：西南师范大学出版社，2008.

[87] 邓庆坦，邓庆尧著.当代建筑思潮与流派.武汉：华中科技大学出版社，2010.

[88] 单德启著.安徽民居.北京：中国建筑工业出版社，2009.

说　明

　　本书中部分照片是从有关书籍和网络中选取的，在此向相关拍摄者致谢。限于客观条件，作者和出版社难以一一联系到书中照片的拍摄者，因此敬请拍摄者与出版社联系，并提供足够的证明材料，以便出版社及时支付稿酬。